东北玉米农田关键过程和参数对陆—气相互作用的影响及模拟研究

蔡　福　张　慧　主编

北方联合出版传媒（集团）股份有限公司
辽宁科学技术出版社

主　编：蔡　福　张　慧
副主编：赵先丽　陈力强　明惠青　李荣平　李得勤　王笑影　纪瑞鹏
　　　　米　娜　于文颖　张淑杰
编　委：（以姓名首字笔画为序）
　　　　王　阳　王宏博　冯　锐　李丽光　邹旭东　汪宏宇　沈历都
　　　　陈妮娜　武晋雯　金　晨　周　平　赵思文　赵梓淇　姜　鹏
　　　　贾庆宇　温日红　谢艳兵
编　审：王奉安

图书在版编目（CIP）数据

东北玉米农田关键过程和参数对陆—气相互作用的影响及模拟研究 / 蔡福，张慧主编. -- 沈阳：辽宁科学技术出版社，2024. 8. -- ISBN 978-7-5591-3817-0

Ⅰ. S513-33

中国国家版本馆 CIP 数据核字第 2024XZ2081 号

出版发行：辽宁科学技术出版社
（地址：沈阳市和平区十一纬路25号　邮编：110003）
印 刷 者：辽宁鼎籍数码科技有限公司
经 销 者：各地新华书店
幅面尺寸：185 mm × 260 mm
印　　张：15.75
字　　数：350 千字
出版时间：2024 年 8 月第 1 版
印刷时间：2024 年 8 月第 1 次印刷
责任编辑：陈广鹏
封面设计：义　航
版式设计：义　航
责任校对：栗　勇

书　　号：ISBN 978-7-5591-3817-0
定　　价：98.00元

联系电话：024-23284526
邮购热线：024-23284502
http：//www.lnkj.com.cn

前 言

陆面过程既包括土壤、植被和大气之间的能量传输、物质输运等物理过程，也包括植被的生理生态过程，各种过程对气候系统产生反馈作用，可引起局地甚至全球尺度的大气环流和气候变化。深入研究各类地表下垫面与大气之间相互作用过程，不断改进和发展陆面过程模型，是改进气候模式及开展全球气候变化研究的迫切需要。植被作为陆面最为重要的覆盖类型之一，对陆面过程乃至区域气候都具有重要影响，其季节变化通过改变冠层结构和生理特征来改变地表的反照率、粗糙度、水汽的收支、二氧化碳（CO_2）及其他痕量气体的吸收与排放，在相当程度上可以改变陆—气系统的能量和物质交换，对气候变化响应敏感，在陆面过程中发挥了极其重要的作用。

农田生态系统作为陆地生态系统的重要组成部分，受人类干扰最大。玉米作为重要粮食作物之一，种植范围广泛，其冠层高度、叶面积指数、植被覆盖度以及根系结构等在一年中不断改变，导致辐射、水分、热量分配和传输等一系列物理过程不断变化，既影响土壤肥力和生产力，还影响大气中 CO_2 的浓度，在陆面过程研究中具有鲜明代表性。东北地区是中国春玉米的主产区和重要的商品粮基地，在我国的粮食生产中占据重要地位，同时也是我国气候变暖最为剧烈的地区之一。深入研究东北玉米农田生态系统关键物理和生态过程及其参数对陆—气相互作用的影响，可为厘清农业生产的气候变化响应机制、发展和改进陆面和生态过程模型提供重要参考，也将为农业水资源高效利用、碳源汇评估以及揭示农业种植结构调整所引起的区域气候反馈提供科学依据。

本书共分 19 章，介绍了依托锦州玉米农田生态系统野外试验站多年辐射、水、热、碳通量观测资料，冠层生理生态信息和田间控制试验资料开展的一系列研究成果。本书由国家重点研发计划项目“中国东北区域陆—气跨圈层精细化协同观测和资料反演”的第四课题“中国东北区域陆—气跨圈层耦合模式构建和示范（2022YFF0801304）”和第一课题“中国东北区域陆—气跨圈层立体精细化协同观测（2022YFF0801301）”以及国家自然科学基金项目“东北春玉米关键生育期蒸腾及干物质分配对干旱胁迫的响应及模拟研究（41775110）”和“东北春玉米根系吸水过程的控制机制及其参数方案改进对陆—气通量模拟的影响（41305058）”联合资助出版。

由于编者水平有限，编写时间仓促，书中难免有疏漏，敬请读者批评指正。

编者

2024 年 5 月

目 录

1 绪论

1.1 研究意义

全球气候变化的影响是多尺度、全方位、多层次的，正面和负面影响并存，但其负面影响更受关注。一方面，气候变化已经对地球生态环境产生了重要影响，如海平面上升、冰川退缩、湖泊水位下降、湖泊面积萎缩、冻土融化、河（湖）冰迟冻与早融、中高纬生长季节延长、动植物分布范围向极区和高海拔区延伸、某些动植物数量减少、某些植物开花期提前等；另一方面，全球变暖导致极端天气与气候事件（例如，干旱、暴雨、冰雹、雷电、风暴、高温天气和冷害等）的频率与强度增加，使得世界范围内气象灾害更加频繁地出现，不仅影响人类生存环境，也影响世界经济发展。因此，开展气候变化及其影响研究是当前全球变化研究的热点和核心问题之一，它不仅涉及科学家和公众关心的气候变化影响的程度和范围，也关系到与人类生活密切相关的极端气候事件造成的灾害和损失。陆面是气候系统最为重要而复杂的组成部分，一个地区的气候受陆面各种过程的影响，下垫面地形、干湿状况、植被覆盖状况和人类活动等因素决定了陆面过程的复杂程度以及与大气的相互作用强度，这也是导致气候变化强弱和趋势的重要影响因子。陆面通过吸收太阳短波和长波辐射、发射出部分短波辐射和长波辐射后达到辐射平衡，最终利用所获取的净辐射驱动陆面过程。陆面过程是发生在土壤层、陆地表面到近地层大气之间的各种物理、化学和生物学过程，既包括土壤、植被和大气之间的能量传输、物质输送等物理过程以及碳、氮、磷、硫等元素循环和地球化学过程，也包括植被的生理生态过程等。各种过程对气候系统产生反馈作用，其时空尺度的不同影响到局地甚至全球尺度的大气环流和气候变化，使气候系统对陆面过程具有很强的敏感性。随着土地利用变化的加剧，陆面过程对气候的影响作用不断加大，如大面积的森林砍伐、干旱和半干旱区的垦荒种植以及无节制的放牧等人类活动都使陆面过程发生改变，进而引起气候的异常和各种极端天气的频发。陆面过程在整个气候系统中的重要作用及对气候变化影响的范围和强度都是不容忽视的。植被作为地球表面重要的覆盖类型，约占 50% 的陆地表面，在陆面过程中扮演着重要的角色。

植被在陆面过程中的影响主要表现为降水和辐射的拦截作用、辐射的吸收、蒸散、土壤湿度、改变动量输送（改变地表粗糙度）、生物通量等方面。植被的存在以及它的季节变化通过改变冠层结构和生理特征来改变地表的反照率、粗糙度、水汽的收支、CO_2 及其他痕量气体的吸收与排放，在相当程度上改变着地—气系统的能量、物质和动量交换。因此，植被对陆面过程乃至区域气候都具有重要影响，植被的变化将导致气候的变化。植被退化不仅对荒漠化地区的气候造成了很大的影响，改变了地表温度，减少了降水、蒸发和土壤湿度，其影响还可扩展到其外围地区。植被变化对气候的影响极为复杂，研究发现，只改变植被的光学特性后，气候变化明显受地表反照率变化的影响，由于地表吸收的辐射能量减少引起感热和潜热通量减少，导致对流和降水减少。植被退化可导致温度增加，降水和蒸发减少，水汽辐合减少，因而对区域甚至全球气候有重要影响。CO_2 浓度增加和水分亏缺是当今全球气候变化中两大热点问题。耕地占陆地生态系统的 40%，其中 30% 的耕地为农田。农田生态系统的碳平衡常处于波动状态，可能是碳源，也可能是碳汇，还有可能是碳中性。在北半球作物贡献 21% 的全球长期碳吸收和 39% 的陆地净生态系统生产力的年际变化。净生态系统生产力的年际变化是由植被的物候和生理过程改变决定的，而植被的物候和生理过程的改变由气候和生物因子共同决定。然而决定净生态系统年际变化的关键因素和过程还很不清楚，因为许多物理和生物强迫在同时发生，且在不同的生态系统中同时影响光合碳吸收和呼吸碳释放两个相反的方向。蒸散（ET）是全球水循环的第二大通量，是水、碳和能量循环的重要过程。蒸散由土壤蒸发和植物蒸腾组成。全球 70% 的降水通过蒸散返回到大气中。全球农田生态系统通过 ET 每年消耗 7404 Gm^3 水资源。雨养农田生态系统占全球农业用地的 80%，对全球粮食的贡献为 60%，每年耗水量为 5173 Gm^3。气候变化和人为干扰引起的土壤水供应和大气水需求的变化将对粮食安全（产量）产生深刻的负面影响。CO_2 浓度的增加和降水的变化对雨养农业生态系统中 ET 的模式和驱动因素及其组成的影响需要进行深入研究，以确保可持续的农业水资源管理。因此，深入研究中国典型农田“水、碳问题”的生态学过程及其驱动机制，有助于了解其对缓解我国淡水资源短缺和 CO_2 浓度持续上升的潜在可能性，研究成果可为指导我国典型农业区水、碳资源管理与利用，制定经济可持续发展的政策、措施提供科学的依据。在东北地区，雨养春玉米是主要种植作物，种植面积大约占全国耕地面积的 57.2%，玉米产量约占全国玉米产量的 64.3%，占粮食产量的 33.8%。过去 10 a 东北农田生态系统的净生态系统生产力（NEP）为 0.007 ~ 0.0031 $Pg \cdot C \cdot a^{-1}$，年平均值为 0.0026 $Pg \cdot C \cdot a^{-1}$，约占全国农田生态系统 NEP 的 18.3%。因此农田生态系统依据气候和生物的变化，有很大的潜力成为碳库或者碳源。在过去的 15 a 东北区域有 52.3% ~ 62.0% 的区域在遭受干旱，温度平均每年增加 0.035 ℃，降水平均每 10 a 降低 13.3 mm。了解碳水通量的年际间变化及其与气候和生物变量的关系，有助于进一步理解农田生态系统的固碳潜力和水分管理。在植物的气候效应中，蒸腾作用在植物气孔开闭和根系吸水机制的共同作用下，对地表水循环和能量平衡起到重要调节作用，通过与光合作用耦合实现与碳循环过程紧密联系，而植物根系吸水过程无疑是整个过程中的重要环节。有研究证明，全球范围内直径小于 2 mm 的细根及其代谢产物占陆地净初级生产力的 22%，全球陆地植被最大根系深度的中值为 0.88 m，根系在深层土壤中的吸水不仅会改变区域水循环，还会通过深根系生物量及其分泌物向深层土壤中输入有机碳，从而改变碳循环过程。同时，根系吸水通过影响土壤水解系统来影响土壤微生物，进而影响土壤中物质转移和能量流动，最终对生物地球化学循环过程产生影响。另外，植物根系与土壤界面是重要的水文界面，超过陆面蒸发量 50% 的水量要流经根—土界面，因此研究根系吸水也具有重要的水文意义。在根系吸水过程作用下，土壤水分状况及微生物活动也可以通过改变地表温度影响陆—气相互作用过程，进而对气候变化产生影响。在农业生产领域，深入了解作物根系吸水过程及土壤水分动态对合理制定灌溉制度、科学进行灌水管理、确保农业生产用水的高效利用具有重要意义。总的来看，根系吸水过程在水循环中起到关键作用，控制着降水向蒸发、蒸腾及渗透的分配，在生物地球化学循环中通过生物活动影响物质和能量交换，通过改变地表状况和性质影响气候，是地球系统科学研究的重要组成部分，对其深入研究将加深不同学科领域重要过程机制的理解，对根系吸水过程参数方案的深入研究将促进水文、生态、作物、陆面模型乃至气候模式模拟性能的提高。

地表反照率是地球表面反射的太阳辐射通量与入射太阳辐射通量之比，表征地球表面对太阳辐射的反射能力，直接控制了太阳辐射能在地表和大气之间的分配，进而驱动大气、陆地、海洋的水分与能量循环，影响植物光合作用、呼吸作用等多种生态生物化学过程。当一个地区反照率增大后，地表接收到的短波辐射将会减少，从而使净辐射减少，感热和潜热也都随之减少，水汽蒸发和边界层热通量减少，直接导致对流云的减少，这一方面使降水减少，降低土壤湿度不利于植被生长，进而使反照率有所升高，这样的过程是一个正反馈的过程；而另一方面随着对流云的减少，地表吸收太阳辐射增多，从而增大了地表净辐射，这一过程与前一过程结果相反，是一个负反馈过程。因此，地表反照率是计算陆面与大气系统中能量和物质交换中发挥重要作用的关键变量，是数值气候模型和地表能量平衡方程中的一个重要参数。反照率偏差可以引起地气热交换和地表温度的计算偏差，并通过水热耦合效应影响土壤、植被的蒸散发。

地表粗糙度（z_0）和零平面位移（d）是影响通量交换的主要动力参数，直接关系到动量、热量和气体交换的湍流传输。z_0定义为风速为零的高度，d为下垫面开始吸收动量的高度，它是空气块从平坦下垫面流向粗糙下垫面时向上移动的距离。z_0和d都是描述陆地表面动量、能量和物质交换与输送的重要参数，其大小在一定程度上反映了近地表气流与下垫面之间的物质和能量交换 / 传输强度及它们之间的相互作用大小，用来表达这些量的湍流交换系数，是下垫面动量、热量和气体交换等参数化过程的重要因子。同时，它们反映地表对风速的减弱作用以及对风沙活动的影响，也是流体力学、大气边界层理论研究的一个重要参数，在风沙科学、流体力学、大气科学中占有极其重要的地位，是风廓线模式，局地、区域和全球气候模拟，空气污染物质定量描述的重要参数。z_0是一个表征下垫面粗糙状况的物理量，其值的变化与两种因素有关：一是下垫面的凸起状况；二是近地表的大气层结。植被覆盖的下垫面上述两种因素均可能发生变化，一方面下垫面不再平滑，摩擦阻力增大；另一方面近地表大气边界层以植物高度为界明显地分为两个亚层，即粗糙亚层和惯性亚层。从空气动力学角度来讲，z_0是气 / 固界面上“无滑移”层的厚度，任何影响这一层与外部区域之间能量交换的因素都会影响到z_0的厚度，即z_0不但取决于地表粗糙性质（粗糙元种类、大小、形状、高度、密度、排列方式以及运动与否等），而且决定于流经地表流体的性质。z_0在气候系统中的反馈作用表现为，当其减小时，地表空气动力学阻抗增大，使感热和潜热通量同时减小，进而减小了水汽蒸发和边界层热输送，导致对流性云量的减少，使得对流性降水减少，这就降低了地表对植被的承载力，反过来进一步使粗糙度减小。这样一个过程在气候系统中是一个正反馈过程，通过不断反馈对当地气候产生明显影响，可见粗糙度在气候系统中是一个非常重要的地表参量。因此，深入研究各类下垫面与大气之间相互作用的物理、生化过程，不断改进和发展陆面过程模型，有助于更准确地模拟地表温度、湿度和大气边界层等与气候研究密切相关的信息，也是改进气候模式及开展全球气候变化研究的迫切需要。

国际地圈—生物圈计划（IGBP)、全球能量和水分循环试验（GEWEX）及水循环的生物圈方面（BAHC）等计划的启动，有效地推进了陆面物理过程的机理及模式研究，陆面过程模型研究也得到快速发展，经历了第一代的吊桶模型（Bucket Model)，第二代考虑植被生理作用的陆面物理过程模型，如生物—大气传输模型（BATS)、简单生物圈模型(SiB)、简化的简单生物圈模型，以及考虑碳循环作用及植被生物化学过程的第三代陆面过程模型，如美国国家大气研究中心的陆面过程模型（NCAR LSM)、简单生物圈模型第二版(SiB2)、通用陆面过程模型（CLM4.5，CoLM）等。与第二代相比，第三代模型增加了生物化学模块，考虑了植被的生理生化甚至是各类化学元素（C、N）的循环过程，并引入基于遥感信息的参数，但并不意味模式物理过程已十分完善，仍有一些参数与真实情况有一定差异，当与大气模式或区域气候模式耦合模拟气候变化时，将使模拟结果产生误差，很可能导致真实的气候变化过程被误解。因此，不断完善陆面模式物理过程参数化方案仍是该研究领域一个重要的课题。上述过程和参数的准确表达直接关系到地—气间各种通量的准确计算，进而影响各气象要素的模拟，如热量通量影响地表温度的变化、动量通量影响大气中风速的分布、水汽通量影响空气中的水分含量和降水。因此，建立或改进 z_0、d、反照率和根系吸水过程的参数化方案可使地表参数更符合实际，从而有效地改善陆面模型的模拟性能。这些研究将为进一步加深对陆面过程机理的认识以及提高陆面过程模型模拟精度提供重要依据。

东北地区是我国春玉米最大产区，在中国粮食生产中占据重要地位，同时也是我国气候变暖最为剧烈的地区之一。研究表明，受气候变暖不断加剧的影响，玉米晚熟品种种植面积不断扩大、产量增加，生产布局和结构发生变化，地表状况的变化必将对区域气候产生影响。因此，针对东北地区玉米种植区开展关键过程和陆面参数的影响研究不仅有助于增进对陆—气相互作用过程的理解，也可为准确预测未来气候变化提供参考。

1.2 研究进展

1.2.1 碳水循环基本概念

农田生态系统作为陆地生态系统的重要组成部分，是陆地生态系统中最活跃的碳库，其变化不仅影响到土壤肥力和生产力，还会影响到大气中 CO_2 的浓度。农田生态系统碳循环是围绕植被和土壤两大碳库与环境的碳输入和输出过程，涉及大气、作物和土壤 3 个子系统（图 1.1)。对植物碳库，作物通过光合作用从大气中吸收 CO_2 并固定在作物体内，通过呼吸作用、作物收获、生物能源利用将一部分固定的 CO_2 再移出该生态系统；作物向土壤碳库输入有机碳有两种方式：一是作物生长期间凋落物以及收获后的秸秆根茬部分，在微生物的作用下，参与到土壤系统的碳转化、运移过程；二是作物通过光合作用形成的部分有机物通过作物的茎秆被输送到作物根部，进而被分泌到土壤中，作物根系及根分泌物在土壤微生物作用下，发生碳的流通变化，有些固定在根系中，有些转化成土壤碳物质成分；前人研究 90% 贮存在植物中，10% 转移到土壤中；其中，7% 以游离态存在于土壤中，另 3% 存在于植物根际土壤中。对土壤碳库，另外一部分碳来源于畜禽粪便、有机肥、化肥以及旱地对甲烷的吸收，碳输出则主要包括土壤呼吸。农田生态系统碳循环是一个复杂过程，受环境、种植制度、土壤性质、农田管理等多种因子影响和制约。为了研究农田生态系统的碳循环，提出总生态系统生产力（GEP）、净生态系统生产力（NEP）、净生物群系生产力（NBP）、净生态系统碳交换量（NEE）和生态系统呼吸（RE）等概念，通常应用单位时间、单位面积的有机碳积累量（以碳质量计）表示。

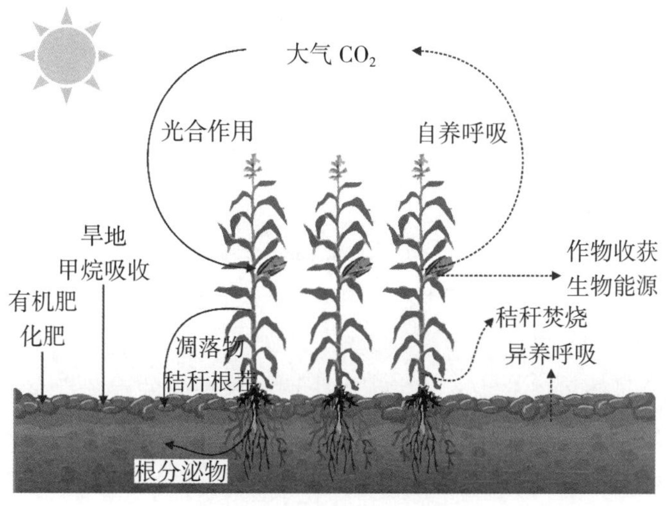

图 1.1 农田碳循环示意图

水循环是农田生态系统重要的物质循环。对于农田生态系统，水分的来源主要依靠灌溉和降水，水分的耗散主要是植物的蒸腾和土壤的蒸发。由于太阳辐射的热力影响，农田生态系统中植物体内和土壤储存的水通过蒸腾和蒸发形成水汽，在气流垂直运动过程中被带至空气中，空气中的水蒸气抬升冷凝结成降水，降水过程中，一部分被作物叶面截留再以蒸发的形式返回到大气中；余下落到地面的降水，一部分通过地表径流直接流出生态系统，一部分渗透到土壤中，进而储存在土壤中增加土壤水含量或继续向地下渗透形成地下水（图 1.2）。ET 是农田水分循环和能量交换的关键环节，其包括大气动力作用、地表能量转换、液气相态转化、水汽散逸迁移及分子吸附。当前蒸散测算理论主要有边界层气象学、水文气象学和陆地水文学，边界层气象学包含空气动力学方法、涡度相关法和波文比法；水文气象学包含 Penman-Monteith 法、互补关系法和 Priestley-Taylor 法；陆地水文学包含零通量面法、集水域水量平衡法和 Budyko 法。20 世纪 90 年代以来地表蒸散观测急剧扩展成网，卫星遥感实现全球无缝衔接，ET 的研究重点转向非均匀下垫面，例如地表夜间蒸散、蒸散相位差现象、非均匀下垫面岛屿效应（平流效应、逆温层、湍流发展抑制植物蒸腾和蒸发）和下垫面变化引起的转换效应。探索新的 ET 测算理论方法，如土壤—植被双源模型、湍流间歇作用订正法、表面更新法、地表三温模型、最大熵模型和非参数化模型。涡度协方差技术可以对水汽通量开展独立和直接的测量，是对基于水分平衡方程水汽通量测量方法的一个补充。

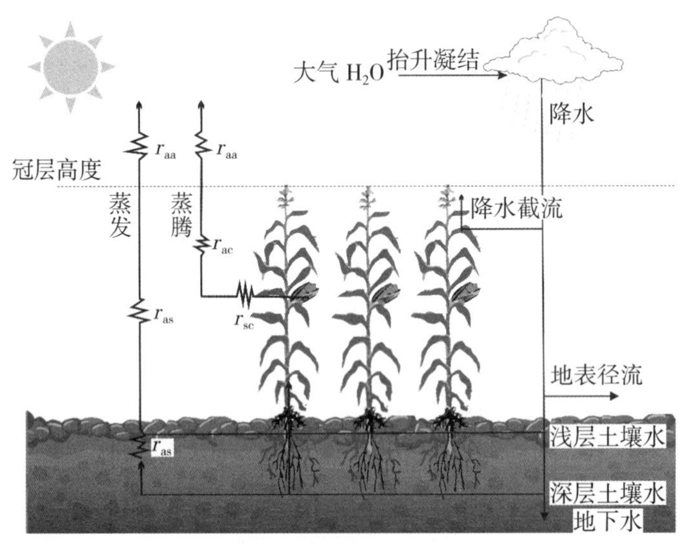

图 1.2　农田水循环示意图

农田碳水耦合具体可以分为 4 个过程，土壤—植被间的水碳耦合：其耦合节点为土壤—根系，表现为根系对土壤水分的吸收与根系呼吸同时发生，根系和土壤间含碳离子交换对水环境的要求、根系和地上凋落物对土壤碳库的补充及其分解过程对水分条件的依赖等；植被和大气间的水碳耦合：以气孔为主要节点，主要表现为植被和大气间 CO_2 和水汽的交换过程，即光合作用和蒸腾作用间密切联系和气孔主导下的耦合作用，形成光合作用—气孔行为—蒸腾作用之间的相互作用与反馈的生物物理学过程；土壤和大气间的碳水耦合：以土壤—大气界面为节点，主要表现为土壤的水分蒸发与土壤的 CO_2 排放同时发生，土壤水分条件对土壤蒸发和土壤呼吸的共同控制，还有降水事件对土壤中 CO_2 排出的影响等；植物体内的碳水耦合过程：以碳—水间的生化反应为耦合节点，主要表现为水碳间的化合反应和植物体内水分循环对碳水化合物的运输作用（图 1.3）。在 4 个耦合节点中，植物—大气间 CO_2 和水汽交换是农田生态系统碳水通量的重要部分，而且两者都受到气孔的控制，因此气孔是农田生态系统碳水耦合的重要节点。水分利用效率常被用来揭示该环节上的水、碳通量耦合特征及其变化。农作物通过叶片气孔行为控制水分的蒸腾和 CO_2 的吸收与排放，是联系水循环和碳循环的纽带。水循环—气孔—碳循环的内在联系使得植被与大气之间“水分—能量—碳”通量传输成为农田生态系统碳水循环及其水分利用效率（WUE）的主要过程，也是农田生态系统的研究重点。

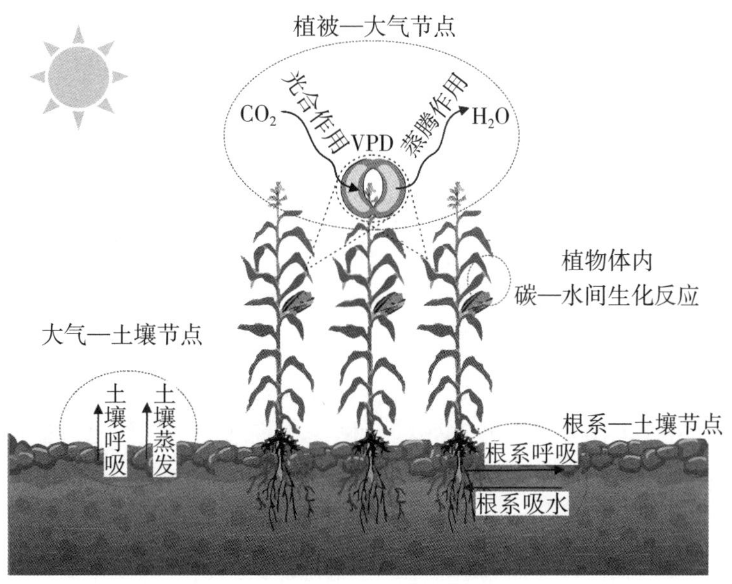

图 1.3 农田水分利用效率示意图

1.2.2 水汽通量的年际变化及影响要素

1.2.2.1 水汽通量的年际变化

蒸散是地球水分循环和能量交换的关键环节。涡度协方差技术可以对水汽通量开展独立和直接的测量，是对基于水分平衡方程水汽通量测量方法的一个补充。577 个站点年发表的生态系统年蒸发量数据，其均值 ± 其标准偏差为 566 m · a^{-1} ± 319 mm · a^{-1}，少数站点的蒸发量超过 1500 mm · a^{-1}，这接近于最潮湿的水分汇聚区的年蒸发量。Babel 等基于 17 a 的观测数据得到德国的常绿针叶林年蒸散量呈上升趋势，为 16.6 mm · a^{-1}。同时一个芬兰的常绿针叶林经过 10 a 的观测也得到年蒸散量增加的结论，其增加趋势为 7.8 mm · a^{-1}。但有一个 9 a 的德国森林观测记录显示蒸散有下降趋势，为 –9.35 mm · a^{-1}。威尔士一项为期 32 a 的水资源收支研究表明，森林和草地在年蒸发量上的相对差异随时间的增加而减少，因为森林的蒸发随着林龄的增加而减少，约为 –5.6 mm · a^{-1}。对于农田生态系统的水汽通量研究，当前研究主要以水循环平衡及能量平衡为核心。Baldocchi 研究了不同郁闭度的小麦和玉米冠层对能量分配的影响，郁闭度较大的小麦冠层的潜热通量比玉米冠层大 59%，能量差主要用于补充玉米冠层的潜热通量和土壤热通量。

1.2.2.2 环境和生物要素对水汽通量的影响

理论上，ET 及其组分的变化受环境和生物物理因素的相互作用控制，例如分配为感热（H）和潜热（LE）的地表能量、土壤水供应和大气水需求之间的平衡以及作物的生理适应性。能量对于 ET 的影响受有效水的影响。在湿润区，作物气孔和土壤的水汽浓度可以视为饱和，大气中的水汽浓度是影响 ET 的主要因素即大气水需求，ET 随着饱和水汽压差（VPD）的增加而增加，能量是影响 ET 变化的主要因素。在干旱区，ET 主要受土壤水影响，特别是农作物的生长季。随着温度和饱和水汽压差增加、降水减少和地下水位的下降，土壤水分显著降低。对于雨养农田生态系统，降水是土壤水分的主要或唯一来源。但随着气候变暖，雨养农田生态系统的 ET 变化仍是未知的。

干旱指数可以表明水分需求（潜在蒸散，PET）与水分供应（降水，*P*）的相关平衡。应用干旱指数（AI，PET/*P*）确定水分和能量驱动要素。当干旱指数＜ 1，降水大于水分需求，为能量限制系统，相反的条件是水分限制。当波文比较高时，可利用能量向感热通量移动，表明干旱胁迫。在东北夏季土壤湿度在过去 10 a 显著降低 8.1 mm，主要是因为反气旋环流异常增强。当前温度升高是一个较为确定的结论，但降水的变化仍然不确定。Novick 等应用 10 个循环模型预测表明气候变化将增加大气对水汽通量的限制。所以在水胁迫条件下，土壤水分供应和大气水汽需求是影响 ET 的主要因素。在能量限制区域，VPD 对 ET 的影响大于土壤水分，而在水分限制区域，土壤湿度控制 ET。Mu 等研究了 2012—2020 年中国北部半干旱灌木地带 ET 的变化，指出由于从雨季到旱季的土壤水分变化和雨季的水分损失，年蒸发量在很大程度上与降水量解耦。土壤湿度也会受到浅层地下水的影响。Yao 等指出，浅层地下水对农田生态系统水交换有影响，对于中国北方干旱区域，当地下水位从 1.52 m 下降为 1.76 m，地下水对 ET 的贡献从 36.3% 变为 26.2%。

植物通过反照率和蒸散影响水循环。随着温度升高、CO_2 浓度升高和降水变化，作物的生理适应性可能通过复杂的陆—气相互作用影响 ET 的年际变化。自然生态系统通过植被生理和结构的生物调控来响应气候变化和 CO_2 浓度升高，CO_2 浓度升高对于 ET 有正负两方面的影响。一方面，CO_2 浓度升高降低气孔导度，导致较少的水分通过叶片蒸腾传输到大气中。一般当大气中的 CO_2 高于细胞间隙的 CO_2 时气孔有关闭的趋势。根据试验，当空气中的 CO_2 从 310 mg · kg^{-1} 提高到 575 mg · kg^{-1} 时，可使玉米的气孔部分关闭，从而使其蒸腾作用减少 23%。大气和生态水文干旱变化之间的差异与植物在 CO_2 浓度升高下蒸发蒸腾的生理调节有关，这改善了植物生长的水分胁迫，并减缓了变暖导致的土壤水分流失。水分胁迫影响气孔导度进而影响光合作用和蒸腾作用，同时影响土壤的蒸发进而影响地表的能量分配。同时作物对 CO_2 浓度升高的生理响应为降低气孔导度，进而降低单位面积上的蒸腾。另一方面，因为 CO_2 施肥效应，叶面积指数增加，进而增加 ET。同时当大气湿度低，饱和水汽压差大，而水分的运输不足以补充其蒸腾引起的水分消耗时，为了阻止蒸腾过快，植物会自动关闭气孔，这样的气孔关闭机制称为被动脱水关闭。在已有的研究中，大部分陆地生态系统的 ET 随着 CO_2 浓度的升高而降低，表明 CO_2 生理效应对 ET 的负面影响（如气孔关闭）大于 CO_2 施肥引起全球变绿的正面影响。

1.2.3 碳通量的年际变化及影响要素

1.2.3.1 碳通量的年际变化

根据全球 554 个站点年的通量统计，全球年平均 NEE 为 −728 ~ 482 gC · m^{-2} · a^{-1}、GPP 为 176 ~ 2919 gC · m^{-2} · a^{-1}、RE 为 219 ~ 2511 gC · m^{-2} · a^{-1}，其平均值分别为 −153 gC · m^{-2} · a^{-1} ±

289 $gC \cdot m^{-2} \cdot a^{-1}$、1294 $gC \cdot m^{-2} \cdot a^{-1}$ ± 684 $gC \cdot m^{-2} \cdot a^{-1}$、1117 $gC \cdot m^{-2} \cdot a^{-1}$ ± 578 $gC \cdot m^{-2} \cdot a^{-1}$。通过对比 1990—2007 年和 2008—2018 年两个时期全球近 2000 个站年的通量数据，发现这两个时期的年 NEE 并没有显著差异，即气候变化并没有导致全球的碳通量有明显的增加或减少趋势。对于全球陆地净碳交换变化，半干旱地区贡献 39.0%、热带地区贡献 19.0%、非热带森林贡献 30.0%、草地和农田贡献 17.0%。通过整合中国 19 个森林生态系统的碳通量数据，得中国森林年平均 GPP、RE 和 NEE 分别为 1541 $gC \cdot m^{-2} \cdot a^{-1}$ ± 92 $gC \cdot m^{-2} \cdot a^{-1}$、1155 $gC \cdot m^{-2} \cdot a^{-1}$ ± 91 $gC \cdot m^{-2} \cdot a^{-1}$、−382 $gC \cdot m^{-2} \cdot a^{-1}$ ± 37 $gC \cdot m^{-2} \cdot a^{-1}$。于贵瑞和孙晓敏发现，中国及东亚地区亚热带森林的平均年固碳量显著高于相同纬度的北美和欧洲森林，贡献了全球森林年固碳量的 8% 左右。当前因为观测时间序列较短，NEP 年际的趋势变化仍然包含很大的不确定性。NEP 年际变化趋势分析随着观测时间的增加，从 3 a 增加到 13 a，NEP 的下降趋势降低，若观测年份超过 10 a，NEP 没有显著的下降趋势。同时当 NEP 的年际变化趋势增加时，其不确定性也在增加，当超过 10 a 的观测的 NEP 年际变化趋势为 3、6、10 $gC \cdot m^{-2} \cdot a^{-1}$ 时，其观测的不确定性分别为 ±10、±30、±60 $gC \cdot m^{-2} \cdot a^{-1}$。同时随着观测年限的增加，NEP 的长期变化趋势可能发生反转变化，例如美国哈佛森林 13 a 的通量观测表示 NEP 有一个显著的吸收，但是这一趋势被 1998 年的显著下降打断了，随后续接的 3 a 数据保证了 NEP 的增加趋势。

1.2.3.2 环境和生物要素对碳通量的影响

随着观测通量时间尺度的增加，人们开始关注环境和生物要素对通量变化的贡献。基于 65 个站点的通量数据分析，生态系统的碳通量变化，生物因素贡献 57%，而环境气候因素贡献 43%。其中气候要素主要为光照、温度和水分；生物要素主要为生长季物候及生态系统系结构和功能参数。气候的、生理的和生态因素均会影响 NEP 的年际变化，为了更好、更准确地解释 NEP 的年际变化，NEP 拆分为 GPP 和 RE，Baldocchi 等指出，GPP 的年际变异与 RE 的年际变异线性相关，数值大小上 RE 的年际变化与 42% 的 GPP 的年际变化相等，同时两者间存在着一定的解耦性，49% 的 RE 的年际变化可以应用 GPP 的年际变化解释。因此 NEP 的年际变异对驱动光合作用的气候或天气因子的异常敏感性大于呼吸作用，这一结论有利于在极端天气条件下明确 NEP 变化影响因子。

首先，在强光下叶片光合是饱和的。早期农田生态系统研究中得到结论：净生态系统交换与光吸收量线性相关；随着数据的积累应用涡度协方差技术在森林、草地和农田等生态系统的直接通量观测中得到随着光的增强，净碳交换率会达到饱和，这种非线性关系具体表达形式受叶面积指数、土壤亏缺和光合能力影响，同时散射光也会影响生态系统对光的敏感性，因此不同站点间存在差异。这些研究为应用光合利用率拟合全球的光合提供了基础。例如定量化冠层尺度光合与太阳辐射诱导的荧光或近红外反射辐射的线性关系。由于空气污染和火灾引起的大气中气溶胶含量的改变导致地球表面变暗，同时地表所接收的太阳辐射的增强会改变气溶胶直接辐射和散射辐射的比例。辐射在区域尺度对 NEP 年际变化的影响大于全球尺度。对于降水充沛地区，轻微的干旱能增加 GPP，因为辐射增加。辐射中影响 NEP 的年际变化最大的是散射辐射。因为散射辐射中蓝光增加，直接辐射减少，降低植被光合的光饱和频率，有利于植被响应辐射的变化；多云天气在一定程度上降低温度，减少生态系统呼吸；散射辐射能更好地透过植被冠层，增加总植被光合能力。通过涡度协方差观测得到随着散射辐射、相对湿度和气溶胶的增加，生态系统的光能利用率增加，这种光能利用率的增加在一定程度上弥补了因为地球辐射的减少而降低的生态系统光合。

在单站尺度上温度影响生态系统的光合与呼吸。叶片光合作用随着温度的升高而增加，至达到峰值温度（20～30 ℃），然后它随着温度的升高而降低。生态系统光合峰值对应的温度与生长季平均温度密切相关，即生态系统光合峰值温度不是静态的，而在时间和空间上表现出适应性。植物地上部分和地下部分以及土壤微生物的呼吸作用均随温度增加而显著增加。在模拟温度与呼吸关系时引入 Q_{10}、活化能和参考呼吸等参数，有助于呼吸的定量化，一般构成生命的酶动力过程的 Q_{10} 应接近 2。在区域尺度上，寒冷地区因为变暖增加了与碳固定相关的酶的动力学速率，所以认为温度增加对于碳固定有负面作用。但在温暖或炎热的区域，因为额外的温度会提高呼吸速率，导致酶变性，抑制碳同化速率，所以其被认为是负面的。

干旱降低生态系统的蒸腾作用和光合作用，因为土壤湿度下降或饱和水汽压差（VPD）的增加会导致气孔关闭，长期干旱使作物出现碳饥饿或栓塞，最终导致作物死亡。在半干旱或地中海生态系统，基于 121 个站点年的数据可知，当降水量在 100～1000 mm·a^{-1} 时，蒸发量变化 100 mm，净生态系统交换变化 64 gC·m^{-2}·a^{-1}。在半干旱生态系统中，降水与生态系统呼吸间存在 Brich 效应即降水可以诱发短时间内 CO_2 迅速增加的脉冲。温度和降水对生态系统的碳交换存在协同作用，其共同决定了碳通量的空间格局。在区域尺度上，基于全球数据，温度和年降水量可以解释 71% 的总初级生产力 GPP 变化；而温带和北方地区的落叶阔叶林和常绿针叶林的 GPP 年总量的 64% 变化可以用年平均气温和年水分亏缺（蒸发量和降水量间的差值）来解释。

当前气候变化对陆地生态系统最明显的变化就是生长季增加。将涡度协方差系统与物候观测设备结合，可以明确物候变化。生长季增加，延长了碳吸收的时间，通过从南向北落叶林梯度的研究，碳吸收期每增加 1 d，可多固定 6 gC·m^{-2}。对于常绿针叶林，碳吸收期每增加 1 d，可多固定 3.4 gC·m^{-2}。但是生长季提前即光合作用提前会使土壤湿度下降，导致夏季干旱，进而导致生长季后期光合作用降低，这样就抵消了前期的增益。植被结构和功能属性参数包含潜在叶面积指数和密度、叶龄长度、光能利用率、碳利用效率、水分利用效率和冠层尺度的模型参数（如最大光合值、羧化速率、耦合气孔导度—光合作用模型的协同效率）。生态系统植被的叶面积和植被密度与年降水相关。叶龄较长的作物通常具有较低的光合能力。通过 8 a 的观测在美国北卡罗来纳州同一区域尺度，常绿林比落叶林多同化 104 gC·m^{-2}·a^{-1}，多蒸发 103 mm·a^{-1}。光能利用效率在生长季随着植被功能类型的不同有明显的变化，草地最小，为 10 mmol·mol^{-1}；农作物最大，为 27 mmol·mol^{-1}。当碳利用效率定义为呼吸 RE 与初级生产力 GPP 相关关系的斜率时，基于全球数据的分析，在站点没有扰动的情况下碳利用效率约为 0.82。

气候和生物要素对 NEP 年际变化的影响是复杂的且尚不清楚的。因为气候和生物要素同时影响表征碳吸收的光合 GEP 和碳释放的呼吸 RE，这两个过程方向相反，所以气候和生物的作用可能抵消，显示对 NEP 的年际变化没有影响。为了更好理解气候和生物要素对 NEP 年际变化的影响，NEP 常被拆分为生态系统光合 GEP 和生态系统呼吸 RE，或者碳吸收或碳释放峰值（植物生理指标）和碳吸收或者碳释放的持续时间（物候指标）。依据 59 个站点 544 个站点年的集成数据显示，与呼吸相比，NEP 对影响 GEP 年际变化的气候和生物因素更为敏感。在长时间尺度上，不同的研究区域、不同的生态系统、不同的气候条件下，影响 GEP 和 RE 的气候和生物因素存在差异。对于美国 3 个不同的农田生态系统（玉米、大豆和高原草地），2006—2015 年降水增加有利于 GEP 和地上生物量的增加，进而在作物收获后导致更多的作物残茬遗留在农田生态系统中。对于黄土高原的草地生态系统，干旱对于 GEP 的影响大于 RE。土壤温度是影响 RE 的主要因素，同时当土壤湿度降低时，RE 对土壤温度的敏感性降低。

气候和生物要素通过影响作物的生理和物候导致碳吸收或释放的峰值及其持续时间发生变化，进而引发 NEP 的年际变化。因此 NEP 是碳吸收或释放的峰值及其持续时间的函数。因为气候和生物要素对于碳吸收或释放的峰值及其持续时间具有补偿作用，从而弱化了 CO_2 吸收期 CUP/CO_2 释放期 CRP 对年度 NEP 的影响，在以前的研究中已经描述了这一相互矛盾的结果。在一个儒日年里，碳释放时期通常不是连续的，特别是针对农田生态系统。依据大气反演数据和 NEP 的全球性分析得 NEP 的年际变化主要归因于碳吸收时间的增加和碳吸收峰值的增加。基于 66 个涡度协方差站点和 FLUXNET 全球通量网的数据计算长期 NEP 变化趋势可知，在全球尺度上 NEP 主要受碳吸收峰值影响。对于水分限制生态系统，碳吸收持续时间是主要影响因素，其可以解释 31% 的 NEP 的年际变化；对于温度—辐射限制生态系统，碳吸收峰值是主要影响因素，其可以解释 60% 的 NEP 的年际变化。同时基于 66 个涡度协方差站点和 FLUXNET 全球通量网的数据的碳释放时期的 NEP 可以解释 10% 的 NEP 年际变化。同时对于农田生态系统，碳释放对于 NEP 年际变化的解释率可以增加至 24%，且空气温度和收获后作物残茬是主要影响因素。

1.2.4 水分利用效率的年际变化及影响要素

水分利用效率作为表征生产力与耗水量、碳循环和水循环的重要参数，是研究物质循环、能量转化、资源利用以及气候变化背景下生态学问题的重要切入点之一。其影响机制总体可以分为 4 个方面：太阳辐射作用为生态系统碳循环和水循环的驱动能源，对碳水通量具有趋向相同的驱动作用；气孔作为 CO_2 和水汽进入叶片的共同通道，对碳通量和水通量有相似的控制作用；饱和水汽压差和温度等环境因子对生态系统碳通量和水通量具有相似的影响作用；植被冠层光合—蒸腾耦合作用是生态系统碳水耦合的生理基础。植物的碳同化途径影响水分利用效率，具体为 CAM 景天酸代谢植物＞ C4 植物＞ C3 植物。植株的结构与形态，冠层的结构影响水分利用效率。森林生态系统和草地生态系统的水分利用效率差 3 倍。有研究通过月值的斜率统计得草地的水分利用效率为 3.40 g · CO_2 · kg^{-1} · H_2O、农作物 3.10 g · CO_2 · kg^{-1} · H_2O、落叶林 3.20 g · CO_2 · kg^{-1} · H_2O、常绿林 2.40 g · CO_2 · kg^{-1} · H_2O。当通过年值统计时结果有所变化，落叶阔叶林 2.66 g · CO_2 · kg^{-1} · H_2O、阔叶常绿林

2.57 g · CO_2 · kg^{-1} · H_2O、针叶常绿林 2.57 g · CO_2 · kg^{-1} · H_2O、草地 2.30 g · CO_2 · kg^{-1} · H_2O、混合林 2.23 g · CO_2 · kg^{-1} · H_2O、农作物 1.77 g · CO_2 · kg^{-1} · H_2O。CO_2 浓度升高有利于叶片尺度水分利用效率增加，因为部分气孔闭合同时叶片内部和外部大气间的 CO_2 比率没有变化。在 CO_2 浓度增加时，植被的生长和产量可以升高 30%，而气孔导度却降低 37%，但在生态系统水平上对 WUE 的认识有限，因为在 CO_2 增加的情况下仍然存在一些复杂的负反馈机制。VPD 可以看作是植物的蒸散驱动力，单纯从 VPD 的角度看，VPD 的增加将促进蒸散，从而使 WUE 降低。在生态系统尺度上，较低的 VPD 通常伴随太阳辐射和气温的低值，这往往使得 WUE 随着 VPD 的增加而增加。随着温度、CO_2 和水汽压差的增加，温带和北方森林的 WUE 每年增长 2%。土壤水分与 WUE 呈抛物线关系，干旱时土壤水分供应不足，影响作物生长，水分过多时，土壤无效水的消耗增加，而且土壤通气性变差，植物生长受到抑制，所以 WUE 均呈较低值。在农业生产中，旱区土壤常常“薄旱相连”，土壤贫瘠导致植物耐旱能力下降，而气候干旱又容易加剧植物营养不良，因此提高水分利用效率是农业管理和栽培育种的主要目的之一。

1.2.5 地表反照率在气候系统中的作用及参数化方案研究进展

传统的计算方法是根据实测资料结合植被特征和土壤类型推算地表反照率，即地表对太阳辐射的反射通量密度与总入射通量密度之比。但这种方法往往因观测资料代表性和地表参数的不确定性而影响其计算精度。由于地表反照率受地球表面覆盖类型等地表特征和太阳高度角等因素的影响，具有较大的时空分异性。有研究利用多年平均 NCEP-NCAR 再分析辐射资料估算了全球尺度的月平均地表反照率，较好地反映出不同下垫面反照率的季节变化趋势。由于该数据产品在国家尺度应用中空间分辨率较低，不能够较精确地反映出下垫面辐射特性的差异，很难满足大气科学、自然资源科学、生态学、环境科学等研究工作的需要。因此，如何更真实计算地表反照率，并在陆面模式及与之相耦合的天气和气候模式中准确地描述下垫面的反照率信息是提高现有模式模拟水平亟待解决的问题。目前，遥感技术具有信息量大、覆盖面广、实时性强等优点，因此日益受到重视。利用遥感资料可以在像元尺度上估算整个研究区域的地表反照率，准确反映地表反照率的时空异质性。由光谱反射率到地表反照率的转换，一般利用地面反照率观测数据和遥感观测数据，通过统计回归建立二者之间的经验关系，依据这种经验关系将图像光谱反射率转换为地表反照率。如陈云浩等通过对我国西北地区下垫面类型进行分类（共分雪地、裸土、植被、沙漠和水体等 5 类），针对不同下垫面类型分别建立了相应的地表反照率计算方法，证明了该方法具有较高的计算精度，适于大面积区域的地表反照率计算。徐兴奎等通过卫星资料的统计和双向反射模型，应用 NOAA14-AVHRR 卫星遥感数据并结合地理信息系统技术，反演计算了中国月平均反照率的分布。以上是从空间分布规律或在空间大尺度上获得地表反照率真实数据等方面的研究，而如何根据相关影响因子对其进行参数化的研究在陆面过程及其模型的研究中具有重要意义。大量研究结果表明，对干旱区地表反照率变化起作用的主要因子是太阳高度角和表层土壤湿度，且强调了太阳高度角在计算反照率日动态的重要作用，荒漠草原地表反照率与太阳高度角、土壤湿度和叶面积指数（LAI）有关，土壤湿度的增加可使地表反照率迅速减小，而随 LAI 增大，下垫面粗糙度增大，反射能力下降。“生物圈—大气传输方案”（BATS）及其他与之类似如 SSiB、LSM、CLM 等模型中裸土反照率在原来仅考虑土壤质地和表层土壤含水量的基础上，增加了太阳高度角订正，而植被反照率是通过查表得到常数，再用高度角订正求得，对于同一种植被类型，地表反照率仅由太阳高度角的变化来反映其动态变化。在 CoLM 模型最新版本中，植被反照率采用二流近似方案求解，在此基础上利用双大叶模型对阴阳叶分别计算辐射吸收量。二流近似方法是把植被冠层内的辐射场看成是上下两个辐射流组成，这样可以把描述辐射传输的微分方程简化为两个联立的常微分方程组求解，但叶片反照率和透射率等参数仍采用查表法确定。上述陆面过程模型一般只简单考虑因植被生长所引起反照率的季节变化，这与实际情况存在较大差异，因此，有必要通过实现植被反照率的动态参数化来对模型加以改进，使其更接近实际，进而提高模拟精度。

1.2.6 地表粗糙度（z_0）和零平面位移（d）研究进展

1.2.6.1 z_0 和 d 的获取

随着研究区域地表通量科学的发展，z_0 的相关研究经历了 3 个阶段。第一阶段为 20 世纪 70 年代以前，研究者认为 z_0 是均匀规则地表粗糙程度的反映，仅与地表状况相关。第二阶段研究认为，对于平坦均匀以及规则起伏的均匀下垫面，引入等效粗糙度的概念，地表等效粗糙度与地表作物高度、密度以及叶面积指数等因子有十分密切的关系。因而，可以结合不同生长期的作物高度、密度以及叶面积指数，采用查表的方法得到典型下垫面的地表粗糙度。第三阶段研究认为，自然界地表多具有非均匀复杂性，地表粗糙元的结构、种类以及分布明显不规律，而且粗糙度的大小还与风速、风向、摩擦速度以及大气稳定度等因子有密切的关系。因此，人们定义了空气动力学粗糙度的概念，它是粗糙元几何粗糙度以及气流状况相互作用的综合结果。目前，涡动相关技术越来越广泛地应用于森林、草地、农田、湿地等植被的 CO_2、水汽等气体交换的测量，作为空气动力学分析中的重要因子，同时也是陆面过程模型的重要输入参数，且其动态变化对各类通量模拟结果的影响大小尚不明确。因此，分析地表粗糙度的动态变化情况，为模型选取更为精确的粗糙度参数，对比、分析和验证模式模拟值与观测值之间的差异具有十分重要的意义。

求解粗糙度的方法有很多，其中最常用的是廓线法。廓线法是根据相似理论将几个高度的风温廓线拟合迭代得到地表粗糙度，主要包括最小二乘法拟合迭代计算地表粗糙度和根据牛顿迭代法计算零平面位移，进而得到地表粗糙度。廓线法的优点是反映了流场实际观测结果，但需要高精度、运行稳定的自动观测仪器。一些学者根据相似理论，采用廓线法中的最小二乘迭代法计算不同下垫面空气动力学参数，认为 z_0 的确定要考虑风廓线的观测高度和分布状态。另一些学者认为，梯度廓线法在计算 z_0 时受风速的约束较大，只有当风速较大时所计算的 z_0 才更真实可靠。随着涡度相关观测技术的发展，三维超声风温仪可以高频快速地测定风速和温度的脉动，从而可根据地表湍流统计特征与粗糙度参数之间的关系，利用一层超声风温脉动数据确定地表粗糙度，一种方法是通过测量温度脉动方差确定零平面位移的温度方差法，称为 TVM 法；一层超声风温脉动数据确定地表粗糙度的另一种是 Martano 法，根据 Monin-Obukhov 相似理论，利用单层超声风温资料，将计算零平面位移和空气动力学粗糙度问题简化为一个可由最小二乘法求单变量的过程，单独求出 d 和 z_0。虽然可以根据这些方法利用多层气象数据以及一层三维超声数据得到地表粗糙度，但是由于方法之间的差异以及不同方法所适用的大气层结条件不同，在同一地区计算得到的地表粗糙度常常在一个较大的范围内变化。如利用质量守恒法计算中性条件下生长季长白山森林下垫面地表粗糙度是 1.6 m ± 0.25 m，中性条件下长白山森林下垫面生长季和非生长季的地表粗糙度分别为 0.933 m 和 1.191 m。一些学者在甘肃黑河隔壁下垫面求得的 z_0 差异也很明显。为了评价各种方法在不同情况下的适用性及差异，周艳莲等分别采用最小二乘拟合迭代法、牛顿迭代法、TVM 法和 Martano 法对阔叶红松林下垫面粗糙度进行比较研究表明，如果相邻高度的摩擦风速较大将增大粗糙度计算误差，TVM 中不同经验参数的选取将导致粗糙度变化较大，Martano 法对数据量要求较高，如果观测数据较少将显著增大计算误差。此外，还有质量守恒法、压力中心法、阻力法等方法也可以计算粗糙度。z_0 和 d 的准确计算最直接的目的就是要使湍流和热通量的计算更为准确，因此，很多研究人员开展了 z_0 和 d 动态对通量模拟影响的研究，研究表明当不考虑 z_0 动态变化将导致通量计算误差的增大。

1.2.6.2 z_0 和 d 的参数化方法及模型中表达

大量研究认为 z_0 与植被高度、侧影盖度、植被覆盖度及密度关系密切，z_0 与植被高度之间是幂函数的关系，可以用统一关系式表示为：$z_0=ah^r+b$，所有关系式所表现出的共同趋势为植被覆盖地表的 z_0 随植被高度 h 的增加而增大，两者成正比关系。表 1.1 ~ 表 1.3 分别给出植被高度、密度及覆盖度与 z_0 和 d 的关系。

表 1.1　植被高度与 z_0 和 d 的关系

作者	公式	参数说明
Tanner	$\lg d=0.997\lg h^{-0.883}$	z_0 为植被覆盖地表粗糙度，d 为零平面位移高度，h 为植被高度，w 为迎风面植被宽度，L_c 为植被侧影盖度，a、b 为系数，r 为指数
Saxton	$z_0=0.025h^{1.1}$	
覃文汉	$z_0=0.08h$（中密度作物）	
Houghton	$z_0=0.1h$	
Dong	$z_0=a+h_c$	
刘小平	$z_0=bh^r$	
Raupach	$z_0=h+5w$	
Lettau	$z_0=0.5hL_c$	

表 1.2　植被密度与 z_0 和 d 的关系

作者	公式	参数说明
董治宝	$z_0=a+bD_v^c$	D_v 为植被密度，a、b 为系数
刘小平	$z_0=bD_v^c$	

表 1.3　植被覆盖度和侧影盖度与 z_0 的关系

作者	公式	参数说明
Counihan	$z_0=(1.08V_c-0.08)h$	V_c 为植被覆盖度，h 为植被高度，L_c 为侧影盖度
董治宝	$z_0=0.025+2.464V_c^{3.56}$	
张春来	$z_0=0.00226+0.0447\exp(V_c/62.125)$	
张华	$z_0=-0.0005V_c^2+0.0052V_c+0.0148$	
Lettau	$z_0=0.5hL_c$	
Dong	$z_0=-0.04748+5.3346L_c^{1.2401}$	
刘小平	$z_0=a+bL_c^{0.912}$	

陆面过程模型中所采用的空气动力学粗糙度一般是根据查表法或经验值得到的。查表法通常假设地表粗糙度与地表覆盖类型相关，同一地表覆盖类型地表粗糙度相同，并且不随时间而改变，或仅仅只根据植被生长季和枯叶季而假设粗糙度有简单的季节变化。这种方法忽略了地表粗糙度的时间和季节变化特征。这种简单近似的假设是不合理的，为陆面能量、动量通量计算带来误差。下面给出几种常用陆面模式对粗糙度参数化方法。

BATS 中，z_0 是通过对给出的各种下垫面类型事先赋值，通过查表用于各类通量计算的。在陆面过程模型 LPM（Land-Surface Process Model）中，$z_0=0.1h$，$d=0.7h$，h 为植被平均高度。在通用陆面过程模式中，粗糙度的计算方法为：$z_{0m}=a_1\frac{u_*}{g}+a_2\frac{v}{u_*}$，式中：$a_1=0.013$；$a_2=0.11$；$v$ 为动黏性系数，$v=1.5\times10^{-5}\ \mathrm{m^2\cdot s^{-1}}$。在通用陆面模式（CLM3）和 CoLM 中，$Z_{0m}=Z_{top}R_{z0m}$，$d=Z_{top}R_d$，$R_{z0m}$ 和 R_d 分别为粗糙度和零平面位移与冠层高度的比值，这里针对不同植被通过列表给出相应的 R_{z0m} 和 R_d 值，对于农田而言，$R_{z0m}=0.12$，$R_d=0.68$。植被大气相互作用模式 AVIM 是季劲钧在其简化地表陆面模式 LPM 的基础上加入了植被生理模块发展起来的。在其物理模块中，表征冠层形态的参数主要有叶面积指数、冠层底部和顶部的高度、叶子的平均倾角等。与 SIB 相同，粗糙度和零平面位移是与不同植被冠层内的风速剖面一起计算的。根据有植被覆盖的地表面大气近地层和冠层中的湍流理论，将零平面位移和动力学粗糙度表示如下：

$$\frac{d}{h}=1-\left(\frac{h_l}{h}-\frac{1}{c^*}\right)\exp\left[-c^*\left(1-\frac{h_1}{h}\right)\right]-\frac{1}{c^*}\ ,\quad c^*=c_Dah$$

$$\frac{z_{0m}}{h}=(1-\frac{d}{h})\exp\left\{-\left[\left(\frac{1-d}{h}\right)\left(f\cdot\frac{c^{*}}{2k^{2}}+\frac{1-f}{\ln(h/z_{os})}\right)\right]^{-1}\right\}$$

式中：c_D 为单叶的拖曳系数；a 为叶面密度；k=0.4；h、h_1 为冠层顶和底的高度；f 为权重函数；z_{os} 为冠层下的下垫面动力学粗糙度。在 CoLM 模型 2024 年最新版本中，d 的计算采用 Choudhury 和 Monteith 的方案，是通过拟合 Shaw 和 Pereira 二阶闭合理论结果得到：

$$\frac{d}{h}=1.1\ln\left\{1+\left[c_D\times(\mathrm{LAI}+\mathrm{SAI})\right]^{0.25}\right\}$$

式中：c_D=0.2，表示单位面积叶片平均拖曳系数；LAI 和 SAI 分别为叶面积指数和茎面积指数。粗糙度计算采用 Raupach 方案：

$$\frac{z_0}{h}=(1-\frac{d}{h})\exp(-k\frac{u_h}{u_*}+\psi_h)$$

式中：ψ_h 为植被冠层对风速廓线影响函数，设置为 0.193；u_* 为摩擦速度；u_h 为冠层顶的风速。

1.2.7 植物根系吸水过程研究进展

1.2.7.1 植物根系吸水的影响因素及机理

影响根系吸水的因素包括内部因素和外部因素。内部因素主要是根木质部溶液的渗透势、根系长度及其分布、根系对水分的透性或阻力，以及根系呼吸速率等；外部因素主要包括土壤中水分、通气状况、阻力、溶液浓度和大气状况等。植物对水分的吸收与土壤通气条件有极为密切的关系。当土壤通气条件较差时，呼吸作用减弱，能量供应不足，根的吸水能力就会降低。土壤含水量决定植物处于旱或涝两种极端状态，是土壤水分对根系吸水影响的主要体现。当水分相对较高，有利于根系吸水。反之，根系不能吸水。土壤溶液盐浓度也是影响根系活力及其吸水能力的重要因素。另外，温度对根系吸水作用的影响较为复杂，温度过高或过低对于根系水分的吸收都会产生不利的影响。温度过低时，水的黏滞性增加，根部呼吸作用减弱；过高则会加速根部老化，吸水面积下降。此外，大气蒸发力大，植物在土壤含水量较高时也表现缺水，而与蒸发力有关的气象条件包括空气温度、湿度、辐射、风速等，意味着这些气象条件与根系吸水都有关系。其中，辐射不但影响蒸发，同时也直接影响叶片光合作用和蒸腾作用。植物根系从土壤中吸收水分，其过程机理复杂，现有研究认为根主要通过根尖附近的根毛吸收水分，使得不同部位的根吸收水分的速率不同。根系在土壤中的分布、土壤理化性质、环境状况、天气条件等都是根系吸水的影响因素，随着根的生长发育，根系吸水速率随其在土壤中分布的动态变化而发生改变。植物根系主要通过主动和被动两种方式吸收水分。主动方式由根与土壤之间水势差进行驱动，需要植物自身消耗能量。被动方式是植物通过蒸腾作用拉力驱动下产生的压力流来吸收水分，它也是植物主要的吸水方式。不管哪种根系吸水方式，都离不开细胞的渗透吸水作用。总的来看，植物根系的生长发育和根系吸水密不可分，根系生长扩大其在土壤中吸水的深度和范围，反过来，根系吸水过程也能为其生长提供必要的营养物质，保证其生长过程顺利进行。

1.2.7.2 根系吸水模型

现有很多陆面过程模型中的根系吸水方案多为蒸腾权重原理模型，基于植物根系吸水的因果关系将蒸腾量在根系层土壤剖面上按一定权重因子进行分配，由于权重因子所涉及的变量在构造土壤—植被—大气连续体水流方程中用到，因此此类模型虽然经验性较强，但应用相当广泛。此类模型以 Molz-Romson 模型和 Feddes 模型为基础，经验性地强调根系吸水强度随土壤剖面线性变化，与蒸腾速率、根密度和土壤水分扩散率成正比，该模型忽略了土壤水势对根系吸水的影响，在应用和研究中受到限制。罗毅等通过田间试验对 Feddes 模型中的权重因子加入根系密度函数，在 Molz-Remson 和 Selim-Iskander 模型的权重因子中加入土壤水势对根系吸水的影响函数，并把扩散率表示为土壤水势函数，使线性模型得到了发展。在线性模型基础上，Molz 模型、Chandra-Amaresh 模型等非线性模型相继出现，考虑根系分布函数、潜在蒸腾并引入关于土—根系统导水率、临界导水率、土壤导水率、植物根系吸水力、土壤吸水力和植物蒸腾停止时根系周围土壤水吸力的函数模型，此类模型代表了根系吸水模型的现代水平。另外，有学者提出水分胁迫下基于作物潜在蒸腾速率、土壤有效水分和根密度的根系吸水指数模型，模型中引入权重胁迫指数，既考虑植物根系分布又考虑土壤水分胁迫，此模型大大提高了土壤水分的模拟精度。随着计算机技术的发展，有学者充分考虑了根系生长的二维分布，设置了根系上下限，使根系吸水遵循指数分布。此外，Diggle 和 Dunbabin 等先后建立了三维根系吸水模型。这些模型为研究根系吸水从一维向二维、三维模型发展进行了初步探索，在评估土壤性质对根系生长影响及预测根系生长方面具有独到之处，但由于计算复杂，很少在现有主要陆面模型中使用。随着研究的进一步深入，根系的水分再分配作用（HR）受到广泛关注，HR 可以使土壤深层的水分移动到较干的土壤表面，这一作用对气孔导度、潜热和能量分配等过程具有重要影响，尤其在土壤水分胁迫情况下更为明显。目前，HR 还没有广泛在现有主要陆面过程模型被考虑，仅有少量学者在不同地区的森林下垫面开展过研究，结果表明，考虑 HR 后表层土壤湿度和潜热模拟得到明显改善。目前，考虑 HR 作用针对其他植被类型的研究鲜有报道。

1.2.7.3 主要陆面过程模型根系吸水过程表达

现有主要陆面过程模型中垂直根系吸水廓线普遍考虑土壤水对根系吸水的影响函数和根密度垂直分布，但不同模型间二者在形式上有所差异。对于土壤水对根系吸水的影响函数，大体上可分为土壤水势和体积含水量两种形式，采用前者的模型有 CLM3、CoLM、CLM4、CLM4CN 等；采用后者的模型有 IBIS、Agro-IBIS、CABLE 模型等。现有模型中很少考虑根系对土壤水分胁迫的适应性，如在干区根系无法吸水情况下，湿区根系会加倍吸水以达到补偿作用。基于此，Lai 和 Katul 引入决定根系吸水效率随土壤含水量变化的因子，对潜热模拟改进作用明显。Skaggs 与 Zheng 和 Wang 认为，由于根系吸水具有自我调节能力，即使部分根受到水分胁迫的情况下，其他根对水分的充分吸收也可使植物达到潜在蒸腾。因此，在研究中引入土壤水分有效性的潜在蒸腾阈值、根系吸水阈值及水分胁迫情况下增强根系吸水效率的参数来提高模型模拟能力，使模型物理过程更接近真实情况，各参数物理意义明显，但由于采用经验方法得到，不能随植被生长动态变化，缺乏实际观测资料的支持，且研究仅在森林下垫面开展。因此，有必要通过试验手段对它们进行确定并在更多植被类型中进行检验。

根深的变化能够改变生态系统水碳通量，进而直接影响气候，根深及分布的预测是全球生物地理化学模型以及生态水文、陆面过程模型的重要输入。Jackson 等从 250 个已有相关研究中获取 115 个根分布数据建立了 $f(z)=1-\beta^{z}$ 形式的根分布函数，$f(z)$ 为累积根比例，即 z 土层深度以上根量占总根量的百分比，β 是与植被类型有关的经验常数，因其被设为固定值，导致根分布不能随时间变化，很多植被和陆地碳模型以及土壤植被大气传输方案都采用这种表达，如 LPJ、NCAR LSM、DGVM、IBIS 及 SiB3 模型等。Schenk 和 Jackson 利用 209 个地理位置的 475 个根廓线资料发展了根分布函数 $f(z)=1/[1+(z/z_{50})^{c}]$，其中 z_{50} 为总根 50% 的深度，c 为廓线形态系数，可通过 95% 和 50% 总根量深度（z_{95} 和 z_{50}）求得，即 $c=-1.27875/(\lg d_{95}-\lg d_{50})$，针对不同类别植物 d_{95} 和 d_{50} 为定值，现有模型中 CLM3 和 CoLM 采用该方案。Zeng 建立的 $f(z)=1-(e^{-az}+e^{-bz})/2$ 形式的根垂直分布方案，α 和 b 采用查表方式获得，在 BATS、IGBP 及 SIB2 地表植被分类方案及 CLM4 模型中得到应用。以上方案关于根分布函数的描述存在一个共同的不足，即相对于现有大多数动态植被模型把植物叶和茎生物量的变化以叶面积指数、茎面积指数（SAI）的变化来反映，根生物量的变化却没有反映根深和分布的变化，这对于成熟或多年生植被而言是可以的，但对处于发展或衰败阶段以及生长周期为 1 a 的农作物来说很不合理，这样对根的不真实表达将直接影响根系吸水过程、植物蒸腾及其他生物物理化学过程的计算，进而影响对地表水文及生物地球化学过程的理解。为了真正意义上实现根分布的动态模拟，Arora and Boer 通过在根密度函数中引入根生物量因子，实现了根随时间的动态模拟，该方案中根长密度、累积根比例和最大根深表达式分别为 $\rho(z,t)=bB^{(1-\alpha)}(t)e^{[-bz/B^{\alpha}(t)]}$、$f(z,t)=1-e^{[-bz/B^{\alpha}(t)]}$、$d=3B^{\alpha}(t)/b$，通过对根生物量 $[B(t)]$ 和根长密度的定期连续观测，对所收集的资料采用非线性回归方法可以获得 α 和 b 两个参数，但该方法仍需在不同模型和下垫面进行检验。

2 研究资料与方法

2.1 研究区域及资料来源

2.1.1 研究区域概况

研究区域位于辽宁省锦州市，为 China FLUX 典型雨养春玉米田生态系统观测站，附图 1 为锦州站观测系统下垫面状况。该研究区域为典型温带季风气候，根据当地气象观测站 1991—2020 年观测数据，年平均温度 10.4 ℃，最冷月 1 月平均气温 −8.0 ℃，最热月 7 月平均气温 24.4 ℃，年无霜期 144 ~ 180 d，年降水量 556.2 mm。该区域有两个盛行风向，冬季北—东北风，夏季南—东南风。种植制度为一年一熟制；种植品种为晚熟杂交玉米，但受玉米种质资源更新换代等外在因素影响，具体品种会有所变化；雨养无灌溉。一般在 4 月中旬至 5 月中旬播种，具体时间由春播期水分和温度匹配条件决定；9 月中旬至 10 月上旬收获。每年 10 月 /11 月至翌年 4 月 /5 月为休耕期。玉米的种植密度为 58500 hm^{-2}，吐丝期叶面积指数最大，平均 4.4 $m^2 \cdot m^{-2}$；玉米平均株高 2.8 m。玉米地上部的茎秆与叶子残茬留在土壤表面，通过深翻最终再次回到农田生态系统中。0 ~ 50 cm 土壤质地为壤土、土壤容重 1.6 $g \cdot cm^{-3}$、土壤 pH6.4；0 ~ 20 cm 土壤平均有机碳含量 10.7 $g \cdot kg^{-1}$。

2.1.2 观测仪器

2.1.2.1 涡度协方差观测

应用涡度协方差系统进行 CO_2 通量感热 H 和潜热 LE 的观测。涡度协方差观测系统由开路式红外气体分析仪和三维超声风速仪组成，安装高度为 4 m，采样频率 10 Hz，所有数据通过数据采集器记录。观测从 2004 年 6 月开始，气体分析仪定期进行校正避免仪器系统漂移。通量塔位于玉米农田生态系统的中心，半径为 380 m，依据 2005—2020 年的数据，应用通量贡献区模型评价该区域的通量贡献气候区在生长季为 0.02 ~ 0.36 km^{-2}，非生长季为 0.38 ~ 0.44 km^{-2}（见附图 2）。

2.1.2.2 气象和土壤变量

四分量辐射表设置在 5 m 高处，进行向下短波辐射（DR）、向上短波辐射（UR）、向下长波辐射（DLR）和向上长波辐射（ULR）观测，进而求解冠层的净辐射 R_n。同时设有光合有效辐射。热通量板放置在地表下 8 cm 处，用以测量土壤热通量 G。同时国家气象站的辐射观测距离该观测站点直线距离 203.7 km，其主要有总辐射观测（等同于研究站点的向下短波辐射）、反射辐射（等同于研究站点向上短波辐射）和净辐射，3 类仪器的观测高度为 1.5 m。

在 4 m 和 6 m 高度进行空气温度和相对湿度的观测；应用翻斗式雨量计测量降水；风速和风向的观测高度为 6 m；一层土壤湿度观测设置在地下 10 cm；6 层土壤温度设置在地下 5、10、15、20、40、80 cm；所有气象和土壤观测应用数据采集器记录（表 2.1）。此外每月的 8 日、18 日和 28 日应用称重法进行人工 10、20、30、40、50 cm 的土壤水分测定，通过监测井应用皮尺监测地下水位变化。

16 m 高梯度观测塔可进行 0.5、1.0、1.5、2.0、4.0、8.0、10.0、16.0 m 处温度、湿度、风速的观测，在 10.0 m 处测量风向，1.0、1.5、2.0 m 处测定光合有效辐射。另外，该站还配备了 LI-6400 观测系统进行玉米各种生理指标的测定，LAI-2000 进行冠层叶面积指数的测定，冠层照相机进行植被覆盖度的测定。

表 2.1　梯度观测系统输出变量

变量名	单位	描述
Ta_1_AVG	℃	#1 空气温度均值
Ta_2_AVG	℃	#2 空气温度均值
RH_1_AVG	比值	#1 空气相对湿度均值
RH_2_AVG	比值	#2 空气相对湿度均值
Pvapor_1_AVG	kPa	#1 水汽分压均值
Pvapor_2_AVG	kPa	#2 水汽分压均值
WS_1_AVG	$m \cdot s^{-1}$	#1 风速
WS_2_S_WVT	$m \cdot s^{-1}$	#2 风速
WD_D1_WVT	(°)	风向方位角
WD_SD1_WVT	(°)	风向方位角的标准偏差
DR_AVG	$W \cdot m^{-2}$	向下短波辐射均值（总辐射）
UR_AVG	$W \cdot m^{-2}$	反射短波辐射均值
DLR_AVG	$W \cdot m^{-2}$	向下长波辐射均值
ULR_AVG	$W \cdot m^{-2}$	向上长波辐射均值
Rn_AVG	$W \cdot m^{-2}$	净辐射均值
PAR_AVG	$\mu mol(m^2 \cdot s)^{-1}$	光合有效辐射均值
G_1_AVG	$W \cdot m^{-2}$	#1 土壤热通量均值
G_2_AVG	$W \cdot m^{-2}$	#2 土壤热通量均值

续表

变量名	单位	描述
Ts_TCAV_AVG	℃	土壤平均温度均值
Smoist	比值	土壤体积含水量
Period	比值	CS616 TDR 周期（ms）
Tsoil_1_AVG	℃	#1 土壤温度均值
Tsoil_2_AVG	℃	#2 土壤温度均值
Tsoil_3_AVG	℃	#3 土壤温度均值
Tsoil_4_AVG	℃	#4 土壤温度均值
Tsoil_5_AVG	℃	#5 土壤温度均值
Tsoil_6_AVG	℃	#6 土壤温度均值

2.1.3 观测内容

2.1.3.1 感热、潜热和 CO_2 通量

应用涡动相关系统观测感热 H、潜热 LE 及 CO_2 通量表示为：

$$F_{CO_2} = \overline{\rho_a}\,\overline{w'\ CO_2'} \tag{2-1}$$

$$LE = \lambda \cdot \overline{\rho_a}\,\overline{w'\ q'} \tag{2-2}$$

$$H = C_p \cdot \overline{\rho_a}\,\overline{w'\ T'} \tag{2-3}$$

式中：$\overline{w'\ CO_2'}$、$\overline{w'\ q'}$、$\overline{w'\ T'}$ 为垂直速度脉动量与 CO_2 混合比、水汽混合比和温度的协方差；λ 为气化潜热，在 15 ℃时为 2466 J · kg^{-1}；$\overline{\rho_a}$ 为平均空气密度 1.293 kg · m^{-3}；C_p 为空气的定压比热 1012 J · kg^{-1} · k^{-1}。

波文比为：

$$\beta = \frac{H}{LE} \tag{2-4}$$

2.1.3.2 气象和土壤要素

应用气象和土壤观测仪器观测四分量辐射、光合有效辐射、降水、空气温度、相对湿度、风速、风向、土壤湿度和土壤温度。每年玉米收获后，采用高温外热重铬酸钾氧化—容量法测定研究区域 0 ~ 20 cm 的土壤有机碳含量。

2.1.3.3 叶面积指数

分别在三叶、七叶、拔节、抽雄和乳熟期进行叶面积指数 LAI 观测。随机采样 5 株，

人工观测每一片叶子的长度与宽度，每株叶面积是由所有叶片长度与宽度乘积再乘以系数0.7，然后将样品的平均叶面积与植株密度相乘，计算每个生育期的叶面积指数。

$$\mathrm{LAI} = \mathrm{Crop\ density} \times \frac{\sum_{i=1}^{n} \mathrm{Lea}f_{\mathrm{L}} \times \mathrm{Lea}f_{\mathrm{W}} \times 0.7}{5} \tag{2-5}$$

式中：n 为样本数，本研究中取 5。基于人工观测叶面积指数和 16 d 归一化植被指数的经验关系，确定 LAI 日尺度数据（表 2.2）。

表 2.2　叶面积指数与归一化植被指数的关系

年份	相关性	决定系数 R^2	P
2005	$y=0.0006e^{12.08x}$	0.96	0.029
2006	$y=10.79x-3.17$	0.93	0.032
2007	$y=8.05x-2.7$	0.92	0.040
2008	$y=7.27x-1.98$	0.91	0.043
2009	$y=0.0003e^{14.37x}$	0.99	0.003
2010	$y=9.73x-2.80$	0.92	0.044
2011	$y=0.0008e^{12.17x}$	0.88	0.025
2012	$y=0.0009e^{12.10x}$	0.87	0.018
2013	$y=9.94x-3.18$	0.92	0.001
2014	$y=0.0003e^{14.54x}$	0.96	0.015
2015	$y=0.0015e^{13.58x}$	0.99	0.008
2016	$y=0.0085e^{9.13x}$	0.99	0.013
2017	$y=11.54x-3.15$	0.97	0.006
2018	$y=7.71x-2.07$	0.98	0.009

2.1.3.4　作物产量

在玉米成熟后，收获前在观测地段 4 个区取样，然后晾晒，脱粒，及时进行质量分析，在一个月内完成。在每个区连续取 10 株，共 40 株（含双穗和空秆）。齐地面剪下，带回室内，数出有效株数。理论产量的计算公式为：

理论产量 = 株籽粒重 $\times$ 1 m^2 有效株数

其中将果穗摘下（双穗结在一起），茎秆晒干。样本全部晒干脱粒，称取籽粒重，除以有效株数求出平均的株籽粒重，单位为 g。1 m^2 有效株数可表示为平均 1 m 内行数 $\times$ 平均 1 m 内株茎数。其中 1 m 内行数的测定方法为平作地段 1 m 内株茎数测定方法，为每个测点数出 10 个行距的宽度，以 m 为单位，然后读取行距数，4 个测点总行距数除以所量总宽度，即为平均 1 m 内行数。每个测点连续量出 10 个穴距的长度，数出其中的株（茎）数，各测点株茎数之和除以所量的总长度，即为 1 m 内株茎数。

2.1.3.5 作物残茬碳含量

残茬表示为收获后土壤表面的茎和叶的碳含量，忽略根的含量。成熟后随机取样 40 株，经过 30 d 的晾晒后分别称取籽粒、茎秆和叶片，再乘以密度得单位面积籽粒、茎秆和叶片干重，单位面积叶片和茎秆干重乘以 0.4 得叶片和茎的碳含量。

2.1.4 通量数据质控与拆分

应用涡度协方差技术（EC）观测净生态系统生产力（NEP）。涡度协方差观测的原理可以利用控制体积来说明，控制体积是一个想象出来的巨大的通量箱体，允许空气没有任何阻碍地流动。以 CO_2 为例，其进出箱体的量遵循标量物质守恒定律，即净生态系统生产力（NEP）应等于垂直湍流通量项、储存项、垂直平流项、水平平流项和水平通量扩散项之和。

$$\mathrm{NEP}=-\left[\overline{\rho d}\,\overline{w'\ S_c'}+\int_0^z\overline{\rho d}\frac{\partial\overline{S_c}}{\partial t}\mathrm{d}z+\int_0^z\overline{\rho d}\left(\overline{u}\frac{\partial\overline{S_c}}{\partial x}+\overline{v}\frac{\partial\overline{S_c}}{\partial y}\right)\mathrm{d}z+\int_0^z\overline{\rho d w}\frac{\partial\overline{S_c}}{\partial z}\mathrm{d}z+\int_0^z\overline{\rho d}\left(\frac{\partial\overline{u'S_c'}}{\partial x}+\frac{\partial\overline{v'S_c'}}{\partial y}\right)\mathrm{d}z\right] \tag{2-6}$$

公式右边依次为涡度协方差观测的垂直湍流通量项（第一项）、储存项（第二项）、水平平流项（第三项）、垂直平流项（第四项）和水平通量扩散项（第五项）。因为观测地段平坦且水平均匀，故可以忽略第三、第四和第五项。因为农田生态系统观测高度较低，储存项较小，所以第二项也忽略。这样净生态系统生产力近似等于涡度协方差观测的垂直湍流通量项。

原始的 10 Hz 通量数据计算成 30 min 的通量数据，包含 10 Hz 原始数据检查、异常值剔除、时间延迟、平均时间确定和去趋求平均。一般原始 10 Hz 高频数据中包含观测时间、记录数、三维风的分量（u、v 和 w）、超声温度（T_s）、CO_2 和 H_2O 浓度、气压和诊断值。该高频数据会因为电信号噪声或者其他物理原因而出现异常值，即野点，应予以剔除；通过最大相关性法进行超声风速仪和红外气体分析仪观测信号不同步的时间延迟校正；应用 Ogive 等方法确定平均时间；根据雷诺分解瞬时值减去平均值得到脉动值，因此平均值的确定是获得脉动值的前提。

对于计算得到的 30 min 通量数据首先进行坐标转化，保证平均垂直速度为 0。其次进行频率校正，校正因传感器分离等造成的频率损失。再次进行密度校正，剔除因环境温度、气压、水汽浓度变化及 CO_2 质量密度变化，进而产生研究所不需要的“虚假通量”，将源汇强度信号从观测信号及中分离出来。最后针对夜间稳定边界层，应用 u^* 阈值删除湍流未充分发展时段的观测数据，以保证数据在较强湍流运动条件下的观测结果。该步骤随着数据质量控制充分考虑湍流发展过程的更新，目前的数据处理中基本不再考虑基于摩擦风速阈值剔除数据。同时对于高大的冠层，夜间通量计算时必须考虑储存项。

上述可知涡度协方差观测数据的计算过程是复杂的，故要进行数据质控与评价。数据质控主要有稳态测试和充分发展湍流条件测试。稳态测试时，当相对非稳态参数 RNcov < 30% 表明这个时间序列 CO_2 湍流通量观测处于稳态条件。应用通量—方差相似性进行充分发展湍流条件测试，当 ITCσ < 30% 时则认为该湍流充分混合。对于后端需要安装在伸臂上的 C 型超声风速仪，当风从伸臂后面吹向超声传感器时，伸臂可能会影响风的流向。因此，将相对超声坐标系 180° ± 10°方向来的风定义为较差的数据质量等级 3；该范围之外，与 180°偏差 29°范围内的风，定义为中等等级 2；其他所有角度为等级 1。Foken 在 RNcov、ITCσ 和风向评价基础上提出综合评定数据质量等级指标，提出 1 ~ 9 个级别系统，在每个系统中数值越小代表数据质量越好。同时还需要进行通量贡献区空间代表性评价，确定观测通量是否来自感兴趣的研究区域。质控后的数据经过数据插补得到连续的通量数据集，可应用于求解生态系统的碳交换年值等（图 2.1、表 2.3）。

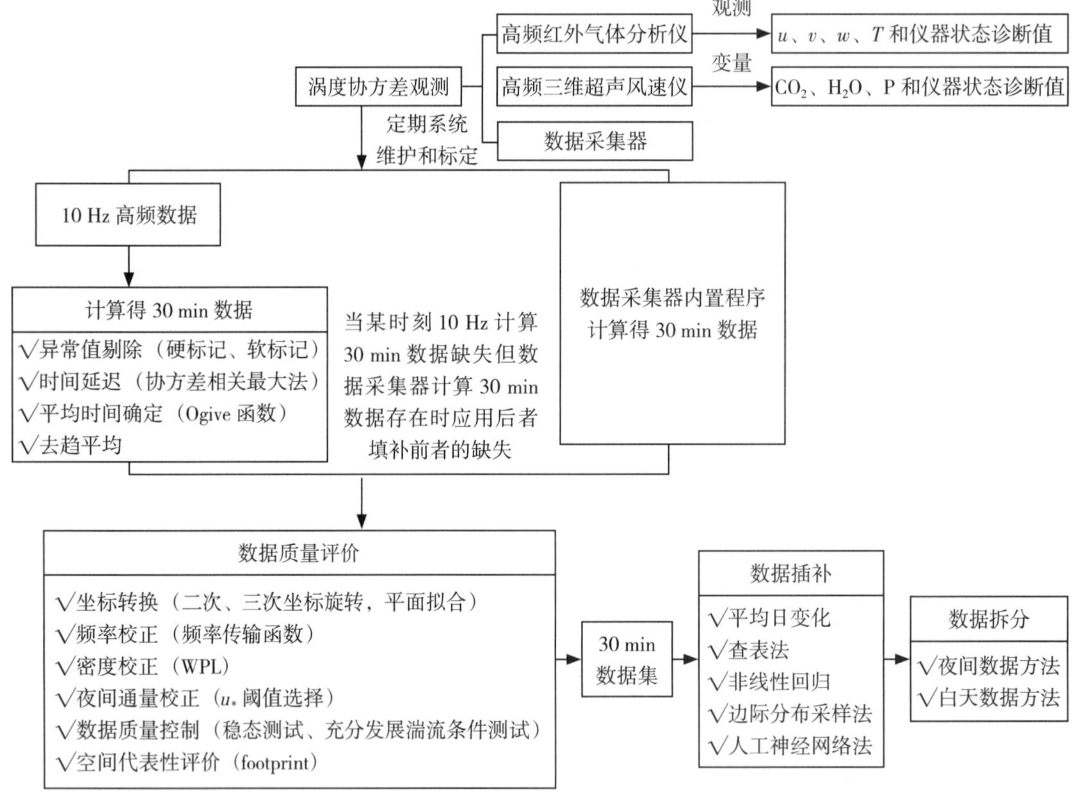

图 2.1　涡度协方差数据处理和质控流程

表 2.3　2005—2018 年数据质量控制后有效数据占比　%

年份	标记为 2 筛选	u^* 阈值筛选	白天数据	夜晚数据
2005	57.8	47.5	67.8	26.3

续表

年份	标记为 2 筛选	u^* 阈值筛选	白天数据	夜晚数据
2006	61.1	50.2	75.4	24.2
2007	45.1	39.0	62.2	15.5
2008	50.0	40.9	66.5	15.2
2009	54.0	44.1	67.8	20.3
2010	50.2	43.4	67.2	15.5
2011	49.4	41.8	67.9	15.5
2012	54.9	45.1	73.9	14.6
2013	57.2	46.5	74.9	17.9
2014	59.0	45.7	73.7	19.5
2015	24.3	18.1	25.8	12.9
2016	58.7	44.6	59.3	29.2
2017	54.2	48.1	65.1	30.3
2018	58.8	45.1	66.3	35.3

为获得连续的通量数据评估年通量的变化，本研究应用边界采样法对质控后的数据进行插补。同时 NEP 被拆分为总生态系统生产力（GEP）和生态系统呼吸（RE)。GEP 表示为 NEP 与 RE 之和。

夜间的通量观测等于呼吸，因为没有光合作用，进而可应用 Lloyd 和 Taylor 提出的方程进行呼吸计算：

$$RE = RE_{ref}\exp\left[E_0\left(\frac{1}{(T_{ref}+46.02)}-\frac{1}{(T_{ref}+46.02)}\right)\right] \tag{2-7}$$

式中：T_{ref} 为参考温度（10℃)；E_0 为温度敏感系数，℃；RE_{ref} 为参考温度下的参考呼吸，$gC \cdot m^{-2} \cdot s^{-1}$。应用 15 d 移动窗口的非线性回归分析确定 RE_{ref} 和 E_0，然后再根据温度与呼吸的关系计算白天的呼吸。上述过程均应用 Tovi 软件计算。

2.2 模型介绍

2.2.1 BATS1e 模型概况

BATS1e 模型为典型的单层大叶模型，建立了关于植被覆盖表面上空的辐射、水分、热量和动量交换以及土壤中水、热过程的参数化方案，考虑了植被在陆—气之间水热交换过程中的作用，对植被生理过程进行了较细致的描述。该模型已与多个大气环流模式耦合，应用非常广泛，有一层植被、一层雪盖和三层土壤，其中表层土壤厚度为 0.1 m；第二层深 1 ~ 2 m，为根层；第三层深 10 m。模型考虑了降水、降雪、蒸发蒸散、径流、渗透、融雪等过程，利用强迫—恢复法计算各层土壤温度。植被冠层温度和湿度通过求解能量平衡和水分平衡方程得到。土壤湿度由求解各土壤层含水量的预报方程得到。根据土壤湿度、植被覆盖和雪盖（包括植被对雪的遮挡）状况计算地表反照率。陆—气间的感热通量、水汽通量和动量通量由相似理论导出的地面拖曳系数公式计算。

2.2.2 参数设置

模型划分土壤颜色为 8 类，地表类型为 18 类，土壤质地为 12 类。各类参数设定情况见表 2.4、表 2.5。

表 2.4　植被 / 土地覆被类型

BATS1e 模型		CoLM 模型	
编号	类型	编号	类型
1	农田 / 混合农场	1	城市
2	矮草	2	干旱农田与牧场
3	常绿针叶林	3	灌溉农田与牧场
4	落叶针叶林	4	干旱 / 灌溉混合农田与牧场
5	落叶阔叶林	5	农田草地过渡带
6	常绿阔叶林	6	农田林地过渡带
7	高草	7	草地
8	沙漠	8	灌木地
9	苔原	9	草地灌木地混合带
10	灌溉作物	10	稀疏草原
11	半沙漠	11	落叶阔叶林
12	冰川冰盖	12	落叶针叶林
13	沼泽湿地	13	常绿阔叶林
14	内陆湖	14	常绿针叶林
15	海洋	15	混合森林
16	常绿灌木	16	内陆水体
17	落叶灌木	17	草本湿地
18	混合林地	18	森林湿地

续表

BATS1e 模型		CoLM 模型	
编号	类型	编号	类型
		19	贫瘠稀疏植被
		20	草本苔原
		21	森林苔原
		22	混合苔原
		23	裸土苔原
		24	雪盖或冰川

表 2.5 不同土壤颜色反照率设置

土壤颜色	1	2	3	4	5	6	7	8
干壤反照率								
< 0.7 μm	0.23	0.22	0.20	0.18	0.16	0.14	0.12	0.10
≥ 0.7 μm	0.46	0.44	0.40	0.36	0.32	0.28	0.24	0.20
饱和土壤反照率								
< 0.7 μm	0.12	0.11	0.10	0.09	0.08	0.07	0.06	0.05
≥ 0.7 μm	0.24	0.22	0.20	0.18	0.16	0.14	0.12	0.10

2.2.3 物理过程

2.2.3.1 土壤温度

土壤温度的计算采用强迫恢复法（表 2.6、表 2.7）。BATS1e 中把土壤分为表层，深度为 0 ~ 10 cm；次表层，深度为 10 ~ 20 cm；根层 1 ~ 2 m，利用根层的强迫恢复作用计算土壤温度。表层土壤温度（T_{g1}）由差分形式计算：

$$C\Delta t\,\frac{\partial T_{g1}}{\partial t}+2AT_{g1}=B \tag{2-8}$$

式中：$A=0.5v_d\Delta t$，为积分步长决定的系数，其中 $v_d=2\pi/8640C$，$B=B_{COEF}h_s+v_d\Delta tT_{g2}$，与净地表加热和下层土壤温度有关。$h_s=S_g+F_{IR}^{\downarrow}-F_{IR}^{\uparrow}-F_s-L_{v,s}F_q-L_fS_m$，为地表净辐射；$S_g$ 为净吸收短波辐射；$F_{IR}^{\downarrow}-F_{IR}^{\uparrow}$ 为净长波辐射；F_s 为感热；$L_{v,s}F_q$ 为潜热；L_fS_m 为融雪需要的能量。

$B_{COEF}=f_{snow}B_{COEFs}+(1-f_{snow})B_{COEFb}$。其中，$B_{COEFs}=\dfrac{v_d\Delta tD_{ds}}{(\rho_sC_s)_sK_{sn}}$；$B_{COEFb}=\dfrac{v_d\Delta tD_{db}}{(\rho_sC_s)_bK_{sb}}$；

f_{snow} 为雪盖度；$D_{ds}=\sqrt{\dfrac{2K_{sn}}{v_d}}$ 和 $D_{db}=\sqrt{\dfrac{2K_{sb}}{v_d}}$ 为雪和土壤的辐射日射渗透深度；K_{Sn} 和 K_{Sd} 为雪和土壤的热扩散。$C=1+F_{CT1}$，为表征强迫恢复的强度；$F_{CT1}=\dfrac{\sqrt{2}}{\rho_s C_s \Delta t Z_u}L_f(S_{SW}-F_{ru})$，为外部的冻结热惯量；$F_{ru}$ 为表层土壤没有冻结的比例；S_{SW} 为表层土壤水分。次层土壤温度 T_{g2} 的控制方程为：$(1+F_{CT2})\Delta t\dfrac{\partial T_{g2}}{\partial T}+2A_2T_{g2}=C_4v_a\Delta tT_3+\dfrac{D_a}{D_d}v_a\Delta t$。其中，$T_3=271.0\ \mathrm{K}$，为永久冻结层的温度；$C_4$ 一般情况取 0，永久冻结层取 1；$A_2=(C_4+\dfrac{D_a}{D_d})\times v_a\times\Delta t$，$D_a\approx0.05\ \mathrm{m}$ 和 $D_d\approx0.05\ \mathrm{m}$ 分别为日、年辐射穿透深度；$F_{CT2}=\dfrac{\sqrt{2}}{\rho_s C_s\Delta tZ_r}L_f(S_{rw}-0.15Z_r)$；$0.15Z_r$ 为未冻结的土壤水分；L_f 为融解潜热；C_s 为根层土壤比热。

表 2.6　不同土壤质地参数设置

土壤质地分类（从砂土到黏土）	1	2	3	4	5	6	7	8	9	10	11	12
土壤孔隙度	0.33	0.36	0.39	0.42	0.45	0.48	0.51	0.54	0.57	0.6	0.63	0.66
最低土壤吸水力 /mm	30	30	30	200	200	200	200	200	200	200	200	200
饱和液压传导 / $(\mathrm{mm\cdot s^{-1}})$	0.2	0.08	0.032	0.013	8.9×10^{-3}	6.3×10^{-3}	4.5×10^{-3}	3.2×10^{-3}	2.2×10^{-3}	1.6×10^{-3}	1.1×10^{-3}	0.8×10^{-3}
壤土饱和热传导率	1.7	1.5	1.3	1.2	1.1	1	0.95	0.9	0.85	0.8	0.75	0.7
黏土 B 指数	3.5	4	4.5	5	5.5	6	6.8	7.6	8.4	9.2	10	10.8
蒸腾停止时土壤含水量	0.088	0.119	0.151	0.266	0.3	0.332	0.378	0.419	0.455	0.487	0.516	0.542

2.2.3.2　土壤水分

模型中土壤水分的收入项为自然降水，而土壤水分收支计算过程中，从降水获得同样数量的水分，从蒸发和地表径流失去同样水分，但这一过程仅发生在土壤表面。

裸土土壤各层间水分守恒方程为：

$$\frac{\partial S_{sw}}{\partial t}+G_n-R_s+\gamma_{w1}$$

$$\frac{\partial S_{rw}}{\partial t}+G_n-R_s+\gamma_{w2}$$

表 2.7 各种覆盖类型参数设置

下垫面类型	1	2	3	4	5	6	7	8	9	10	11	12	13	14	15	16	17	18
植被最大覆盖度	0.85	0.8	0.8	0.8	0.8	0.8	0.8	0	0.6	0.8	0.1	0	0.8	0	0	0.8	0.8	0.8
粗糙度 /m	0.06	0.1	0.1	0.3	0.3	0.5	0.3	0	0.2	0.6	0.1	0	0.4	0	0	0.2	0.3	0.2
根层深度 /m	1	1	1.5	1.5	2	1.5	1	1	1	1	1	1	1	1	1	1	1	2
上层土壤深度 /m	0.1	0.1	0.1	0.1	0.1	0.1	0.1	0.1	0.1	0.1	0.1	0.1	0.1	0.1	0.1	0.1	0.1	0.1
根层以上土壤含水量	0.3	0.8	0.67	0.67	0.5	0.8	0.8	0.9	0.9	0.3	0.8	0.5	0.5	0.5	0.5	0.5	0.5	0.5
植被短波反照率 $< 0.7\ \mu m$	0.1	0.1	0.05	0.05	0.08	0.04	0.08	0.2	0.1	0.08	0.17	0.8	0.06	0.07	0.07	0.05	0.08	0.06
植被长波反照率 $> 0.7\ \mu m$	0.3	0.3	0.23	0.23	0.28	0.2	0.3	0.4	0.3	0.28	0.34	0.6	0.18	0.2	0.2	0.23	0.28	0.24
气孔阻力最小值 $/s \cdot m^{-1}$	120	200	200	200	200	150	200	200	200	200	200	200	200	200	200	200	200	200
最大叶面积指数	6	2	6	6	6	6	6	0	6	6	6	0	6	0	0	6	6	6
最小叶面积指数	0.5	0.5	5	1	1	5	0.5	0	0.5	0.5	0.5	0	0.5	0	0	5	1	3
茎面积指数	0.5	4	2	2	2	2	2	0.5	0.5	2	2	2	2	2	2	2	2	2
叶容积平方根倒数 $/(m^{-1/2})$	10	5	5	5	5	5	5	5	5	5	5	5	5	5	5	5	5	5
光敏因子 $/(m^2 \cdot W^{-1})$	0.02	0.02	0.06	0.06	0.06	0.06	0.02	0.02	0.02	0.02	0.02	0.02	0.02	0.02	0.02	0.02	0.02	0.06

$$\frac{\partial S_{tw}}{\partial t}+G_n-R_s+R_g$$

有植被覆盖条件下的土壤水分控制方程为：

$$\frac{\partial S_{tw}}{\partial t}=P_r(1-\sigma_f)-R_s+\gamma_{w1}-F_q+S_m+D_w-\beta E_{tr}$$

$$\frac{\partial S_{rw}}{\partial t}=P_r(1-\sigma_f)-R_s+\gamma_{w2}+S_m+D_w-E_{tr}$$

$$\frac{\partial S_{tw}}{\partial t}=P_r(1-\sigma_f)-R_w-F_q+S_m+D_w-E_{tr}$$

$$\frac{\partial S_{cw}}{\partial t}=P_r(1-\sigma_f)-F_q-S_m+D_w$$

式中：$G_n=P_r+S_m-F_q$ 为供给地表的净水分，即有效降水；P_r 为降水量；S_m 为融雪；F_q 为蒸发，负值为凝结量；β 为顶层土壤的蒸腾率；D_w 为单位面积被植被截留后从叶子滴到地面的水分；$R_w=R_s+R_g$ 为总的水分流失量，R_s 为地表径流，R_g 为地下排水；γ_{w1} 和 γ_{w2} 为土壤之间的水分交换量；E_{tr} 为植被蒸发；σ_f 为植被覆盖度。

关于土壤水分渗透项，假设每个格点有单一的土壤类型及相应属性，且属性不随深度改变。土壤水势：$\varphi=\varphi_0 S^{-B}$，φ_0 为饱和液压传导，可从表 2.6 中查得，B 范围为 3.5 ~ 10.8；$S=\rho_w/P_{ORSI}$，为土壤中水的体积与饱和土壤中水体积的比；P_{ORSL} 为孔隙度。水力传导率：$K_w=K_{w0}S^{2B+3}$，K_{w0} 为重力因素引起的饱和土壤水的流速，土壤水流动平均扩散率为：$D=-K_w\dfrac{\partial\varphi}{\partial s}=K_{w0}\varphi_0 Bs^{B+2}$。除了扩散作用以外，重力排水作用主导了长时间尺度上的水的运动。深层土壤水流运动表达式为 $R_g=K_{w0}S^{2B+3}$。

水分在土壤中的扩散率决定于孔隙度、土壤水势、水力传导率。由根层进入到表层土壤的水分运动方程为：$\gamma_{m1}=C_{fl1}(S_1-S_2)$，从全层进入根层为 $\gamma_{m2}=C_{fl2}(S_0-S_1)$，其中 $C_{fl1}=E_{VMAR}(Z_u/Z_r)^{0.4}\hat{B}$，$E_{VMAR}=E_{VMX0}K_{0r}$，$\hat{B}=S_1^{(3+B_f)}S_2^{(B-B_f-1)}$；$C_{fl2}=E_{VMXT}(Z_u/Z_r)^{0.5}\times S_0^{(2+Bf)}S_1^{(B-Bf)}$，$E_{VMXT}=E_{VMX0}K_{01}/K_0$。

蒸发量 F_q 以及土壤上下层间水分的传输很难进行普适性的参数化，模型中关于蒸发的表达式是根据表面蒸发潜力日变化的规律得到。不同深度土壤层的水分传输与两层间水势差成比例，比例系数由土壤深度、B 指数决定。$F_q=\text{minimumof}(F_{qp},F_{qm})F_{qp}$，为潜在蒸发，$F_{qm}=E_{VMX0}\hat{B}s_2$，为湿润表面最大水汽通量。$E_{VMX0}=1.02D_{max}C_k/(Z_uZ_r)^{0.5}$，$D_{max}=B\varphi_0K_0/\rho_{wsat}$，$B_f=5.8-B[0.8+0.12(B-4)\log_{10}(100K_0)]$，$C_K=(1+1550D_{min}/D_{max})\times 9.76[\dfrac{B(B-6)+10.3}{B^2+40B}]$，$D_{min}$ 正常范围为 $10^{-3}mm^2\cdot s^{-1}$，表达测试范围为 $10^{-2}\sim 10^{-4}mm^2\cdot s^{-1}$。其中，$K_{0r}$ 根据土壤是否冻结取值为 0 或 K_0，K_{01} 根据土壤是否永久冻结取值为 0 或 K_0。

2.2.3.3 拖曳系数

拖曳系数（C_D）是湍流交换过程的重要参数，该值越大湍流交换的阻滞力越大，它随着下垫面粗糙度的增大而增大。在本模型中，拖曳系数为中性层结下的拖曳系数和总体理查逊数的函数，即：$C_D = f(C_{DN}, R_{iB})$，该部分内容将在后面详细说明。

2.2.3.4 植被覆盖下的感热和潜热通量

地表热量平衡方程表示为：$R_n = H_s + \lambda E_s + G$，式中：$H_s$ 为地面向大气的感热通量；λE_s 为潜热通量，λ 为水的汽化潜热（$2.5\times10^6 \mathrm{J\cdot kg^{-1}}$），$E_s$ 为地表蒸发；G 为土壤热通量。有植被覆盖时，$H_s = H_g + H_f + H_{so}$，$E_s = E_g + E_{af} + E_{so}$，$H_g$ 和 λE_g、H_f 和 λE_f、H_{so} 和 λE_{so} 分别为植被冠层覆盖表面与其上冠层空气间、叶片与冠层空气间以及裸土地表与大气间的感热和潜热通量，$H_c = H_g + H_f$ 和 $\lambda E_c = \lambda(E_g + E_f)$ 分别为冠层与大气间的感热和潜热通量，各自的计算式为：

$$H_g = \sigma_f \rho C_p \frac{T_g - T_{af}}{r_{afg}},\quad H_f = \sigma_f \cdot \mathrm{LAI} \cdot \rho C_p \frac{T_f - T_{af}}{r_{af}},\quad H_{so} = (1-\sigma_f)\rho C_p \frac{T_g - T_a}{r_a},$$

$$E_g = \sigma_f \rho h \frac{q_s(T_g) - q_{af}}{r_a + r_{afg}},\quad E_f = \sigma_f \cdot \mathrm{LAI} \cdot \rho r'' \frac{q_s(T_f) - q_{af}}{r_{af}},\quad E_{so} = (1-\sigma_f)\rho h \frac{q_s(T_g) - q_a}{r_a + r_a}$$

式中：ρ 为空气密度；C_p 为空气定压比热［1005 J/（kg·K）］；T_g 为地面温度；T_f 为叶温，$T_{af} = (cAT_a + cFT_f + cGT_{g1})/(cA + cF + cG)$，为植被冠层内温度，其中 $cA = \sigma_f C_D V_a$，$cF = \sigma_f L_{SAI} r_{af}$，$cG = C_{SOILC}\,\sigma_f\, U_{af}$；$T_a$ 为模型最低层空气温度；r_{afg} 为冠层覆盖土壤表面与其上冠层内空气间的湍流阻抗，表示为：$r_{afg} = (C_{soil} \cdot V_{af})^{-1}$，$C_{soil}$ 为土壤表面空气传输系数，模型中定义为常数 0.004，$V_{af} = V_a C_D^{0.5}$ 为冠层内风速，V_a 为模型最低层风速，C_D 为拖曳系数，$r_a = (C_D \cdot V_a)^{-1}$ 为裸土与大气间湍流阻抗；$r_{af} = C_f \times (U_{af}/D_f)^{0.5}$ 为叶面阻抗，$C_f = 0.01\mathrm{ms}^{-0.5}$ 为叶片表面与空间的传输系数，D_f 为叶片在风速方向的特征尺度，$U_{af} = V_a C_D^{0.5}$ 为叶片表面风速；r_s 为土壤表面阻力，表达式为 $r_s = 3 + 3.5\times(\theta_1/\theta_s)^{-2.3}$，$\theta_1$ 和 θ_s 分别为表层实际和饱和土壤体积含水量；$q_{af} = (cAq_a + r''cFq_f^{SAT} + cGf_g q_{g,s})/(cA + cF + f_g cG)$ 为冠层空气比湿；q_a 为模型最低层空气比湿；$h = \exp\left(-\frac{\psi \cdot g}{R_v \cdot T_g}\right)$ 为土壤相对湿度因子，ψ 为表层土壤的水位势，R_v 为水汽比气体常数，g 为重力加速度；$q_s(T_g)$ 和 $q_s(T_f)$ 分别为土壤表面和叶片比湿；r'' 为植株叶片阶梯函数，详见刘树华等相关研究。

2.2.3.5 无植被（裸地）下的感热和潜热通量

当地面无植被覆盖为裸土时，模型对感热和潜热的表达为：$F_{bare} = W_G(T_{g1} - t_s)$，$Q_{bare} = W_G(q_g - q_s)$，$W_G = C_D(1-\sigma_f)\{(1-\sigma_f)V_a + \sigma_f[X_B U_{af} + (1 - X_B)V_a]\}$，$X_B = \min(1, \mathrm{Rough})$，Rough 为粗糙度，$C_D$ 为拖曳系数，V_a 为风速。

2.2.3.6 叶面温度

叶面能量平衡方程为：$R_n(T_f) = LE_f(T_f) + H_f(T_f)$，其中，$R_n(T_f)$ 为叶面吸收的净辐射，$LE_f(T_f)$ 和 $H_f(T_f)$ 分别为发生在叶面的感热和潜热通量。经过一系列公式推导，得到 $\partial \frac{\partial q_f^{SAT}}{\partial T_f} = \frac{A(T_m - B)}{(T_f - B)^2} q^{SAT}$，其中，$T_f$ 为叶温，q_f^{SAT} 为大气饱和比湿，$T_m = 273.16$ K，$A = 21.874$（$T \leqslant T_m$），$A = 17.269$（$T > T_m$），$B = 7.66$（$T \leqslant T_m$），$B = 35.86$（$T > T_m$）。经迭代得到：

$$T_f^{N+1} = \frac{S_f + \rho_a c_p cH(cAT_a + cGT_g) + L_v(T_f^N \delta E - E^N)}{4\sigma_f \sigma T_g^3 + \rho_a c_p cH(cA + cG) + L_v \delta E}$$，$cH = cF/(cA + cF + cG)$，得出的叶温用于计算叶面的感热、潜热通量和光合作用率以及更新叶子的水分收支。

2.2.4 CoLM 模型概况

CoLM 模型仔细地考虑了陆面的生态、水文等过程，对土壤—植被—积雪—大气之间能量与水分的传输进行了较好的描述，包括一层可以实现光合作用的植被和一个底部达到 3.43 m 深的 10 层不均匀的垂直土壤（表 2.8）及 5 层积雪。划分地表植被为 20 类，土壤质地为 12 类，土壤颜色为 8 类。CoLM 模型具有以下特点：

（1）计算叶面温度和气孔阻抗采用双大叶模型。

（2）在解决植被反照率产生的奇异点中采用了二流近似，并且在计算辐射时区分了植被的阴、阳面。

（3）计算叶面温度的新迭代算法及计算叶面截留水量时对对流降水和大尺度降水分开处理问题。

（4）考虑了冠层下的湍流传输。

（5）土壤水、热传导过程考虑了土壤基岩厚度。

（6）考虑了地表径流和次地表径流。

（7）考虑了土壤中植物根的分布和水压对植被抽吸土壤水的影响。

（8）为了输入常规气象观测资料，用草地次网络 2 m 高度的气温代替网格平均气温。

（9）在每步时间积分计算中，更为严格的水分和能量平衡。

（10）采用平板海冰子模型。

（11）基于 MODIS 卫星和 LDAS 数据的反照率参数化公式。

（12）完整的 CoLM 代码结构。

具体与植物有关的物理过程及参数方案将在后面的章节中介绍。

表 2.8 模型中土壤分层情况

土层序数	1	2	3	4	5	6	7	8	9	10
深度 /m	0.018	0.045	0.091	0.166	0.289	0.493	0.829	1.383	2.296	3.433
厚度 /m	0.018	0.028	0.046	0.075	0.124	0.204	0.336	0.554	0.913	1.137

CoLM 模型中根系吸水过程表达式为：

$$\frac{\partial\theta}{\partial t}=-\frac{\partial}{\partial z}\left(K-D\frac{\partial\theta}{\partial z}\right)-E_x \tag{2-9}$$

式中：θ 为土壤体积含水量（$m^3 \cdot m^3$）；K 为导水率（$m \cdot s^{-1}$）；D 为土壤水分扩散率（$m^2 \cdot s^{-1}$）；z 为土壤深度（m）；t 为时间（s）；E_x 为根吸水项：

$$E_x = T\eta_i \tag{2-10}$$

式中：T 为植物蒸腾，η_i 是每层土壤吸水占总蒸腾量的比例。

$$\eta_i=\frac{f_{root,\,i}\,f_{sw,\,i}}{\sum_{i=1}^{n} f_{root,\,i}\,f_{sw,\,i}} \tag{2-11}$$

式中：n 为土壤层数；$f_{root,\,i}$ 为第 i 层土壤根比例；$f_{sw,\,i}$ 为土壤水分有效性：

$$f_{sw,\,i}=\frac{\varphi_{max}-\varphi_i}{\varphi_{max}+\varphi_{sat}} \tag{2-12}$$

式中：φ_{max} 为土壤处于凋萎湿度时的土壤水势，φ_i 为实际土壤水势，φ_{sat} 为饱和土壤水势。从以上公式可以发现，根比例是计算根系吸水的重要参数。单层土壤的根比例由上下两层土壤累积根比例相减得到，累积根比例为：

$$F_{root}(z)=\frac{1}{1+\left(\frac{z}{d_{50}}\right)^c} \tag{2-13}$$

式中：$F_{root}(z)$ 为 z 土壤深度以上累积根含量占总根量的比例；c 为决定根廓线形态的系数：

$$c=\frac{-1.27875}{(\lg d_{95}-\lg d_{50})} \tag{2-14}$$

式中：d_{50} 和 d_{95} 为累积根比例分别为 50% 和 95% 时的土壤深度。

2.3 模型模拟准确性评价方法

为了更直观比较模型改进前后陆面过程各输出变量的模拟准确性，引入归一化标准误差（NSEE）、相对均方差（RRMSE）和模型效率系数（NS）作为判断指标。其中，NSEE 表征模拟值相对于实测值的离差程度；RRMSE 代表模拟与观测间的相对偏差；NS 用于评价模型的效果，从负无穷大到 1，当模拟与观测之间的方差超过了观测方差，则 NS < 0；当模拟与观测之间方差趋近于 0，即 NS 趋近于 1，说明模型很好地模拟了观测值的变化。表达式分别为：

$$\mathrm{NSEE}=\sqrt{\frac{\sum_{i=1}^{n}(m_i-o_i)^2}{\sum_{i=1}^{n}o_i^2}},\quad \mathrm{RRMSE}=\sqrt{\frac{\sum_{i=1}^{n}(o_i-m_i)^2}{n\bar{o}^2}},\quad \mathrm{NS}=1-\frac{\sum_{i=1}^{n}(o_i-m_i)^2}{\sum_{i=1}^{n}(o_i-\bar{o})^2}$$

式中：m 为模拟值；o 为实测值；$\bar{o}$ 为 o 均值；n 为样本数。为了定量反映反照率动

态参数化对模型各输出量的影响，这里引入模型改进量（IQ）这一指标，表达式为：$IQ_i = |Po_i - O_i| - |Pm_i - O_i|$，$Po$ 为原模型模拟值，Pm 为改进模型模拟值，O 为实测值；$IQ > 0$，说明模型改进后误差减小，否则误差增大。IQ 累加可得到月或年的改进量。

3 东北玉米田可利用能量分配

在东北玉米田中，能量的分配与利用是一个复杂而精细的过程，涉及太阳光合有效辐射、感热和潜热等多个方面。首先，太阳光合有效辐射是玉米进行光合作用的主要能量来源。光合作用是玉米生长和发育的关键过程，它利用光能将二氧化碳和水转化为有机物质，并释放氧气。在东北玉米田中，光合有效辐射的多少直接影响到玉米叶片的光合作用效率，从而影响到玉米的产量和品质。因此，提高玉米对光合有效辐射的利用效率是农业生产的重要目标之一。其次，感热是指由于温度差异而引起的能量传递过程。在玉米田中，感热主要与土壤和空气的温度有关。当太阳辐射照射到地面时，一部分能量被土壤吸收并转化为热能，使土壤温度升高。这部分热能又通过热传导和对流等方式传递到空气中，形成感热。感热对于玉米的生长也有一定影响，适当的温度可以促进玉米的生长和发育，而过高或过低的温度则可能对玉米产生不利影响。最后，潜热是指由于水分蒸发而引起的能量传递过程。在玉米田中，潜热主要与植株的蒸腾作用有关。当玉米叶片进行蒸腾作用时，水分从叶片表面蒸发并带走大量的热量，这部分热量以潜热的形式释放到空气中。潜热的释放有助于降低叶片的温度，防止叶片过热，同时也有助于调节农田小气候，为玉米的生长创造有利的环境。在东北玉米田中，这些能量分配过程是相互关联、相互影响的。通过合理的田间管理，如灌溉、施肥、调整种植密度等，可以优化能量的分配和利用，提高玉米的产量和品质。同时，随着农业科技的发展，人们也在不断探索新的技术和方法来进一步提高玉米对能量的利用效率，以实现农业的可持续发展。

3.1 资料与方法

3.1.1 能量平衡

能量平衡表示为：

$$R_n = H + LE - G \tag{3-1}$$

式中：R_n 为到达冠层表面的净辐射，H 为感热通量，LE 为潜热通量，G 为土壤通量，能量平衡应用每一年日尺度的湍流通量（H + LE）与可利用能量（$R_n - G$）进行线性回归。回归斜率和能量闭合率 EBR = 1，表明能量闭合。但在实际观测中由于仪器空间代表性的差异以及仪器设计自身的局限性，斜率 slope 和 EBR 很难达到 1，一般 EBR > 0.7 即视为能量闭合，观测数据可用。其中 EBR 表示为：

$$\mathrm{EBR} = \frac{\sum (H + \mathrm{LE})}{\sum (R_n - G)} \tag{3-2}$$

在本研究中，玉米农田 2005—2020 年逐年的能量平衡分析结果显示能量闭合率 EBR

为 0.67 ~ 0.83，平均值 0.75，标准差为 0.05；斜率为 0.62 ~ 0.78，平均值 0.68，标准差为 0.04；截距为 0.36 ~ 1.61 W·m^{-2}，平均值 0.87，标准差为 0.37；决定系数 R^2 为 0.55 ~ 0.92，平均值 0.74，标准差为 0.12（表 3.1）。根据能量平衡 EBR 或斜率需要大于 0.70 的标准，该站点能量平衡（表 3.1）。

表 3.1　下垫面的能量闭合度

年份	斜率	截距	决定系数	能力闭合率（EBR）
2005	0.67	1.02	0.81	0.78
2006	0.71	0.89	0.78	0.80
2007	0.64	0.53	0.77	0.69
2008	0.68	1.02	0.65	0.72
2009	0.68	0.36	0.83	0.72
2010	0.63	0.75	0.74	0.71
2011	0.66	0.62	0.82	0.67
2012	0.62	1.61	0.56	0.67
2013	0.69	0.78	0.74	0.72
2014	0.77	0.49	0.79	0.82
2015	0.78	0.49	0.92	0.83
2016	0.69	1.33	0.63	0.76
2017	0.66	1.14	0.81	0.77
2018	0.67	1.46	0.57	0.74
2019	0.69	0.68	0.90	0.76
2020	0.68	0.73	0.55	0.81
平均值	0.68	0.87	0.74	0.75
标准差	0.04	0.37	0.12	0.05

3.1.2　辐射平衡

$$R_n = DR + UR - DLR - ULR \tag{3-3}$$

式中：R_n 为净辐射；DR 为向下短波辐射；UR 为向上短波辐射；DLR 为向下长波辐射；ULR 为向上长波辐射。

3.2 可利用能量逐日变化

图 3.1 为 2005—2020 年冠层的净辐射、地表热通量、到达地表的净辐射、感热通量和潜热通量的日数据时间动态序列。由图可知，净辐射全年呈先增加后降低的单峰曲线，其日尺度的最大值出现在夏季为 20.00 MJ·m^{-2} 左右表明地表接收能量，最小值在冬季为负值表明地表释放能量，且释放量小于 10.00 MJ·m^{-2}；地表热通量全年呈先增加后降低的单峰曲线，其日尺度的最大值为正值出现在夏季为 3.08 MJ·m^{-2}，最小值在冬季为 −3.50 MJ·m^{-2}；但是到达地表的净辐射 R_{ns} 为双峰曲线，第一个峰值出现在 5—6 月，第二个峰值出现在 9—10 月，其最大值为 18.09 MJ·m^{-2}，最小值为 −2.36 MJ·m^{-2}；感热通量 H 的时间动态变化与 R_{ns} 相似，最大值为 9.25 MJ·m^{-2}，最小值为 −2.67 MJ·m^{-2}；潜热通量 LE 为单峰，峰值出现在 7 月，最大值为 17.02 MJ·m^{-2}，最小值为 −0.77 MJ·m^{-2}。

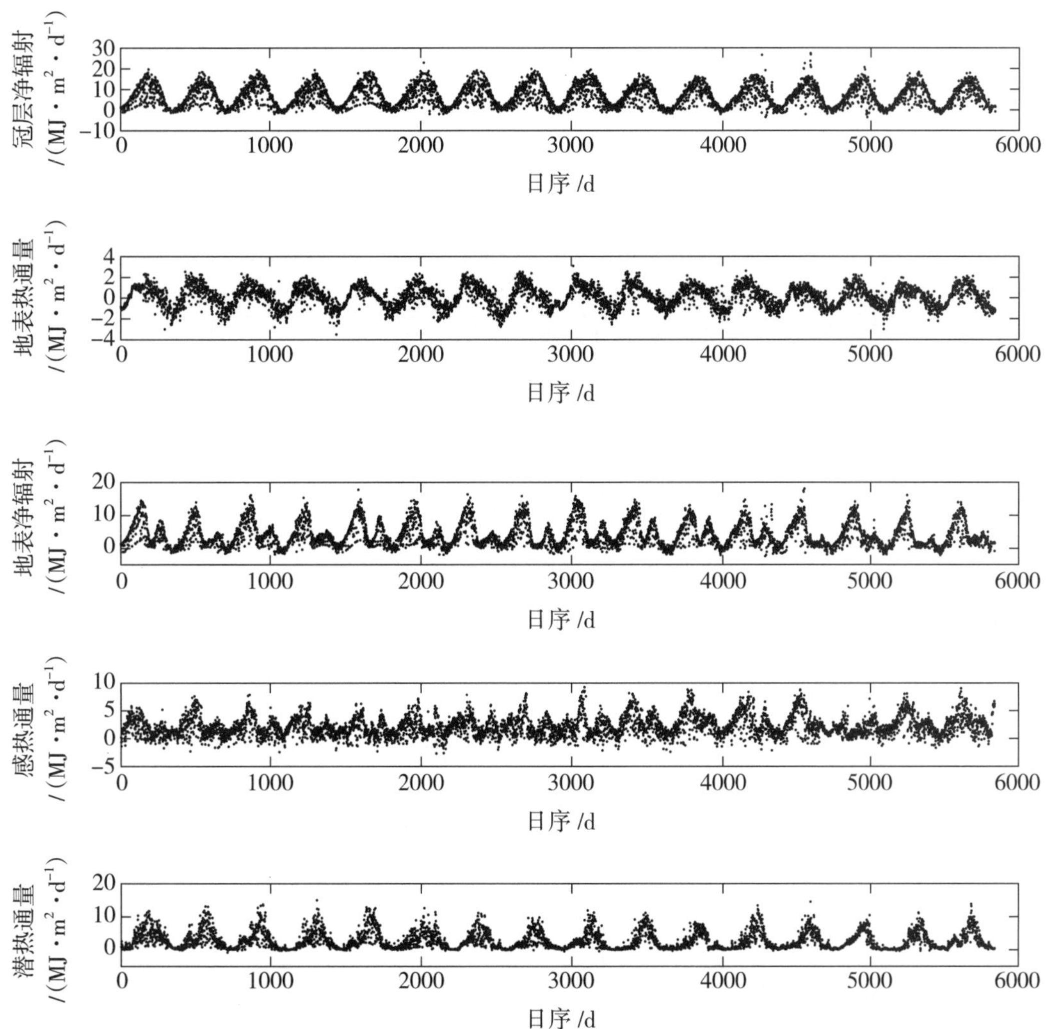

图 3.1 冠层的净辐射、地表热通量、到达地表的净辐射、感热通量和潜热通量日数据的时间动态序列

3.3 可利用能量年际变化

在年尺度上冠层顶部的太阳净辐射（R_n）（$P > 0.05$，图 3.2a）、地表净辐射（R_{ns}）和土壤热通量（G）（$P > 0.05$，图 3.2b）在观测时段内（2005—2020 年）没有显著的年际变化趋势，表明用以分配感热（H）和潜热（LE）的可利用能量年值没有显著的年际变化趋势。然而 H 有显著的增加趋势（$P < 0.001$，图 3.2c），同时 LE 有显著的减少趋势（$P = 0.017$，图 3.2d），进而导致波文比（β）（$P < 0.001$，图 3.2d）有显著的增加趋势。H 和 LE 相反的变化趋势表明可利用能量的分配存在变化，更多的能量分配感热，而潜热的分配逐渐降低（图 3.2d）。

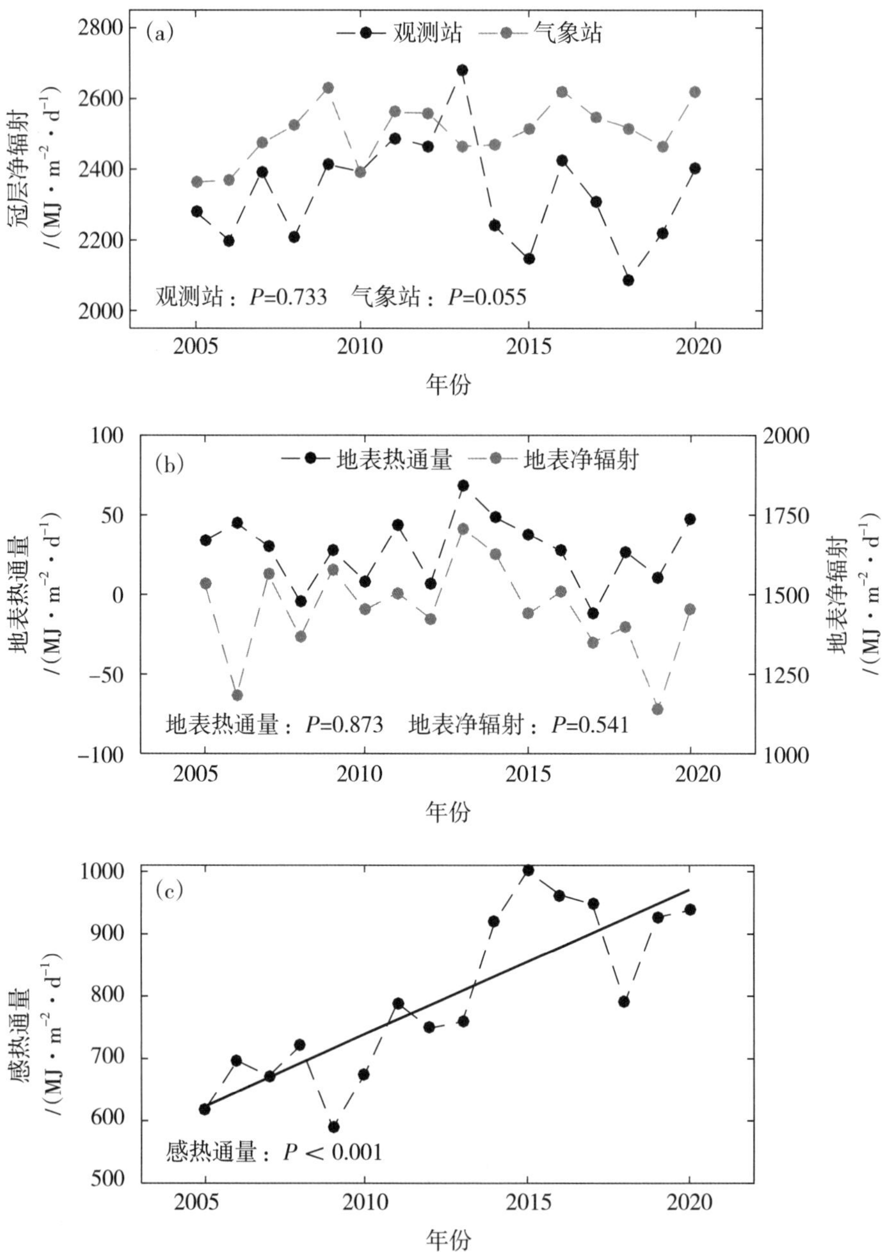

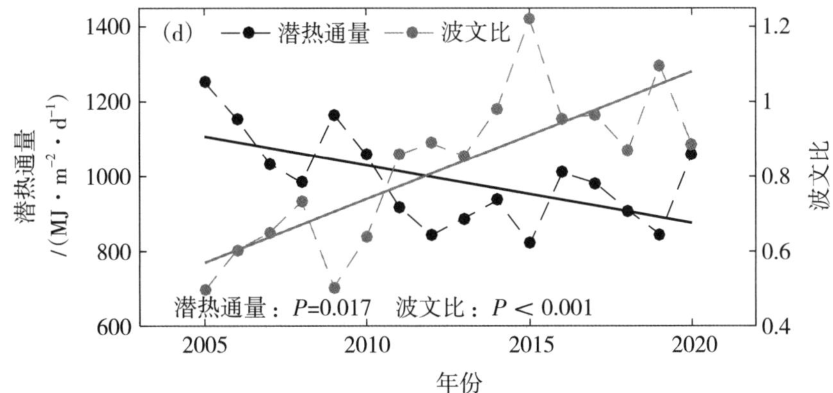

图 3.2 2005—2020 年研究区域和附近气象站的净辐射（R_n）、土壤热通量（G）和到达地表的净辐射（R_{ns}）、感热通量（H）、潜热通量（LE）和波文比年际变化

3.4 辐射逐日变化

图 3.3 为向下短波辐射、向上短波辐射、向下长波辐射、向上长波辐射和光合有效辐射的日数据时间动态序列。由图 3.3 可知，向下短波辐射的峰值出现在 5 月，其日均辐射量为 0 ~ 37.79 MJ · m^{-2}；向上短波辐射的峰值出现在 5 月，其日均辐射量为 0 ~ 6.44 MJ · m^{-2}；向下长波辐射的峰值出现在 7 月，其日均辐射量为 13.30 ~ 38.78 MJ · m^{-2}；向上长波辐射的峰值出现在 7 月，其日均辐射量为 19.00 ~ 42.63 MJ · m^{-2}；光合有效辐射的峰值出现在 5 月，其日均辐射量为 0 ~ 77.33 MJ · m^{-2}。

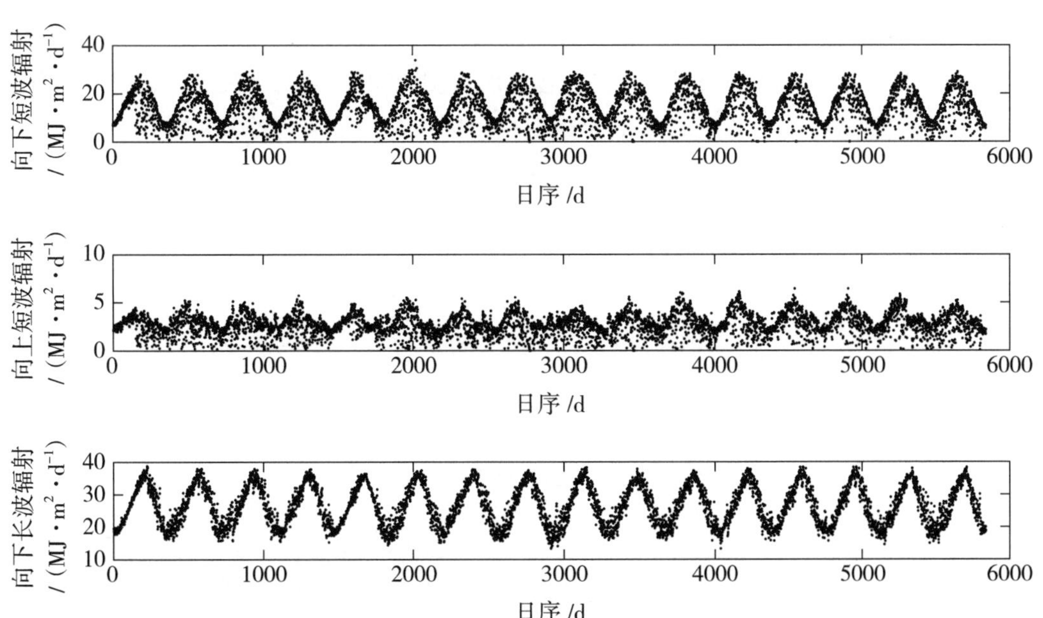

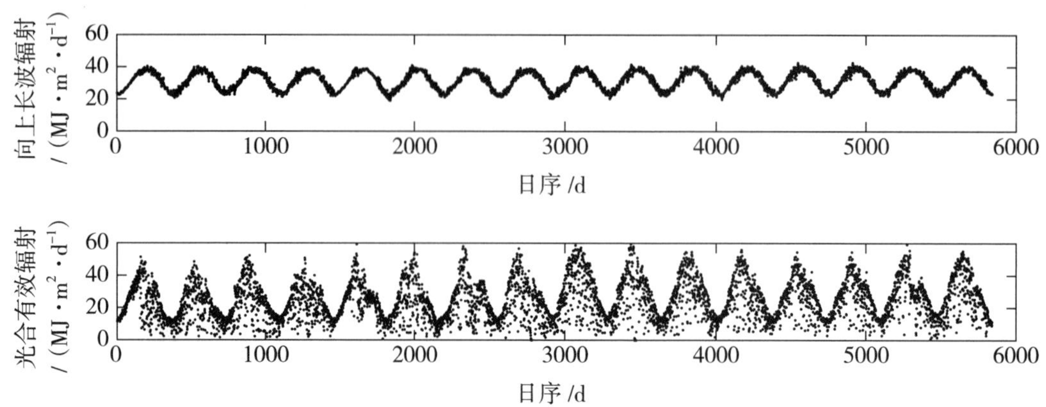

图 3.3　向下短波辐射、向上短波辐射、向下长波辐射、向上长波辐射和光合有效辐射日数据的时间动态序列

3.5　辐射年际变化

在年尺度上无论研究站点还是其附近的气象观测站，每年的向下短波辐射 DR（P=0.009，图 3.4a）、光合有效辐射（PAR）（$P < 0.001$，图 3.4a）和向上短波辐射 UR（P=0.004，图 3.4b）均呈显著增加趋势。然而，地表反照率没有显著的年际变化趋势（$P > 0.05$，图 3.4b），表明土壤和植被的地表属性没有显著的时间变化。

虽然向下长波辐射 DLR（P=0.36，图 3.4c）没有显著的年际变化趋势，但是向上长波辐射 ULR（P=0.016，图 3.4d）和空气温度有显著的增加趋势（P=0.019，图 3.4d）。这表明向上长波辐射的增加导致空气温度的增加。

在 2005—2020 年观测期间，虽然可利用能量没有显著的年际变化（图 3.2），但潜热通量在显著降低，同时波文比（β）在显著增加（图 3.2d），表明分配给蒸散的可利用能量减少。同时地表反照率没有显著的年际变化（图 3.4b）表明土壤和植被属性不影响可利用能量的分配。本研究区域的波文比为 0.5 ~ 1.2，高于华北平原的灌溉农田生态系统，其波文比为 0.24 ~ 0.29。分配给感热的可利用能量增加导致气温升高，这将进一步加剧 ET 的水分限制。

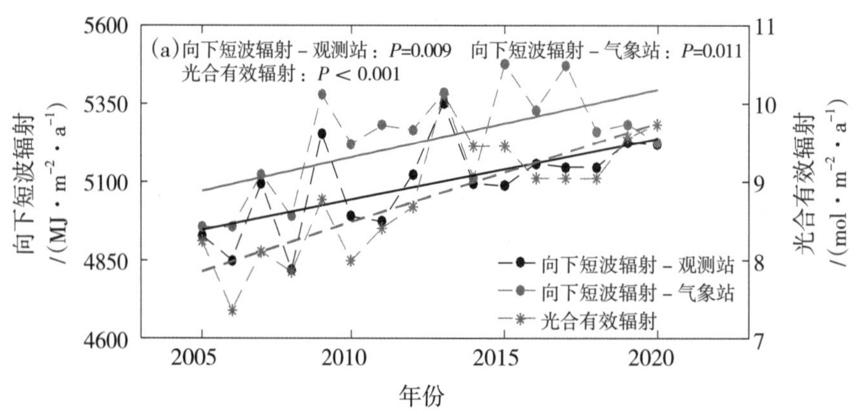

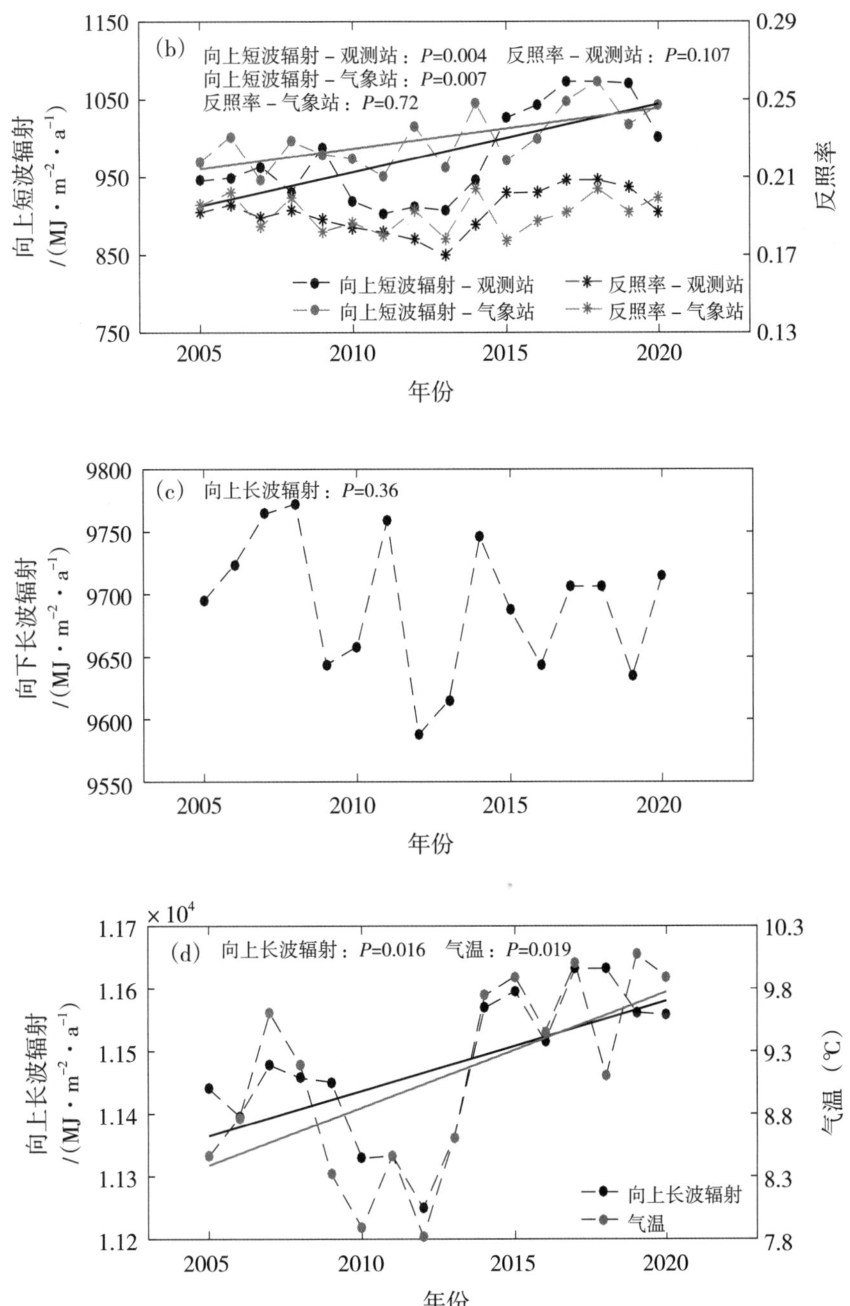

图3.4 2005—2020年研究区域和附近气象站的向下短波辐射（DR）和光合有效辐射（PAR）、向上短波辐射（UR）和地表反照率（albedo）、向下长波辐射（DLR）、向上长波辐射（ULR）和气温（T_a）年际变化

2005—2020年的数据的能量闭合率EBR平均为0.75，表明研究站点能量基本闭合。能量平衡要素的年值分别为净辐射2333 W·m^{-2}±145 W·m^{-2}，土壤热通量29 W·m^{-2}±20 W·m^{-2}，感热790 W·m^{-2}±147 W·m^{-2}，潜热991 W·m^{-2}±121 W·m^{-2}，波文比0.81 W·m^{-2}±

0.2 W・m^{-2}。净辐射和地表热通量年际没有显著的增加，但感热通量显著增加，潜热通量显著减少，波文比显著增加表明能量分配存在年际变化，用于潜热交换的能量减少。到达地表的向下短波辐射增加，同时向上短波辐射也增加，但地表反照率没有显著的变化，表明下垫面属性没有显著的变化趋势。向上的长波辐射增加，使得空气温度增加。

3.6 本章小结

在东北玉米田这个错综复杂的生态系统中，能量的分配与利用对玉米生长发育至关重要。太阳辐射，特别是光合作用有效辐射（PAR），是光合作用过程的主要能源，对 PAR 的高效利用直接影响玉米叶片的光合效率，从而影响产量和品质。感热与土壤和空气温度交互作用，影响玉米生长，极端温度会对生长产生不利影响。潜热与蒸发蒸腾相关，能够调节叶片温度，缓解玉米植株热应激和冠层微气候。东北玉米田中各种能量动态变化受太阳辐射、热通量和植被属性等因素影响。持续监测和分析能量分配与变化可为评估玉米对环境的适应性，揭示农业系统对气候变化的响应提供重要依据。

4 东北玉米农田蒸散和组分年际变化及影响因素

蒸散对于生态系统水分收支和能量平衡是一个重要的过程，同时与生态系统生产力相关。通过蒸散 58%～65% 的降水返回到大气中，同时 51%～58% 的地表能量通过潜热返回到大气中。在农田生态系统，蒸散和光合是同时进行的物理和化学过程，共同决定净初级生产力和作物产量。ET 可以分为植物蒸腾（T）和土壤蒸发（E）。ET 及其组分的变化主要受气候变化、土地利用和 CO_2 浓度升高影响。全球气候变化改变了大气水分需求和土壤水分供给对蒸散的相互作用，对雨养农业的作物生产力产生了未知的变化。因此了解 ET 的年际变化及其影响因素有助于制定水分管理策略和模拟作物产量。

本研究应用涡度协方差技术观测东北雨养玉米农田 2005—2020 年蒸散，同时应用 Shuttleworth-Wallace 模型将蒸散（ET）拆分蒸发（E）和蒸腾（T）。研究目标是：

（1）确定饱和水汽压差、土壤水分和地下水位对 ET 的影响。

（2）建立作物对土壤水分下降、温度升高和 CO^2 浓度上升的生理适应性的影响。

4.1 资料与方法

4.1.1 S-W 模型

S-W（Shuttleworth-Wallace）模型是基于 P-M（Penman-Monteith）模型，描述从土壤到大气的水汽压流，与 P-M 公式相似。S-W 模型将冠层视为一个“大叶”，因此不考虑冠层间的相互过程，但是 S-W 模型认为潜热通量 LE 有两个源，分别是土壤表面 E 和冠层 T。在这个模型中有 5 个阻力分别是：冠层气孔阻力（$r_{sc}\cdot s\cdot m^{-1}$）、土壤表面阻力（$r_{ss}\cdot s\cdot m^{-1}$）、叶面—冠层高度的空气动力学阻力（边界层阻力）（$r_{ac}\cdot s\cdot m^{-1}$）、冠层—参考高度的空气动力学阻力（$r_{aa}\cdot s\cdot m^{-1}$）和土壤表面—冠层高度的空气动力学阻力（$r_{as}\cdot s\cdot m^{-1}$）（图 4.1）。

应用 S-W 模型，生态系统蒸散 λET（$W\cdot m^{-2}$）被分解为植物蒸腾 λT 和土壤蒸发 λE 之和：

$$\lambda \mathrm{ET}=\lambda T+\lambda E=C_c PM_c+C_s PM_s \tag{4-1}$$

$$\mathrm{PM_C}=\frac{\Delta R+(\rho c_p D-\Delta r_{ac}R_s)/(r_{aa}+r_{ac})}{\Delta+\gamma\{1+[r_{sc}/(r_{aa}+r_{ac})]\}} \tag{4-2}$$

$$\mathrm{PM_s}=\frac{\Delta R+[\rho c_p D-\Delta r_{as}(R-R_s)]/(r_{aa}+r_{as})}{\Delta+\gamma\{1+[r_{ss}/(r_{aa}+r_{as})]\}} \tag{4-3}$$

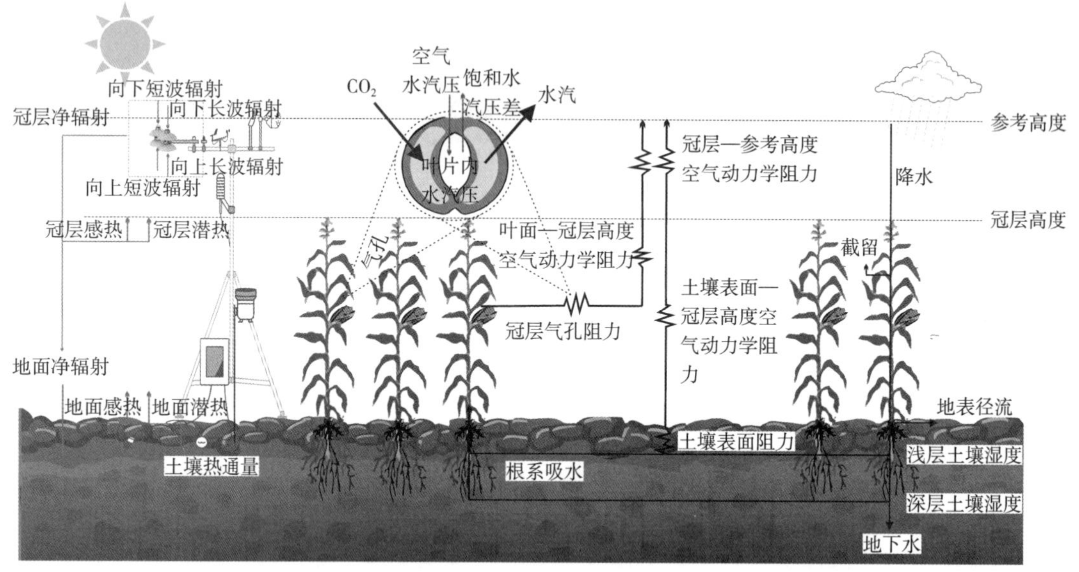

图 4.1 S-W 模型示意图

式中：PM_c 和 PM_s 为植物蒸腾和土壤蒸发；C_c 和 C_s 为冠层阻力系数和土壤阻力系数；Δ 为与温度曲线相关的饱和水汽压差斜率（$kPa \cdot K^{-1}$）；ρ 为空气密度，$1.293\ kg \cdot m^{-3}$；C_p 为定压比热，$1012\ J \cdot kg^{-1} \cdot K^{-1}$；$D$ 为饱和水汽压差（kPa）；γ 为干湿表常数 $0.067\ kPa \cdot K^{-1}$；R 和 R_s 为冠层和土壤表面的可利用能量，分别为：

$$R = R_n - G$$

$$R_s = R_{ns} - G \tag{4-4}$$

式中：R_n 和 R_{ns} 分别为观测和地表的净辐射（$W \cdot m^{-2}$）；G 是土壤热通量（$W \cdot m^{-2}$），应用 Beer 定律计算得 R_{ns}。

$$R_{ns} = R_n \exp(-0.6\text{LAI}) \tag{4-5}$$

式中：LAI 为叶面积指数。在式（4-1）中 C_c 和 C_s 表示为：

$$C_c = \frac{1}{1 + \{\rho_c \rho_a / [\rho_s(\rho_c + \rho_a)]\}}$$

$$C_s = \frac{1}{1 + \{\rho_s \rho_a / [\rho_c(\rho_s + \rho_a)]\}} \tag{4-6}$$

其中，ρ_a、ρ_c 和 ρ_s 分别表示为：

$$\rho_a = (\Delta + \gamma) r_{aa}$$

$$\rho_c = (\Delta + \gamma) r_{ac} + \gamma r_{sc}$$

$$\rho_s = (\Delta + \gamma) r_{as} + \gamma r_{ss} \tag{4-7}$$

式（4-2）和式（4-3）涉及的阻力的计算：

（1）土壤表面阻力 r_{ss} 是土壤水分的函数。

$$r_{ss} = b_1 \left(\frac{\theta_s}{\theta}\right)^{b_2} + b_3 \tag{4-8}$$

式中：θ_s 和 θ 为土壤饱和含水量和土壤实际含水量；b_1、b_2 和 b_3 为经验参数。

（2）冠层气孔阻力 r_{cs}。应用修正后的 Ball–Berry 模型，考虑了土壤水分的影响，在水分限制环境，土壤水影响冠层气孔阻力是非常重要的。

$$r_{sc}=\frac{1}{g_0+a_1 f(\theta)P_n h_s/C_s}$$

$$f(\theta)=\frac{\theta-\theta_w}{\theta_f-\theta_w} \tag{4-9}$$

式中：g_0 为最小气孔导度，设为 0.00001；a_1 为经验参数；θ_f 和 θ_w 为 5 cm 深度的田间持水量和凋萎湿度；P_n 为光合素率（$\mu mol \cdot m^{-2} \cdot s^{-1}$），这里用 GPP 代替；$h_s$ 为叶片表面的相对湿度；C_s 为叶片表面的 CO_2 浓度。

（3）叶片和冠层间的空气动力学阻力 r_{ac}。

$$r_{ac}=\frac{r_b}{2\times \text{LAI}} \tag{4-10}$$

其中 r_b 表示叶片边界层阻力：

$$r_b=b\left(\frac{w}{U}\right)^{0.5} \tag{4-11}$$

式中：b 为经验常数，这里取 130；w 为叶面宽度；U 为观测高度的风速。

（4）土壤表面和冠层高度间的空气动力学阻力 r_{as} 和冠层高度和参考高度间的空气动力学阻力 r_{aa}。

这两个参数与下垫面的郁闭程度有关，当完全郁闭时，

$$r_a^s(\alpha)=\frac{\ln[(z_r-d)/z_0]}{k^2u}\frac{h}{a(h-d)}e^a[1-e^{-a(z_0+d)/h}]$$

$$r_a^a(\alpha)=\frac{\ln[(z_r-d)/z_0]}{k^2u}\left[\ln\frac{z-d}{h-d}+\frac{h}{a(h-d)}[e^{a[1-(z_0+d)/h]}-1]\right] \tag{4-12}$$

式中：z_r 为参考高度；k 为冯卡曼常数，为 0.4；d 为零平面位移，$d=0.67h$；z_0 为空气动力学粗糙度，$z_0=0.1h$；h 为冠层高度，α 为常数，这里取 2.3。

当为裸地面时：

$$r_a^s(0)=\frac{1}{k^2u}\ln\frac{z_r}{z'_0}\ln\frac{d+z_0}{z'_0}$$

$$r_a^a(0)=\frac{1}{k^2u}\ln^2\frac{z_r}{z'_0}-r_a^s(0) \tag{4-13}$$

式中：z'_0 为土壤有效粗糙度，为 0.01 m。

假设 r_{as} 和 r_{aa} 在完全郁闭和裸土这两个对称极限之间与 LAI 呈线性关系，即当 $4\geqslant \text{LAI}\geqslant 0$ 时：

$$r_a^s=\frac{1}{4}\text{LAI}\cdot r_a^s(\alpha)+\frac{1}{4}(4-\text{LAI})\cdot r_a^s(0)$$

$$r_a^a = \frac{1}{4}\mathrm{LAI}\cdot r_a^a(\alpha) + \frac{1}{4}(4-\mathrm{LAI})\cdot r_a^a(0) \tag{4-14}$$

当 LAI > 4 时：

$$r_a^s = r_a^s(\alpha)$$
$$r_a^a = r_a^a(\alpha) \tag{4-15}$$

图 4.2 是日尺度观测值与模拟值的一致性。

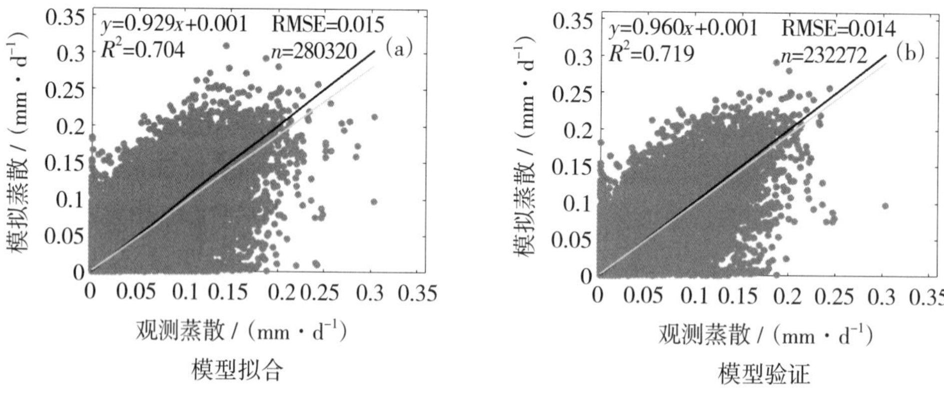

图 4.2　日尺度观测值与模拟值的一致性

4.1.2　Budyko 曲线

Budyko 认为陆面长期平均蒸散量（ET）主要由大气对陆面的水分供给和大气蒸发需求之间的平衡关系决定，并由此提出了 Budyko 假设。其中水分供给可由降水量来表达，而净辐射量或潜在蒸散量则代表大气蒸发需求。并提出陆面蒸散满足以下两个边界条件：在极端湿润的条件下，可用于蒸散的能量（潜在蒸散）都转变成潜热（PET/PPT → 0 时，ET/PET → 1）；在极端干旱的条件下，降水全部转化为蒸散量（PET/P → ∞ 时，ET/P → 1）。Budyko 提出以双曲正切函数表达的经验公式：

$$\frac{\mathrm{ET}}{\mathrm{PPT}} = \sqrt{\frac{\mathrm{PET}}{\mathrm{PPT}}\times\tanh\left(\frac{\mathrm{PPT}}{\mathrm{PET}}\right)\times\left[1-\exp\left(-\frac{\mathrm{PET}}{\mathrm{PPT}}\right)\right]} \tag{4-16}$$

$$\tanh\left(\frac{\mathrm{PPT}}{\mathrm{PET}}\right) = \frac{\sin\left(\frac{\mathrm{PPT}}{\mathrm{PET}}\right)}{\cos\left(\frac{\mathrm{PPT}}{\mathrm{PET}}\right)} = \frac{e\frac{\mathrm{PPT}}{\mathrm{PET}} - e - \frac{\mathrm{PPT}}{\mathrm{PET}}}{e\frac{\mathrm{PPT}}{\mathrm{PET}} + e - \frac{\mathrm{PPT}}{\mathrm{PET}}} \tag{4-17}$$

当 PET/PPT < 1 时是能量限制，当 PET/PPT > 1 时是水分限制。其中潜在蒸散 PET 应用世界粮农组织（FAO）推荐的 Penman-Monteith 公式计算得：

$$\mathrm{PET} = \frac{0.408\Delta(R_n - G) + \gamma\frac{900}{T_a + 273}u_2(e_s - e_a)}{\Delta + \gamma(1 + 0.34u_2)} \tag{4-18}$$

式中：PET 为潜在蒸散（mm · d^{-1}）；R_n 为到达观层的净辐射（MJ · m^{-2} · d^{-1}）；G 为地表热通量（MJ · m^{-2} · d^{-1}），T_a 为 2 m 处的空气温度（℃）；u_2 为 2 m 处的风速（m · s^{-1}）；e_s 为饱和水汽压（kPa）；e 为实际水汽压（kPa）；Δ 为水汽压斜率曲线（kPa ℃ $^{-1}$）；γ 为干湿表常数（kPa · ℃ $^{-1}$）。

4.1.3 干旱指数（SPEI）

标准化降水蒸散指数（SPEI）是基于降水和温度数据，具有多尺度特征以及能够结合包含温度变化对干旱影响评估的优点。具体表达式为：

$$\mathrm{SPEI} = W - \frac{c_0 + c_1 w + c_2 w^2}{1 + d_1 w + d_2 w^2 + d_3 w^3} \tag{4-19}$$

式中：$W = \sqrt{-2\ln(P)}$；P 为超过确定 D 值的概率，$P = 1 - \mathrm{F}(x)$，如果 $P > 0.5$，P 应用 1–P 代替，同时 SPEI 的符号是相反的。其常数有 C_0=2.515517，C_1=0.802853，C_2=0.010328，d_1=1.432788，d_2=0.189269，d_3=0.001308。SPEI < 0 时，表示发生干旱，且数值越小干旱越严重。

4.2 可利用水的年际变化

即使每年的降水（PPT）存在显著的年际差异，可是其没有显著的年际变化趋势（P=0.385，图 4.3a）。然而作物需水关键期的降水（6 月和 7 月）存在显著的降低趋势（P=0.004，图 4.4a）。土壤水分（0 ~ 10 cm）在全年和作物需水关键期均呈显著下降趋势（图 4.3b 和图 4.4b），且作物需水关键期的下降趋势大于全年值，表明土壤水分供应能力在下降。

同时，全年的（P < 0.001，图 4.3b）和作物需水关键期（P < 0.001，图 4.4b）的饱和水汽压差（VPD）存在显著的增加趋势，伴随温度的显著增加（图 4.3b），表明大气对于 ET 的需求在增加。

年蒸散（P=0.004，图 4.3d）和蒸腾（P=0.003，图 4.3d）均呈显著降低趋势，同时在作物需水关键期其降低速率更快（P < 0.001，图 4.4d）。但是不论是全年还是作物需水关键期，E 没有显著的年际变化。

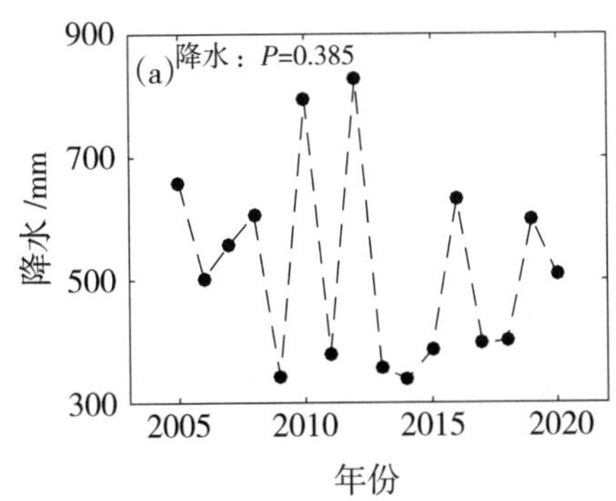

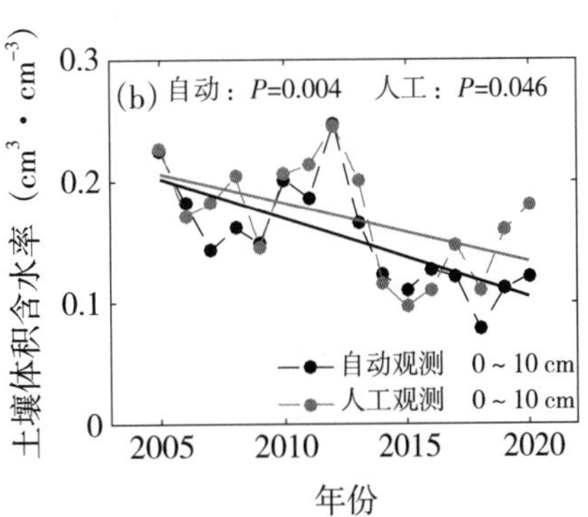

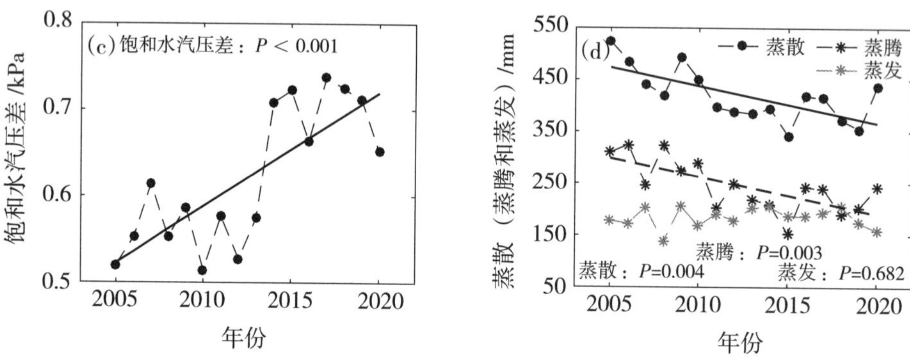

图 4.3　2005—2020 年全年降水量（PPT）、土壤含水量（SWC）、水汽压亏缺（VPD）、蒸散（ET）及其组分蒸发（E）和蒸腾（T）的年际变化

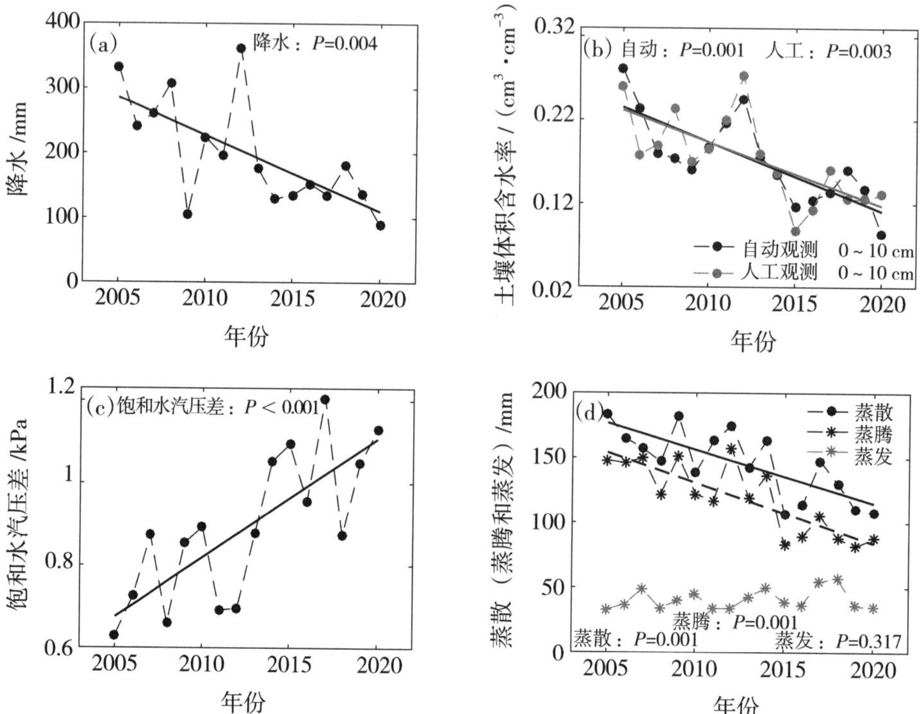

图 4.4　2005—2020 年作物生长季降水量（PPT）、土壤含水量（SWC）、水汽压亏缺（VPD）、蒸散（ET）及其组分蒸发（E）和蒸腾（T）的年际变化

ET 的年值为 418 mm ± 51 mm，其中 T 年值为 247 mm ± 50 mm，E 年值为 182 mm ± 19 mm，E 占 ET 比重为 0.44 ± 0.07（表 4.1）。生长季的 ET 占全年 ET 的 78.0%，而生长季的 T 占生长季的 ET 的 72.6%。ET、T、E 和 E/ET 存在季节性变化，ET、T 和 E/ET 是单峰型，而 E 是双峰型（图 4.5）。日蒸散量 0 ~ 6.0 mm，作物蒸腾量为 0 ~ 6.0 mm，蒸发量 0 ~ 2.5 mm 和 0 ~ 1.5 mm，E/ET 在作物生长高峰为 0.10。ET 和 T 显著减少趋势，E/ET 有增加趋势。

表 4.1 ET 的观测值和模拟值、T 的模拟值、E 的模拟值以及模拟的 E 与 ET 比值的年值

年份	蒸散观测	蒸腾模拟	蒸发模拟	蒸散模拟	蒸发与蒸散比率
2005	523	307	177	484	0.34
2006	485	332	171	503	0.35
2007	441	246	202	449	0.46
2008	420	330	135	465	0.32
2009	493	282	204	486	0.41
2010	449	289	168	456	0.37
2011	396	209	190	399	0.48
2012	365	249	178	428	0.49
2013	385	228	202	430	0.52
2014	395	210	202	412	0.51
2015	343	157	183	340	0.53
2016	419	243	184	426	0.44
2017	415	242	191	433	0.46
2018	373	186	203	389	0.55
2019	355	208	174	382	0.49
2020	438	238	156	394	0.36
平均值	418	247	182	430	0.44
标准差	51	50	19	43	0.07

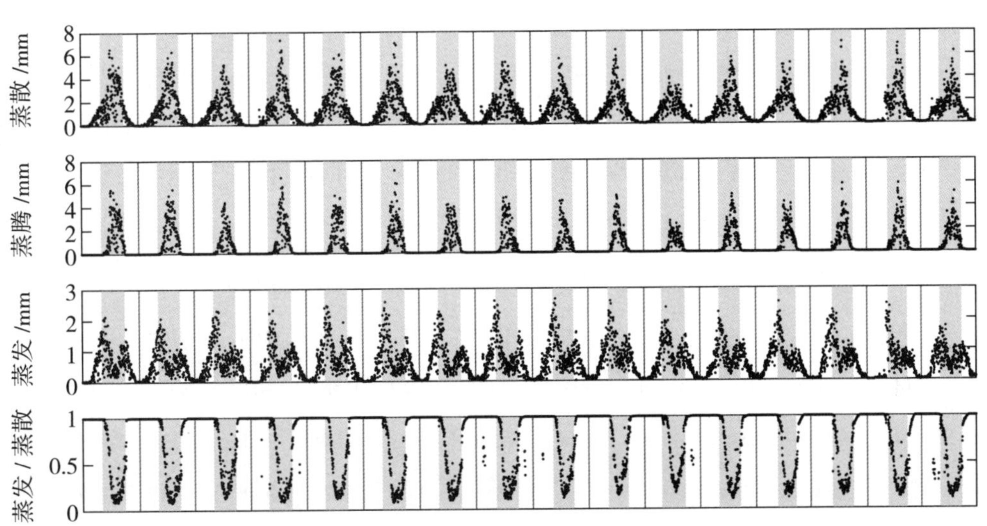

图 4.5 2005—2020 年蒸散（ET）、蒸腾（T）、蒸发（E）以及 E/ET 的日尺度数据年际变化

此外，Budyko 曲线的干旱指数大于 1（图 4.6），表明研究区域 ET 是水分供应限制而不是能量需求限制。根据 2005—2020 年 SPEI 的计算结果可知在作物的生长季以轻度—中度干旱为主，特别是 2012 年之后（表 4.2）。

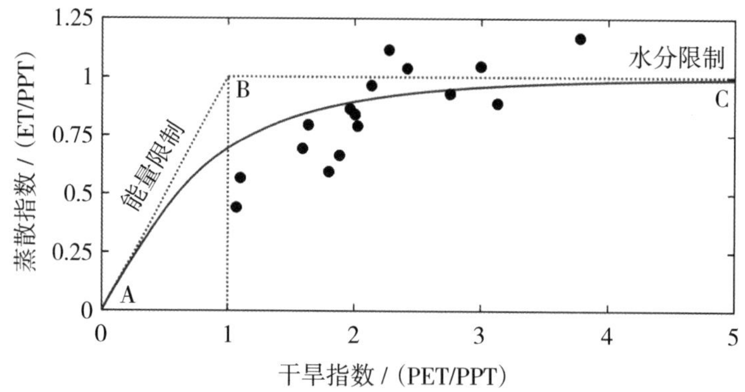

虚线 A-B 表示潜在蒸散（PET）的能量限制，虚线 B-C 表示实际蒸散的水分限制（ET），df=16。

图 4.6　Budyko 曲线描述干旱指数（PET/PPT）和蒸发指数（ET/PPT）之间的关系

表 4.2　SPEI 的年际变化

年份	1月	2月	3月	4月	5月	6月	7月	8月	9月	10月	11月	12月
2005	−0.03	0.08	−0.49	−0.23	1.30	2.04	1.30	0.35	−0.31	−0.22	−0.50	−0.08
2006	0.14	−0.19	−0.44	0.32	−1.43	1.64	−0.70	−0.19	−0.31	0.62	0.05	−0.01
2007	−0.08	−0.25	1.14	−0.04	−0.43	−2.04	2.12	−1.56	−0.09	0.22	−0.37	0.21
2008	0.10	0.08	−0.06	0.70	1.39	0.69	2.37	−0.07	0.82	0.04	−0.43	−0.28
2009	−0.02	0.17	0.12	0.39	−1.10	−0.02	−1.90	−0.73	−0.37	−0.22	0.54	0.29
2010	0.32	0.40	0.70	1.29	2.05	−1.16	1.97	2.27	1.55	1.66	0.45	0.06
2011	0.15	0.10	0.00	0.06	−0.41	1.34	−0.15	−0.73	−0.20	0.01	0.27	0.18
2012	0.24	0.34	0.84	1.38	−0.81	1.93	2.36	2.23	1.01	0.35	1.31	0.49
2013	0.32	0.23	0.51	0.93	−0.97	−0.98	0.83	−1.93	0.18	0.87	−0.13	0.09
2014	0.02	0.07	−0.48	−1.22	0.89	−0.11	−3.64	−3.28	−1.07	−0.99	−0.97	−0.24
2015	0.13	0.24	−0.54	0.33	−1.12	0.53	−3.80	−1.88	−1.19	−0.50	0.17	−0.08
2016	0.00	−0.04	−0.46	−0.28	0.45	−0.92	2.34	−1.92	0.04	−0.08	0.04	−0.05
2017	0.08	0.00	−0.44	−1.51	−1.07	−1.60	−1.79	0.58	−0.81	0.37	−0.54	−0.07
2018	−0.01	0.03	0.31	−0.60	−0.64	−0.81	−0.23	−1.66	0.31	−0.70	−0.26	0.11
2019	−0.10	0.06	−0.17	−0.87	1.12	−0.81	−2.01	2.62	0.11	−0.12	0.32	0.63
2020	0.21	0.15	0.54	0.01	0.35	−0.82	−3.16	2.20	0.98	−0.52	1.04	0.18

4.3 环境要素对蒸散及组分的影响

Pearson 相关分析表明无论年值（附图 3）还是在作物需水关键期（附图 4），ET 及其组分的年际变化都受能量和水分条件的影响。结构方程模型进一步表明，*E* 和 *T* 解释了年度 ET 变化的 85%（图 4.7）。*E* 和 *T* 对 ET 的标准化直接影响分别为 0.33（P=0.01）和 0.96（$P < 0.001$），这表明 ET 的下降趋势主要由 *T* 控制。能量和水文变量分别解释了年度 *E* 和 *T* 变化的 69% 和 58%。对 *E* 影响最强的直接路径是饱和水汽压差（VPD）(0.92)，其次是土壤含水量（SWC）(0.79)，而降水量（PPT）(−0.17）和地表净辐射（R_{ns}）(0.51）的影响最弱。这表明 *E* 的变化是由土壤供水能力和大气水分需求共同控制的。对 *T* 影响最强的直接路径是饱和水汽压差（VPD）(−0.59)。这一影响大于土壤含水量（SWC）(0.22）的影响，表明 *T* 的变化主要由大气水分需求控制。土壤含水量（SWC）受降水量和气温控制，而饱和水汽压差（VPD）受气温调控。

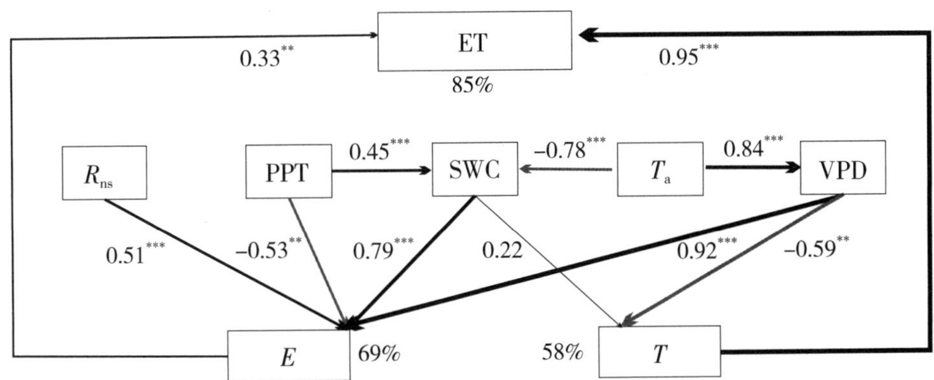

E 为蒸发；*T* 为蒸腾；R_{ns} 为地表净辐射；SWC 为土壤含水量；VPD 为饱和水汽压差；T_a 为空气温度；WTD 为地下水位；PPT 为降水量；*** 为 $P < 0.001$；** 为 $P < 0.01$；* 为 $P < 0.05$

图 4.7　2005—2020 年环境要素与蒸散（ET）及其组分关系的结构方程分析结果

4.4 生物要素对蒸散及组分的影响

通过将 ET 分解为 *T* 和 *E*，研究冠层整体气孔导度（g_{sc}）、大气 CO_2 和冠层结构（叶面积指数 LAI）对 *T* 的影响。CO_2 浓度呈显著增加趋势（$P < 0.001$，图 4.8a），但是叶面积指数没有显著的增加趋势（P=0.478，图 4.8b），同时冠层气孔导度（g_{sc}）（$P < 0.001$，图 4.8c）和土壤导度（g_{ss}）（P=0.005，图 4.8d）呈显著降低趋势。

图 4.9 是环境和生物要素对 ET 影响的结构方程分析。将生物因素和非生物因素的相互作用纳入结构方程模型后，*T* 的变异解释率提高了 17%。对 *T* 影响最强的直接路径是地表植被覆盖度（*gsc*）(0.66)，其次是土壤含水量（SWC）(0.38)。饱和水汽压差（VPD）(−0.52）和二氧化碳浓度（−0.57）均对 *gsc* 的变异产生负面影响。

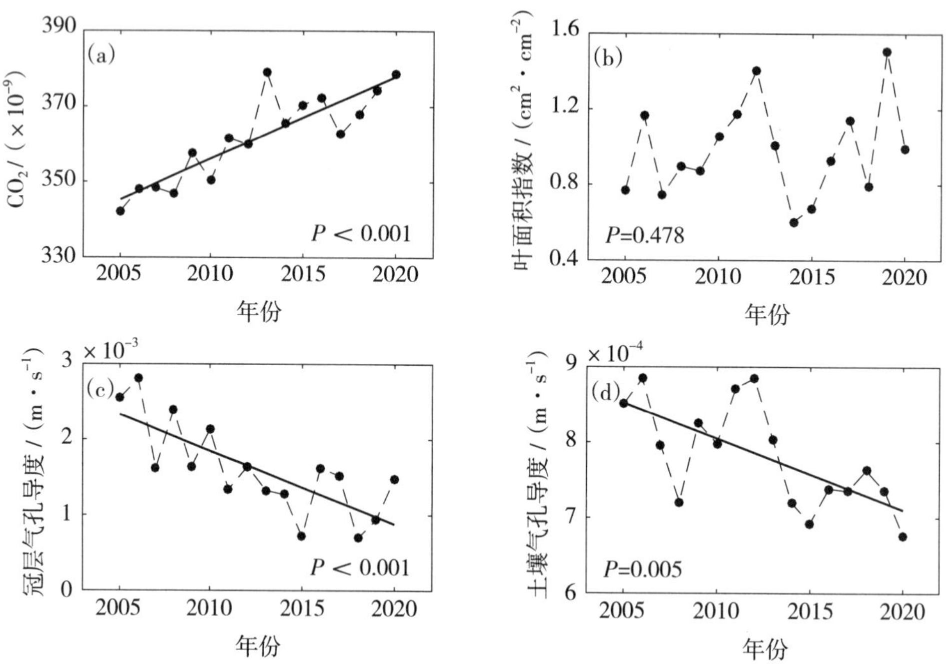

图 4.8 2005—2020 年 CO_2 (a)、叶面积指数、冠层气孔导度和土壤导度的年际变化

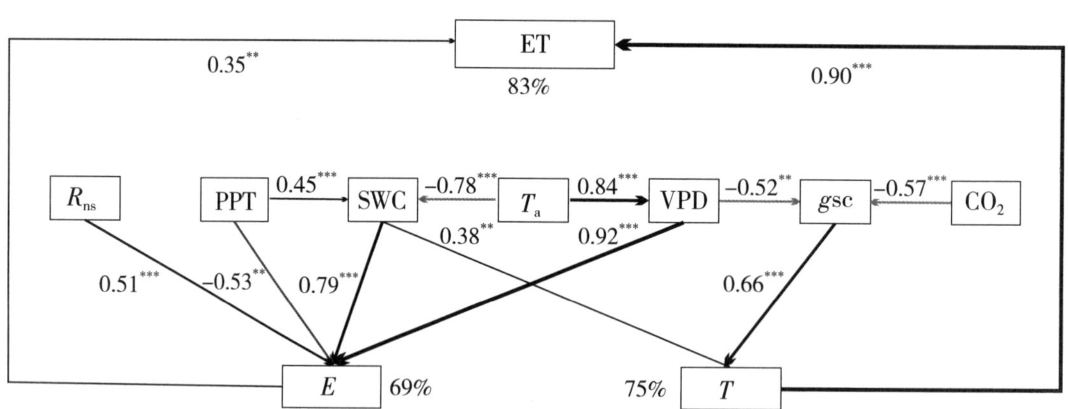

E 为蒸发；T 为蒸腾；R_{ns} 为地表净辐射；SWC 为土壤含水量；VPD 为饱和水汽压差；T_a 为空气温度；PPT 为降水量；*** 为 $P < 0.001$；** 为 $P < 0.01$；* 为 $P < 0.05$

图 4.9 2005—2020 年环境和生物要素与蒸散（ET）及其组分关系的结构方程分析结果

植物残茬与土壤蒸发有显著的负相关，因为其增加土壤蒸发阻力（图 4.10）。所以残茬覆盖可以降低土壤蒸发。

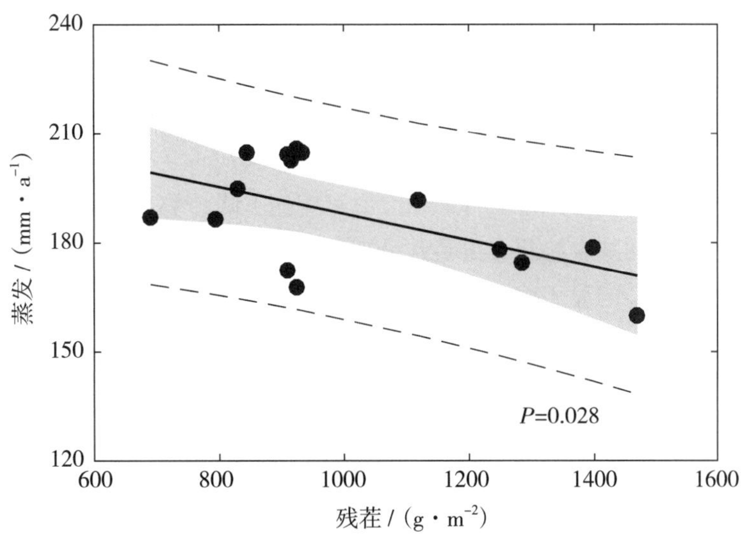

图 4.10 残茬与蒸发的相关关系

4.5 本章小结

大气水需求增加和土壤水供应下降共同影响研究区域 ET 的年际变化，使其呈现显著的下降趋势（图 4.3 和图 4.4）。这种协同调节机制在不同的自然生态系统中均有发现，但在农业生态系统中研究较少。基于 Shuttleworth–Wallace 模型，ET 被拆分为土壤蒸发（*E*）和植物蒸腾（*T*），*T* 有显著的下降趋势，是影响 ET 变化的主要因素，而 *E* 没有显著的年际变化趋势（图 4.3 和图 4.4）。当土壤水分供应充足时，饱和水汽压差 VPD 增加时，将增加土壤蒸发。然而当土壤水分亏缺时往往伴随较高的饱和水汽压差，因为干燥的土壤蒸发少。本研究中在年尺度上，土壤水分显著降低而饱和水汽压差显著增加（图 4.3 和图 4.4），表明土壤水分供应不足可能部分抵消 VPD 对蒸发的刺激作用，最终导致蒸发没有显著年际变化。与 *E* 相比，植物蒸腾（*T*）关闭气孔以适应 VPD 的增加和 SWC 的降低，避免木质部干燥，导致 *T* 有显著的下降趋势。

已有研究表明蒸腾的年际变化受冠层结构（叶面积指数）和冠层导度的联合影响。然而本研究表明雨养农田生态系统的 ET 受冠层导度的影响，而非冠层结构或反照率的影响（图 4.7 和图 4.8）。造成该差异的原因可能是该雨养农业生态系统中玉米类型和种植密度没有随时间变化，使得冠层结构相对不变，进而导致冠层结构和地表反照率没有显著的年际变化。

冠气孔导度随着 VPD 的增加而减少，随着 SWC 的增加而增加（附图 3 和附图 4），表明该生态系统以降低光合速率为代价，通过降低冠层气孔导度以适应干旱胁迫。Li 等沿着青藏高原水分梯度分布分析了 47 个站点年的 ET 变化，并指出 SWC 可以解释 54.0% 的地表导度（Surface Conductance）变化（其包含气孔导度和地表土壤导度），与本研究结论一致。在中温带森林，大气水汽需求对于植被功能的重要性正在增加，大于 70% 的生长季受到地表导度的影响。

本章基于东北玉米农田涡度协方差 2005—2020 年的通量观测数据得出东北玉米农田水汽通量的年际变化趋势及其影响要素，具体结果为：

（1）ET 的年值为 418 mm ± 51 mm，其中 T 年值为 247 mm ± 50 mm，E 年值为 182 mm ± 19 mm，E 占 ET 比重为 0.44 ± 0.07。ET 和 T 有显著的下降趋势，而 E 的年际变化不显著，同时与能量相比，ET 的减少趋势主要是水分限制。

（2）土壤湿度 SWC 的显著降低对于 E 的年际变化是负效应，而水汽压差的显著增加对于 E 的年际变化是正效应，二者综合导致农田的土壤蒸发 E 没有显著的年际变化趋势。

（3）作物通过减少气孔导度来适应大气水分需求的增加和土壤水分供给的不足，同时 CO_2 的增加促进了气孔的关闭。

（4）大气水分需求 VPD 对于土壤蒸发的影响是正的，抵消了其对于植物蒸腾的负影响。

5 东北玉米农田碳通量年际变化及影响因素

生态系统的 NEP 年际变化是一个普遍的现象，可以在每个观测站观测到。NEP 年际变化的研究有助于了解碳循环过程，有利于评估当前和将来生态系统对于气候变化的响应，可以理解生态系统的干扰—恢复—稳定的生态过程，在生态系统尺度上生态生理和生物地理化学对生物或非生物的响应是缓慢的，需要通过 NEP 年际变化的研究得到慢反应的规律，有助于进一步发展碳循环模型，因此若想要准确地预测农田生态系统的碳吸收情况，需要明确农田生态系统的碳吸收年际是如何变化的。

本研究基于东北玉米农田生态系统涡度协方差观测数据，观测了 2005—2018 年 NEP 的年际变化，其表征为年值和年际差异，NEP 进一步被拆分为 GEP 和 RE，以及碳吸收或释放峰值和碳吸收或释放持续时间。本研究的目标：①明确 NEP 的年际变化趋势。②将 NEP 拆分为 GEP 和 RE，以及碳吸收或碳释放峰值和碳吸收或释放持续时间，确定环境和生物要素对 NEP 年际变化的影响。

5.1 资料与方法

5.1.1 涡动相关及其辅助观测

5.1.1.1 涡动相关观测

涡动相关观测系统由开路式红外气体分析仪和三维超声风速仪组成，安装高度 4 m，采样频率 10 Hz，所有数据应用数据采集器记录。气体分析仪定期进行校正避免仪器系统漂移。通量塔位于半径为 380 m 的春玉米农田生态系统的中心。根据 2005—2020 年数据确定该研究区域通量贡献气候区在生长季为 0.02 ~ 0.36 km^{-2}，非生长季为 0.38 ~ 0.44 km^{-2}。

5.1.1.2 辅助气象、土壤和生物观测

辅助气象和土壤观测包括四分量辐射、光合有效辐射、降水、空气温度、相对湿度、风速、风向、土壤湿度和土壤温度，具体观测仪器型号、设置高度和数据存储见文献。每年玉米收获后，采用高温外热重铬酸钾氧化—容量法测定研究区域 0 ~ 20 cm 的土壤有机碳含量。

基于人工观测叶面积指数和 16 d 归一化植被指数的经验关系，确定 LAI 日尺度数据，基于 Shuttleworth-Wallace 模型求解冠层气孔导度。Shuttleworth-Wallace 模型将冠层视为一个“大叶”，不考虑冠层间相互过程。应用修正后的 Ball-Berry 模型求解冠层气孔阻力；应用蒙特卡罗法确定模型中的相关经验参数。

生态系统尺度水分利用效率定义为系统生产力与耗水量的比值，系统生产力一般从总生态系统生产力 GEP、净生态系统生产力 NEP 和净初级生产力 NPP 3 个水平上进行研究；耗水量一般包括蒸散和蒸腾两个水平；因此在冠层尺度上共有 6 个水平的水分利用效率。本研究应用 GEP 与蒸散的比值表示水分利用效率。

5.1.2 统计分析

本研究中将影响因素分为环境因素和生物因素，环境因素进一步分为气象因素和土壤因素。气象因素有光合有效辐射、CO_2 浓度、空气温度、降水和饱和水汽压差，土壤因素有土壤温度、土壤体积含水量和土壤有机碳，生物因素有叶面积指数、气孔导度、蒸散和水分利用效率。应用碳通量（NEP、GEP 和 RE）、气象、土壤和生物因素年值确定东北雨养春玉米田 NEP 年际变化及其影响因素。

冗余分析是一种直接梯度分析法，从统计学角度评价一个或一组变量与另一组多变量数据之间关系。本研究中 NEP、GEP 和 RE 年值作为响应变量，气象、土壤和生物因素作为解释变量，利用冗余分析提取能显著解释NEP、GEP和RE年际变化的指标（$P<0.05$），通过该指标指示意义来阐述影响 NEP、GEP 和 RE 年际变化主要影响因素。冗余分析和相关性分析应用 R 语言（版本 3.6.2），显著性水平取 P=0.05。

5.2 碳通量、环境和生物因素的时间变化

5.2.1 NEP、GEP 和 RE 的时间变化

NEP 年平均值为 272 g · m^{-2} · a^{-1} ± 109 g · m^{-2} · a^{-1}，没有显著的时间变化趋势（R^2=0.19，P=0.094，图 5.1a）。NEP 逐日变化为单峰曲线，春季和作物生长初期，因为没有玉米生长或 GEP 较小，以 RE 为主，NEP 为负值；玉米七叶期（平均为 6 月 4 日），GEP 开始大于 RE，NEP 由负值变为正值；玉米抽雄期（平均为 7 月 19 日），NEP 达最大，平均为 9.6 g · m^{-2} · d^{-1}；玉米成熟期（平均为 9 月 24 日），GEP 不为 0 但小于 RE，NEP 由正值变为负值；玉米成熟收获后，农田再次以 RE 为主，直至翌年春季（图 5.2a）。

GEP 年平均值 1086 g · m^{-2} · a^{-1} ± 177 g · m^{-2} · a^{-1}，没有显著的时间变化趋势（R^2=0.12，P=0.196，图 5.1b）。GEP 逐日变化为单峰曲线，在玉米抽雄期达最大，平均为 16.1 g · m^{-2} · d^{-1}，最大值出现时间，GEP 较 NEP 平均晚 2 d（图 5.2b）。

RE 年平均值 820 g · m^{-2} · a^{-1} ± 130 g · m^{-2} · a^{-1}，没有显著的时间变化趋势（R^2=0.03，P=0.541，图 5.1c）。RE 逐日变化为单峰曲线，在 7 月 30 日前后达最大，平均为 7.4 g · m^{-2} · a^{-1}，最大值出现时间，RE 较 NEP 平均滞后 13 d（图 5.2c）。

5.2.2 环境和生物因素的时间变化

气象因素中光合有效辐射、CO_2、空气温度和饱和水汽压差均呈显著增加趋势，降水没有显著的时间变化趋势（图 5.3）。光合有效辐射年平均值 8805 μmol · m^{-2} · a^{-1} ±

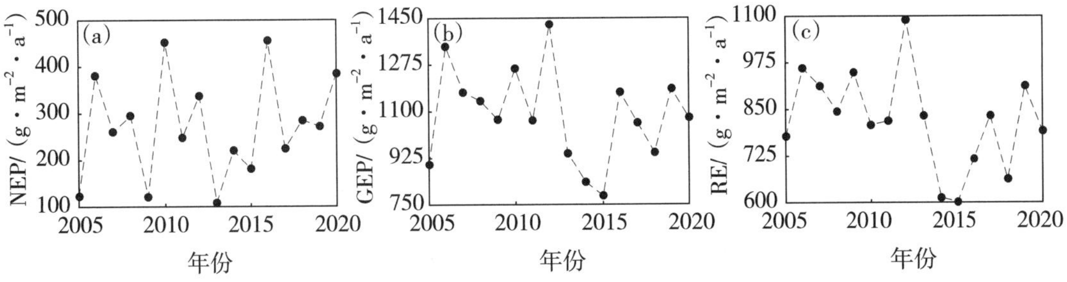

图 5.1 2005—2020 年净生态系统生产力 NEP（a）、总生态系统生产力 GEP（b）和生态系统呼吸 RE（c）年值

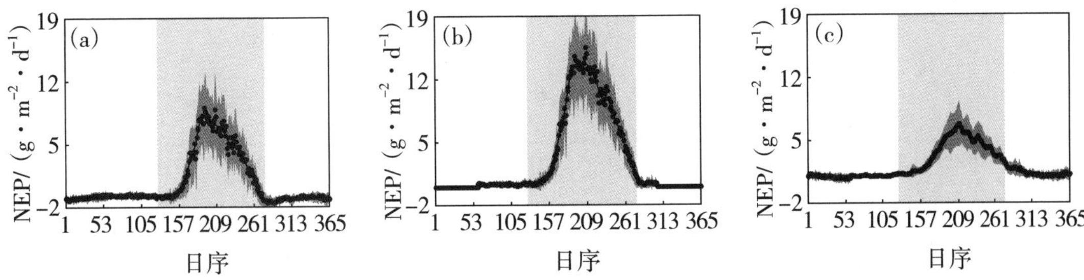

黑线表示 10 日滑动平均值，深灰色阴影表示逐日标准差，浅灰色阴影表示玉米生长季长度

图 5.2 2005—2020 年平均净生态系统生产力 NEP（a）、总生态系统生产力 GEP（b）和生态系统呼吸 RE（c）逐日变化

768 μmol·m^{-2}·a^{-1}，每年平均增加 126 μmol·m^{-2}（R^2=0.550，P=0.001，图 5.3a），其逐日变化为单峰曲线，最大值 44 μmol·m^{-2}·d^{-1}（图 5.4a）。CO_2 年平均值（386 ± 11）× 10^{-9}，每年平均增加 2.2 × 10^{-9}（R^2=0.500，P=0.002，图 5.3b）。空气温度年平均值 9.1 ℃ ± 0.7 ℃，每年平均增加 0.09 ℃（R^2=0.340，P=0.019，图 5.3c），其逐日变化为单峰曲线，最大值出现时间接近 RE，平均为 8 月 1 日（图 5.4c）。饱和水汽压差年平均值 0.62 kPa ± 0.08 kPa，每年平均增加 0.013 kPa（R^2=0.600，$P < 0.001$，图 5.3e）。降水年平均值为 517 mm ± 157 mm。

土壤因素中土壤温度呈显著增加趋势，土壤湿度呈显著减少趋势，土壤有机碳没有显著的时间变化趋势（图 5.3）。土壤温度年平均值 9.9 ℃ ± 0.6 ℃，每年平均增加 0.08 ℃（R^2=0.330，P=0.021，图 5.3f），其逐日变化为单峰曲线，最大值出现时间接近 NEP，平均为 7 月 17 日。土壤湿度年平均值 0.13 cm^3·cm^{-3} ± 0.03 cm^3·cm^{-3}，每年平均减少 0.003 cm^3·cm^{-3}（R^2=0.340，P=0.017，图 5.3g）；其逐日变化与 PPT 相关（图 5.4e）。0 ~ 20 cm 土壤有机碳年平均值 10.7 g·kg^{-1} ± 1.3 g·kg^{-1}。

生物因素中冠层气孔导度和蒸散均呈显著降低趋势，叶面积指数和水分利用效率没有显著的时间变化趋势（图 5.3）。叶面积指数年平均值为 0.92 cm^2·cm^{-2} ± 0.22 cm^2·cm^{-2}，没有显著的时间变化趋势（R^2=0.022，P=0.582，图 5.3i），其逐日变化与玉米生长进程相关，最大值出现时间接近 GEP，平均为 7 月 20 日（图 5.4f）。冠层气孔导度年平均值 0.001 m·s^{-1} ± 0.0006 m·s^{-1}，每年平均减少 0.0001 m·s^{-1}（R^2=0.570，P=0.001，图 5.3j），其逐日变化与叶面积指数一致（图 5.4f)。蒸散年平均值 427 mm ± 7 mm，每年平均减少 7.2 mm（R^2=0.409，P=0.008，图 5.3k)。水分利用效率年平均值 2.6g·(kgH_2O) $^{-1}$ ± 0.4 g·(kgH_2O) $^{-1}$。

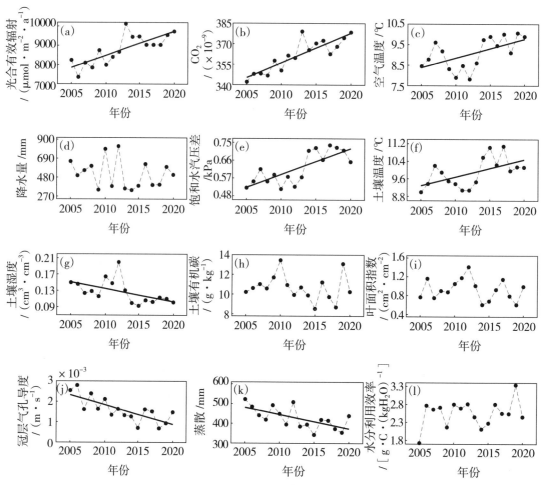

图 5.3　2005—2020 年光合有效辐射（a)、CO_2 浓度（b)、空气温度（c)、降水量（d)、饱和水汽压差（e)、土壤温度（f)、土壤湿度（g)、土壤有机碳（h)、叶面积指数（i)、气孔导度（j)、蒸散（k)、水分利用效率（l）年值

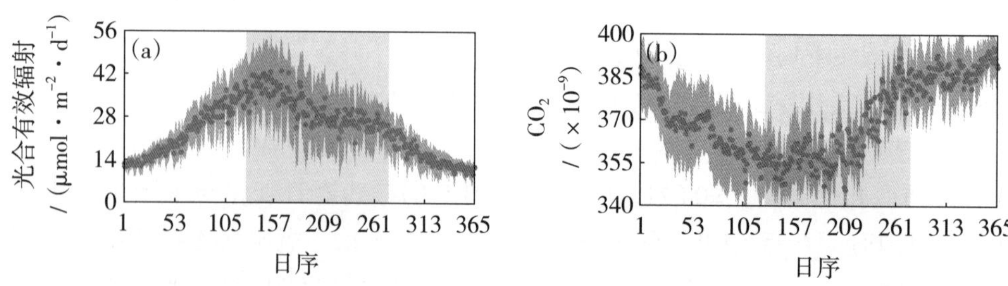

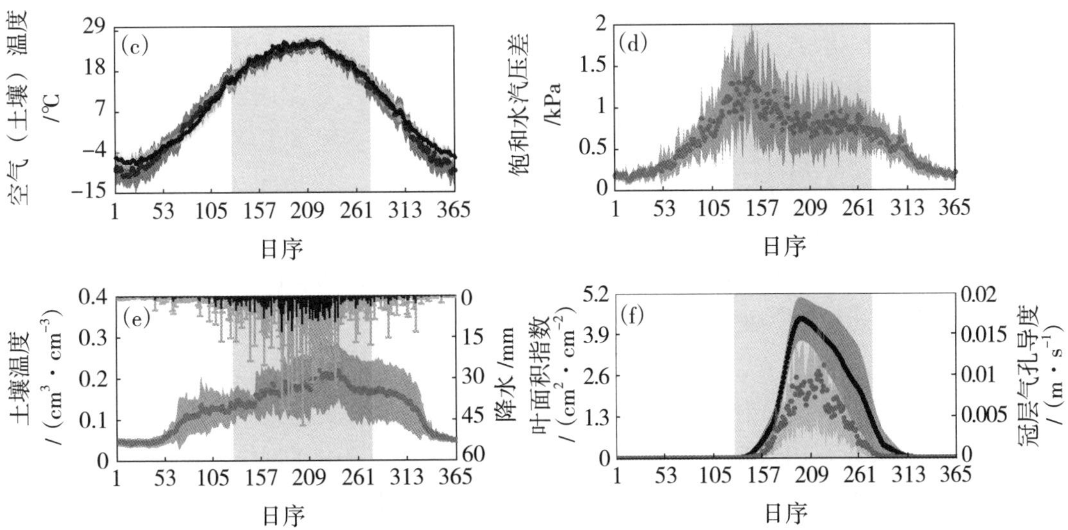

图 5.4　2005—2020 年光合有效辐射（a）、CO_2 浓度（b）、空气温度（c）、土壤温度（c）、饱和水汽压差（d）、土壤湿度（e）、降水（e）、叶面积指数（f）和气孔导度（f）逐日变化

5.3　环境和生物因素对碳通量的影响

5.3.1　NEP、GEP 和 RE 的相关性

NEP 年值与 GEP 呈极显著正相关（R^2=0.426，P=0.006），而与 RE 相关性不显著（R^2=0.010，P=0.717），表明与 RE 相比，NEP 对 GEP 年际变化更敏感（图 5.5）。同时 GEP 年值和 RE 呈极显著正相关（R^2=0.650，P < 0.001），斜率为 0.59，表明该农田生态系统固定的碳有 59.0% 以呼吸形式再次释放回大气中。

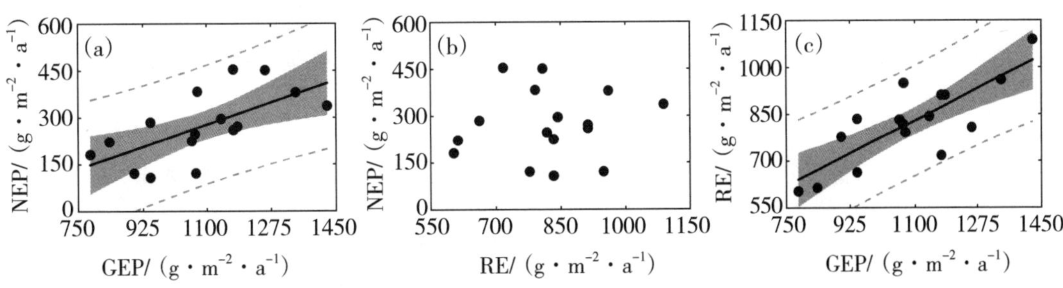

图 5.5　净生态系统生产力（NEP）、总生态系统生产力（GEP）和生态系统呼吸（RE）的相关关系

5.3.2　环境和生物因素对碳通量的影响

附图 5 表示碳通量（NEP、GEP 和 RE）与气象、土壤和生物因素的相关系数矩阵。

由附图 5 可知，NEP 与降水和水分利用效率呈显著正相关。GEP 与降水、土壤湿度、土壤有机碳、叶面积指数、冠层气孔导度、蒸散和水分利用效率呈极显著或显著正相关，与光合有效辐射和饱和水汽压差呈显著负相关。RE 与降水、土壤湿度、土壤有机碳、叶面积指数和蒸散呈极显著或显著正相关，与饱和水汽压差、空气（土壤）温度呈显著负相关。气象、土壤和生物因素对 GEP 和 RE 的影响趋势一致。

表 5.1 表示碳通量与气象、土壤和生物因素冗余分析结果。气象因素降水和生物因素水分利用效率可解释 43%NEP 年际变化（P=0.006），与相关分析结果一致。气象因素影响权重 28.4%，生物因素影响权重 31.4%。气象和生物因素对 NEP 年际变化影响权重相当，且共同作用为 16.8%。

气象因素光合有效辐射、CO_2 和降水，土壤因素土壤湿度和土壤有机碳，生物因素叶面积指数和水分利用效率可解释 80.8%GEP 年际变化（P=0.003）。气象因素影响权重 61.0%，其中与土壤因素共同作用为 7.2%，与生物因素共同作用为 16.8%；土壤因素影响权重 43.8%，其中与生物因素共同作用为 7.4%；生物因素影响权重 62.8%。气象和生物因素是影响 GEP 年际变化主要因素，同时不能忽视土壤因素对 GEP 年际变化的影响，三者共同作用为 27.7%。虽然 CO_2 与 GEP 的相关性不显著，但 CO_2 与冠层气孔导度和蒸散呈极显著负相关（附图 5）。同时冠层气孔导度与光合有效辐射呈极显著负相关，蒸散、饱和水汽压差与土壤湿度有显著相关性（附图 5）。冗余分析解释变量筛选时，光合有效辐射、CO_2 和土壤湿度 3 个变量包含了饱和水汽压差、冠层气孔导度和蒸散对 GEP 年际变化的影响。降水和水分利用效率同时解释 NEP 和 GEP 年际变化，说明影响 GEP 年际变化的环境和生物因素更易引起 NEP 年际变化。

土壤因素、土壤湿度、土壤有机碳和生物因素叶面积指数可解释 43.3%RE 年际变化（P=0.022）。土壤因素影响权重 39.3%，生物因素影响权重 29.2%，二者共同作用为 25.2%。叶面积指数与土壤湿度呈极显著正相关，同时土壤湿度与空气（土壤）温度、降水、饱和水汽压差和蒸散有显著相关性，表明空气（土壤）温度、降水、饱和水汽压差和蒸散通过影响土壤湿度间接影响叶面积指数，进而影响 RE 的年际变化（附图 5）。同时降水、饱和水汽压差和土壤温度与土壤有机碳有显著相关性。冗余分析解释变量筛选时，土壤湿度、土壤有机碳和叶面积指数 3 个变量包含了空气（土壤）温度、降水、饱和水汽压差和蒸散对 RE 年际变化的影响。

表 5.1　基于冗余分析确定气象、土壤和生物因素对碳通量年际变化的影响权重

影响因素	净生态系统生产力（NEP）	总生态系统生产力（GEP）	蒸散（RE）
气象因素	28.4%*	61.0%**	—
土壤因素	—	43.8%*	39.3%*
生物因素	31.4%*	62.8%**	29.2%*
气象与土壤因素	—	7.2%	—

续表

影响因素	净生态系统生产力（NEP）	总生态系统生产力（GEP）	蒸散（RE）
气象与生物因素	16.8%	16.8%	—
土壤与生物因素	—	7.4%	25.2%
气象、土壤与生物因素	—	27.7%	—

注：** 表示 0.01 显著性水平，* 表示 0.05 显著性水平。

5.4 本章小结

太阳辐射增加导致温度升高，进而引起饱和水汽压差增加，而饱和水汽压差的增加会抑制作物光合作用，所以本研究中光合有效辐射与 GEP 呈显著负相关。在森林、草地和农田等生态系统中均观测到净碳交换速率随着光强增加达到饱和，其影响因素有叶面积指数、土壤水分亏缺程度和作物光合能力。对于纬度较高的温度限制型生态系统，温度增加可以促进作物体内酶活性，加快光合作用和呼吸速率；而对于非温度限制型生态系统，增温加剧大气和土壤的水分亏缺，抑制植物的光合作用和土壤呼吸，进而降低 GEP 和 RE。本研究中空气（土壤）温度和饱和水汽压差呈增加趋势而土壤湿度呈降低趋势；且空气（土壤）温度与饱和水汽压差呈极显著正相关，与土壤湿度呈极显著负相关，说明该研究区域已经出现增温导致干旱的趋势，因此 GEP 或 RE 随着空气（土壤）温度的增加而减少。内蒙古半干旱草原控温试验也表明 GEP 和 RE 随温度增加均呈减少趋势。干旱可以降低生态系统的光合、呼吸和蒸腾作用，因为土壤湿度下降或饱和水汽压差增加引起气孔关闭，长期干旱会使作物出现碳饥饿或栓塞，最终导致作物死亡。干旱对 GEP 的负效应会抵消 CO_2 的施肥效应，因此在本研究中，由于水分限制作用，叶面积指数并没有随着 CO_2 的增加出现显著的时间变化趋势。本研究结果表明东北雨养春玉米田生态系统对水分更为敏感，而日照和温度通过影响饱和水汽压差和土壤湿度间接影响 NEP、GEP 和 RE 的年际变化。

本研究基于 2005—2020 年涡动相关碳通量数据、环境和生物平行观测数据分析东北雨养春玉米田净生态系统生产力年际变化及其影响因素，为有效评估东北雨养春玉米田生态系统固碳潜力提供理论依据。研究发现：

（1）东北雨养春玉米田为大气碳汇，NEP 年均值为 272 $g \cdot m^{-2} \cdot a^{-1} \pm 109\ g \cdot m^{-2} \cdot a^{-1}$，没有显著的时间变化趋势。GEP 和 RE 年均值为 1086 $g \cdot m^{-2} \cdot a^{-1} \pm 177\ g \cdot m^{-2} \cdot a^{-1}$ 和 820 $g \cdot m^{-2} \cdot a^{-1} \pm 130\ g \cdot m^{-2} \cdot a^{-1}$，均没有显著的时间变化趋势。NEP 年值与 GEP 呈显著正相关，与 RE 相关性不显著；且 GEP 年值与 RE 呈显著正相关。NEP、GEP 和 RE 逐日变化均为单峰曲线，最大值出现时间，NEP 和 GEP 平均为玉米抽雄期，RE 较 NEP 滞后 13 d。

（2）光合有效辐射、CO_2、空气（土壤）温度和饱和水汽压呈显著增加趋势；土壤湿度、蒸散和冠层气孔导度呈显著下降趋势；降水、土壤有机碳、叶面积指数和水分利用效率没有显著的时间变化趋势。气象、土壤和生物因素对 GEP 和 RE 的影响趋势一致。

（3）气象、土壤和生物因素作为一个整体可分别解释 43.0%、80.8% 和 43.3% 的 NEP、GEP 和 RE 年际变化。气象降水和生物因素水分利用效率是 NEP 年际变化的主要影响因素，且影响权重相当，分别为 28.4% 和 31.4%。对于 GEP 年际变化，虽然气象和生物因素是主要影响因素，但不能忽视土壤因素的影响。土壤和生物因素是 RE 年际变化主要影响因素，且土壤因素对 RE 年际变化影响权重大于生物因素。

6 东北玉米农田碳吸收释放物候年际变化及影响因素

CO_2 的吸收期和释放期（CUP 和 CRP）以及最大和最小日净生态系统生产力（NEP_{max} 和 NEP_{min}）是由不同机制产生的，这些机制通过气候和生物因素影响净碳吸收的生理学和物候学，进而调节 NEP 的年际变化，NEP=f（CUP，NEP_{max}，CRP，NEP_{min}）（图 6.1）。由于气候和生物因素对 NEP_{max}/NEP_{min} 和 CUP/CRP 具有补偿效应，因此它们对年度 NEP 的影响微乎其微，且前人的研究结果存在冲突。CO_2 的释放期，特别是在农业生态系统中，在儒日年里并不总是连续的，这一点在以前的研究中经常被忽视。根据大气反演数据集和全球 NEP 分析，NEP 的较大年际变化主要归因于 CUP 的延长和 NEP_{max} 幅度的增加。基于从 66 个涡动相关站点计算出的长期 NEP 和 FLUXNET 数据得出的全球产品，全球尺度的 NEP 主要由 NEP_{max} 决定。在水资源受限的生态系统中，NEP 的年际变化有 31% 是由 CUP 的年际变化决定的，而在温度和辐射受限的生态系统中，有 60% 是由 NEP_{max} 的年际变化决定的。利用从 66 个涡动相关站点长期观测到的 NEP 和 FLUXNET 观测得出的全球产品，发现碳释放期间的 NEP 解释了年度 NEP 变化的 10%。同时，对于农业生态系统，碳释放期间的 NEP 对年度 NEP 变化的解释增加到 24%，这主要由空气温度和作物收获后的地上残留物控制。

6.1 资料与方法

6.1.1 碳吸收或释放峰值及其持续时间的定义

对于农田生态系统，年 NEP 可以拆分为一个碳吸收期（CUP）和 2 个碳释放期（播种前 $CRP_{\_begin}$ 和收获后 $CRP_{\_end}$）（图 6.1）。碳吸收期表示一年中 NEP ＞ 0 持续的时间，即碳吸收开始时间（BOOY）与碳吸收结束时间（EDOY）的间隔。最大日 NEP（NEP_{max}）定义为在碳吸收时期 NEP 的最大值，最小日 NEP（NEP_{min_begin} 或 NEP_{min_end}）被定义为在碳释放时期 NEP 的最小值。α 表示实际的碳吸收与理论最大碳吸收（CUP × NEP_{max}）的比值，β 表示实际碳释放与理论最大碳释放（CRP × NEP_{min}）的比值。注意应用 10 日滑动平均确定 BDOY、EDOY、NEP_{max}、NEP_{min_begin} 和 NEP_{min_end}。进而 NEP 可以表示为这 6 个参数的一个方程：

$$NEP = \alpha \times CUP \times NEP_{max} + \beta \times CPR \times NEP_{min} \tag{6-1}$$

用摄动分析法分离了 6 个指标对 NEP 年际变化的贡献。年度 NEP 对 6 个指标的总微分形式可以解释 NEP 的 97.0% 以上的变化，所有参数的微分可以用这些变量的异常（Δ）

近似表示，因此 6 个参数对 NEP 的贡献可以表示为：

$$\xi_x = \frac{\sum_i \frac{\partial \mathrm{NEP}}{\partial x} \mathrm{d}x_i \frac{|\Delta \mathrm{NEP}_i|}{\Delta \mathrm{NEP}_i}}{\sum_i |\Delta \mathrm{NEP}_i|} \tag{6-2}$$

式中：i 为 2005—2018 年；x 为 6 个参数 α、β、CUP、CRP、NEP_{max} 和 NEP_{min}；ξ_x 为 6 个参数对 x 的贡献，正值表示该指标与年度 NEP 具有相同的异常，反之亦然。

本研究中，全年被划分为冬季（12 月至翌年 2 月）、春季（3—5 月）、夏季（6—8 月）和秋季（9—11 月）。春玉米春季耕种播种，夏季营养生长和生殖生长，秋季成熟收获，不同年份发育期相近。依据积温学说，作物需要一定的有效的温度累积才能完成某一生长阶段，该累积温度被称为有效积温（$T_{a—ef}$），定义为：

$$T_{a—ef} = \sum T - nB \tag{6-3}$$

式中：n 为生长季持续时间；T 为每个生长季的平均温度；B 为生物学下限温度本研究取 10 ℃。CO_2 通量（NEP、GEP 和 RE）、气候要素（PAR、PPT、VPD、T_a 和 $T_{a—ef}$）、土壤要素（5 cm 的 T_s 和 SWC）、生物要素（LAI）的年值被应用于求解 NEP 年际变化的影响机制。

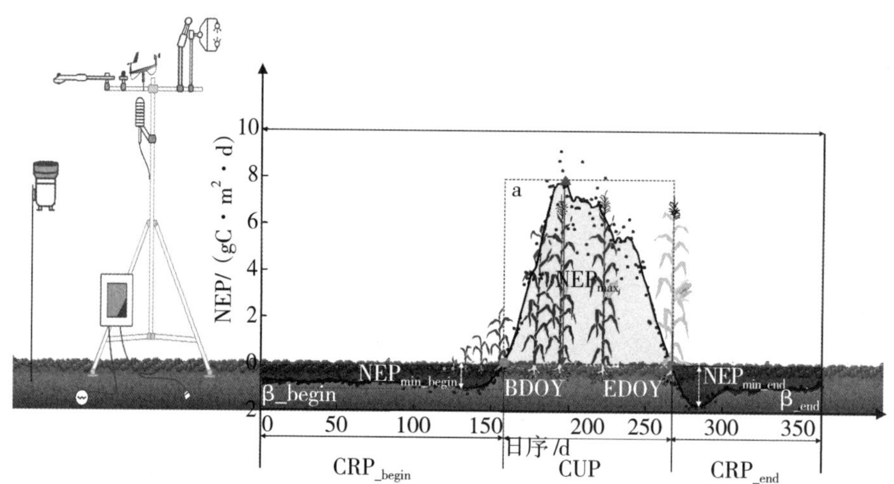

图 6.1　年生态系统净 CO_2 交换变化的变量示意

6.1.2　农田净碳收支（NBP）的评估

农田生态系统，因为人为活动玉米籽粒作为产量会移出该系统，所以需要进行农田净碳收支（NBP）评估。

$$\mathrm{NBP} = \mathrm{NEP} + C_{import} - C_{export} \tag{6-4}$$

式中：C_{import} 为碳输入，对于农田生态系统，碳输入主要为化肥的施用。在本研究中因为仅在播种日施用缓释复合肥作为底肥，其量较小，所以忽略不计。C_{export} 为碳，主要为玉米籽粒移出农田生态系统。

$$C_{export} = (1 - W_{grain}) \times f_c \times Y \tag{6-5}$$

式中：W_{grain} 为干籽粒中的含水量，玉米为 0.155；f_c 为籽粒中碳百分含量，玉米为 0.447；Y 为籽粒或茎秆残茬产量，单位 $g \cdot m^{-2}$。

6.1.3　统计分析

年际变异的求解，若观测量年际有显著的增加或降低的趋势，则年际变异等于年值与趋势值的差，若无趋势变化，则年际变异等于年值与多年平均值的差。对气象与生物要素与 NEP、GEP、RE、NEP_{max}、NEP_{min} 和 CUP、CRP 进行相关分析。结构方程模型（SEM）是一种多元统计方法，通过引入中间变量（GEP、RE、NEP_{max}、NEP_{min}、CUP、CRP），来评估气候、土壤和生物变量（气候和生物控制）对 NEP 年际变化的直接或间接影响。碳吸收的开始和结束时间也被视为 SEM 的中间变量。首先根据物理机制理论关系建立理论模型，然后将假设模型与实测数据进行拟合，并通过逐步回归去除非显著关系，最终选择数据拟合最好的模型，并使用卡方检验（χ^2，$P > 0.05$）对 SEM 模型进行评估。应用 SPSS 18.0 完成线性回归和多元逐步回归分析，显著性水平取 P=0.050。

6.2　碳吸收和释放参数年际变化趋势和相关性

碳吸收期（CUP）有一个显著降低的趋势，每年减少 1.2 d。碳吸收峰值（NEP_{max}）没有年际的显著变化。同时，碳释放期在增加，因为其等于 365 减去 CUP，而碳释放峰值（NEP_{min}）没有显著的年际变化趋势。NEP 的年值与 NEP_{max} 显著正相关（R^2=0.850，$P < 0.001$），同时 NEP 年际变化还与 CUP 呈显著正相关（R^2=0.510，P=0.006），与年初的碳释放期 CRP 呈显著的负相关（R^2=0.360，P=0.04）（表 6.1、图 6.2）。

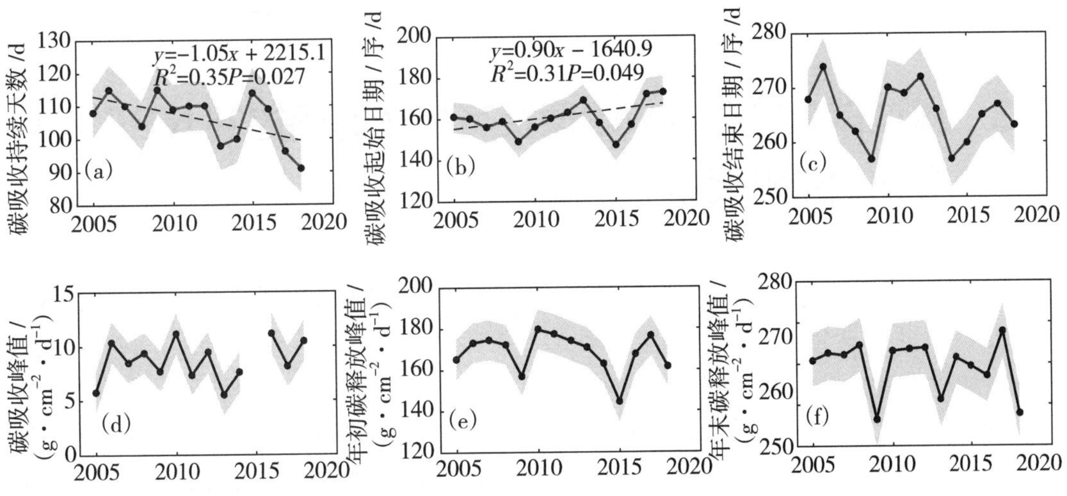

图 6.2　CO_2 吸收持续天数（a）、碳吸收开始日期（b）和碳吸收结束日期（c）、碳吸收峰值（d）和年初（e）年末（f）碳释放峰值

表 6.1　CO_2 吸收期、碳吸收开始日期和碳吸收结束日期、碳吸收峰值和年初年末碳释放峰值

年份	CUP/d	BDOY/d	EDOY/d	NEP_{max}/($g\cdot C\,m^{-2}\cdot d^{-1}$)	NEP_{min_begin}/($g\cdot C\,m^{-2}\cdot d^{-1}$)	NEP_{min_end}/($g\cdot C\,m^{-2}\cdot d^{-1}$)
2005	108	161	268	5.79	−1.73	−1.91
2006	115	160	274	10.41	−1.34	−1.74
2007	110	156	265	8.54	−1.27	−1.79
2008	104	159	262	9.41	−1.38	−1.54
2009	109	149	257	7.7	−2.15	−3.35
2010	115	156	270	11.2	−1.02	−1.69
2011	110	160	269	7.39	−1.13	−1.64
2012	110	163	272	9.46	−1.3	−1.61
2013	98	169	266	5.53	−1.45	−2.88
2014	100	158	257	7.64	−1.85	−1.86
2015	114	147	260	—	−1.78	−1.06
2016	109	157	265	11.14	−1.62	−2.29
2017	96	172	267	8.14	−1.18	−1.21
2018	91	173	263	10.44	−1.91	−3.21
平均值	106	160	265	8.68	−1.51	−1.98
标准差	7.42	7.54	5.18	1.87	0.34	0.70

6.3　通过碳吸收和释放峰值及其持续时间控制 NEP 年际变化的影响要素

结构方程显示气候和生物要素通过碳吸收持续时间和碳吸收峰值大小可以解释 89% 的全年 NEP 年际变化和 91% 的碳吸收期 NEP 的年际变化（图 6.3、图 6.4)。碳吸收持续时间和碳吸收峰值对全年 NEP 年际变化的直接影响为 0.44 和 0.83，对碳吸收期的 NEP 年际变化的直接影响为 0.10 和 0.95。碳吸收持续时间、碳吸收峰值和碳吸收率（α）对 NEP 的相对贡献为 9.7%、84.1% 和 −3.1%（表 6.2)。夏季 VPD 通过影响碳吸收峰值进而间接影响 NEP 的年际变化，其影响因子为 −0.61。春季有效积温和降水主要影响碳吸收起始时间（BDOY)，秋季降水、土壤水分和叶面积指数主要影响碳吸收结束日期（EDOY)，这 5 个因子对 NEP 年际变化的间接影响为 0.09 ~ 0.17。春季的土壤水对 BDOY 没有显著的影

响，因为春季土壤水为 0.08 ~ 0.18 $cm^3 \cdot cm^{-3}$，没有渍涝发生。

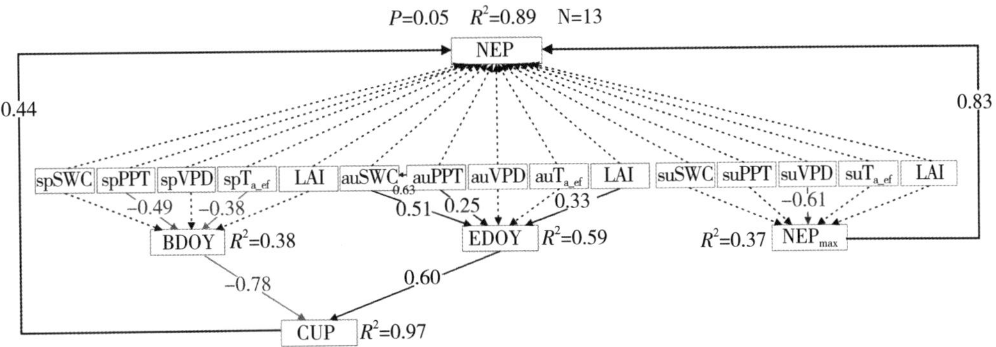

图 6.3 气候和生物变量的年际变化与 CO_2 吸收期（CUP）、生态系统碳吸收峰值 NEP（NEP_{max}）和净生态系统产量（NEP）之间的结构方程结果

表 6.2 CO_2 实际吸收与理论最大吸收的比值（α）、生态系统碳吸收峰值（NEP_{max}）、净吸收时间（CUP）、实际释放与理论最大释放的比值（β）、生态系统年初年末碳释放峰值（NEP_{min_begin} 和 NEP_{min_end}）和年初年末碳释放期（$CRP_{\_begin}$ 和 $CRP_{\_end}$）的贡献

Period 时期		Parameters 参数	contribution 贡献率 / (%)
CUP		α	−3.1
		NEP_{max}	84.1
		CUP	9.7
CRP	$CRP_{\_begin}$	$\beta_{\_begin}$	0.5
		NEP_{min_begin}	2.3
		$CRP_{\_begin}$	−1.5
	$CRP_{\_end}$	$\beta_{\_end}$	0.2
		NEP_{min_end}	2.6
		$CRP_{\_end}$	−0.9

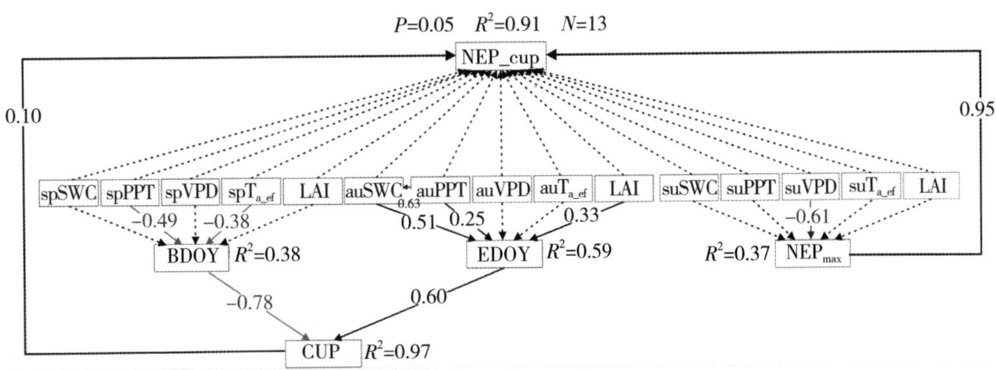

图 6.4 碳吸收期气候和生物变量的年际间变化与 CO_2 吸收期（CUP）、生态系统最大日 NEP（NEP_{max}）和净生态系统产量（NEP）之间的结构方程结果

气候和生物要素通过年初的碳释放持续时间和碳释放峰值大小可以解释 69% 的年初碳释放（图 6.5a）。其中碳释放峰值的影响大于碳释放持续时间。碳释放峰值主要受前一年遗留的作物残茬影响。年初的碳释放量与碳释放时间呈显著正相关（R^2=0.330，P=0.05，表 6.3），同时碳释放持续时间由 BDOY 决定，其主要影响因子为春季降水和有效积温。年初碳释放持续时间、释放峰值和释放率对 NEP 年际变化的解释贡献分别为 0.5%、2.3% 和 –1.5%。

气候和生物要素通过年末的碳释放持续时间和碳释放峰值大小可以解释 66% 的年末碳释放（图 6.5b）。碳释放峰值为主要影响要素，其直接影响为 0.66。在年末碳释放峰值随着当年作物残茬的增加而增加，土壤水分的增加而降低。年末碳释放持续时间的直接影响为 0.28。年末的碳释放持续时间主要由 EDOY 决定，其影响要素主要是秋季的降水、土壤水分和叶面积指数。年末碳释放持续时间、释放峰值和释放率对 NEP 年际变化的解释贡献分别为 0.2%、2.6% 和 –0.9%。年初地表残茬的覆盖可能影响春季地表温度的回升，降低碳呼吸速率（图 6.6）。

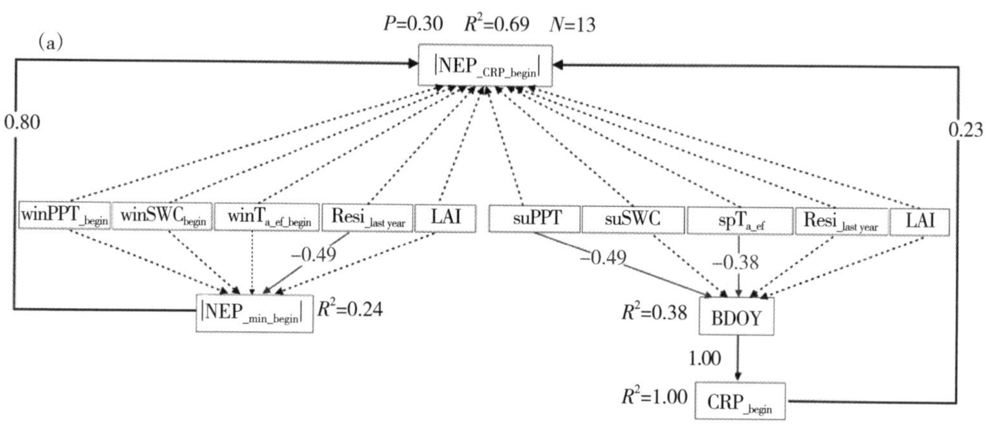

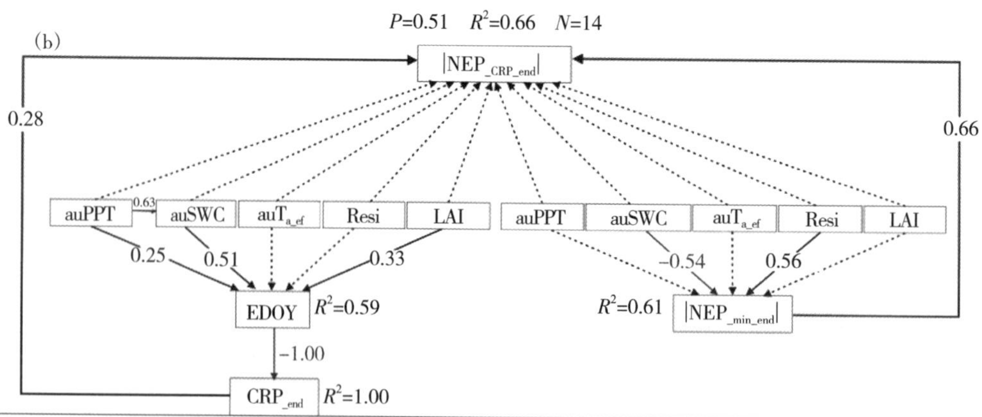

图 6.5　气候和生物之间的关系变量，CO_2 释放期（CRP），年初（a）和年末（b）碳释放峰值（NEP_{min_begin} 和 NEP_{min_end}）和年初年末净生态系统释放（$CRP_{\_begin}$ 和 $CRP_{\_end}$）持续时间的结构方程分析结果

表 6.3 NEP 的年值、年际变化值与碳吸收或排放峰值及其持续时间的线性关系

变量 y		变量 x	线性方程	决定系数 R^2	P 值
NEP NEP 年值	Uptake 吸收	CUP	$y = 6.59x - 426.85$	0.18	0.149
		NEP_{max}	$y = 56.90x - 223.34$	0.85	< 0.001
	Release 释放	$CRP_{\_begin}$	$y = -2.28x + 636.61$	0.19	0.661
		$CRP_{\_end}$	$y = -8.84x + 1149.6$	0.16	0.183
		NEP_{min_begin}	$y = 149.71x + 492.74$	0.20	0.129
		NEP_{min_end}	$y = 60.586x + 394.76$	0.13	0.236
NEP 年际 变异	Uptake 吸收	$CUP_{\_aomalies}$	$y = 15.46x + 0.57$	0.51	0.006
		$NEP_{max\_aomalies}$	$y = 56.90x + 2E{-}14$	0.85	< 0.001
	Release 释放	$CRP_{\_begin\ \_aomalies}$	$y = -13.47x + 23.23$	0.36	0.040
		$CRP_{\_end\_aomalies}$	$y = -8.84x - 6.02$	0.16	0.183
		$NEP_{min\_begin\ \_aomalies}$	$y = 149.71x - 13.83$	0.20	0.129
		$NEP_{min\_end\_aomalies}$	$y = 60.59x + 1.28$	0.13	0.236

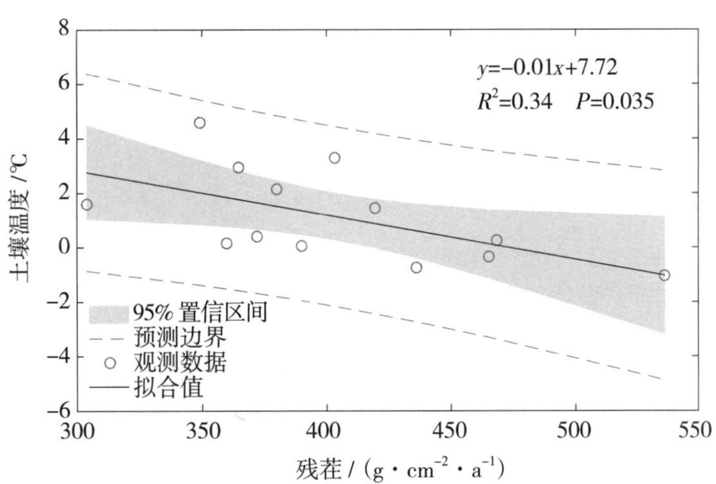

图 6.6 2005—2018 年上一年的残茬与当年播种前土壤温度的关系

6.4 NBP 及其相关变量的年际变化

2005—2020 年的 NBP 年平均值为 $-74\ gC \cdot m^{-2} \cdot a^{-1} \pm 122\ gC \cdot m^{-2} \cdot a^{-1}$（平均值 ± 标准差），籽粒的碳含量（$Y_{grain}$）为 $299\ gC \cdot m^{-2} \cdot a^{-1} \pm 74\ gC \cdot m^{-2} \cdot a^{-1}$，留在农田生态系统的残茬（$Y_{residues}$）（茎秆 + 叶片）碳含量为 $353\ gC \cdot m^{-2} \cdot a^{-1} \pm 80\ gC \cdot m^{-2} \cdot a^{-1}$，该 3 个变量均没有显著的年际变化，表明该农田生态系统为中性（图 6.7）。

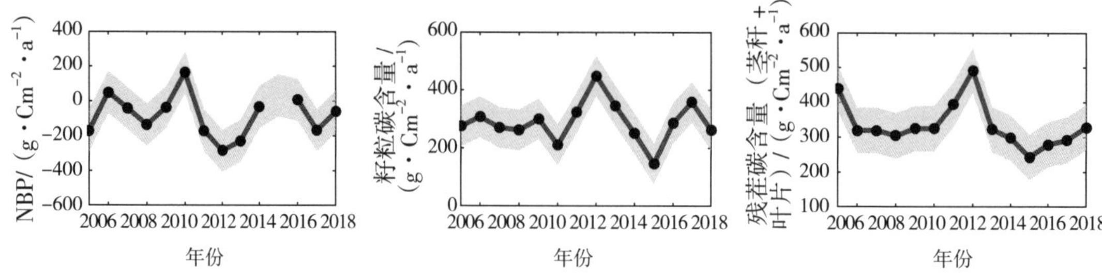

图 6.7　农田净碳收支（NBP）、籽粒碳含量和残茬碳含量的年值

6.5　环境和生物要素对 NBP 年际变化的影响

将环境和生物要素分成三类要素，分别是气象、土壤和生物。其中气象要素包括空气温度 T_a、降水（PPT）、光合有效辐射（PAR）和饱和水汽压差（VPD）；土壤要素包括土壤温度（T_s）和土壤水分（SWC）；生物要素包括籽粒碳含量（Y_{grain}）和残茬碳含量（$Y_{residue}$）。通过相关分析得 NBP 随着降水的增加而增加（$P < 0.01$），随着光合有效辐射（PAR）（$P < 0.05$）和 VPD 的增加而减少；土壤要素与 NBP 年际变化的相关性较小；同时 NBP 与籽粒的碳含量成正比（表 6.4）。

表 6.4　环境与生物要素与 NBP 的关系

主成分	变量	线性方程	决定系数 R^2	P 值
气象	T_a	NBP = −26.24x + 143.59	0.02	
	PPT	NBP = 0.57x − 378.72	0.49	＜ 0.01
	PAR	NBP = −0.06x + 427.41	0.16	
	VPD	NBP = −658.22x + 293.6	0.12	
土壤	T_s	NBP = 39.97x − 498.21	0.09	
	SWC	NBP = 1280.4x − 236.56	0.07	
生物	LAI	NBP = 117.52x − 302.11	0.10	
	$Y_{residue}$	NBP = −0.38x + 75.27	0.03	
	Y_{grain}	NBP = −1.25x + 359.29	0.32	＜ 0.05

通过冗余分析得出应用气象、土壤和生物 3 个主成分可以解释 78.9% 的 NBP 年际变化。其中气象、土壤和生物 3 个主成分的贡献分别为 21.7%、26.9% 和 53.9%（图 6.8），气象对 NBP 的独自贡献为 1.9%，与土壤相互作用的贡献为 8.4%，与生物相互作用的贡献为 1.2%；土壤对 NBP 的独自贡献为 14.7%，与生物相互作用的联合贡献为 −6.4%，生物对 NBP 的独自贡献为 49.0%，气象、土壤和生物三者的共同作用为 10.2%。该结果表明，

虽然生物对 NBP 年际变化的贡献最大，但是气象和土壤的影响也不能忽略。

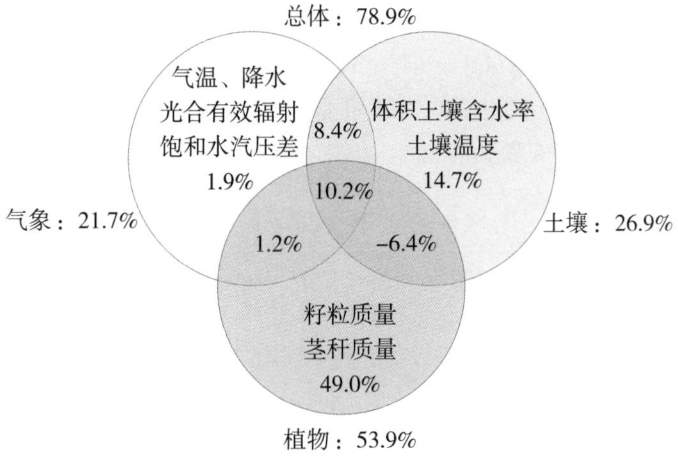

总体：78.9%

气温、降水
光合有效辐射
饱和水汽压差
1.9%

8.4%

体积土壤含水率
土壤温度
14.7%

10.2%

气象：21.7%

土壤：26.9%

1.2%

-6.4%

籽粒质量
茎秆质量
49.0%

植物：53.9%

图 6.8　气候、土壤和生物要素对净碳收支（NBP）年际变化的贡献

6.6　本章小结

碳吸收峰值对 NEP 的年际变化的影响大于碳吸收持续时间，同时碳吸收峰值的主要影响因素为夏季 VPD，而碳吸收持续时间的主要影响因素为降水 PPT。夏季土壤水分的亏缺，VPD 的增加表明作物生长水分需求增加而供应减少，进而影响作物的生长，其生理表现就是限制碳吸收峰值的大小。春季降水和有效积温通过影响碳吸收开始时间 BDOY 进而影响 NEP 的年际变化，而秋季降水、土壤湿度和叶面积指数通过影响碳吸收结束时间 EDOY 进而影响 NEP 的年际变化。春季降水和有效积温的增加有利于作物物候的延长。秋季物候的延长通常与土壤湿度相关，较好的土壤水分有利于作物固定更多的碳。在暖湿年份易于提前碳吸收开始时间，延后碳吸收结束时间，进而增加作物生长季，有利于碳固定的增加。

年初的碳释放峰值对 NEP 年际变化的影响大于年初碳释放持续时间。前一年遗留作物残茬是影响年初的碳释放峰值的主要因素，而春季降水和有效积温是影响年初碳排放持续时间的主要因素。年初地表残茬的覆盖可能影响春季地表温度的回升，降低碳呼吸速率。春季温度和降水的增加有利于作物物候期的提前，进而减少碳释放持续时间。有研究表明对于免耕田块，地表因覆盖有机物残茬，土壤呼吸对于春季降水和温度的敏感性较弱。年末的碳释放峰值对 NEP 年际变化的影响大于年末碳释放持续时间。当年收获后的作物残茬和秋季土壤水分是影响年末碳释放峰值的主要因素，而秋季降水、土壤湿度和叶面积指数是影响年末碳释放持续时间的主要影响因素。有研究表明，作物残茬量与 10 ℃的基础呼吸有显著的正相关，因为其为呼吸提供底物，进而促进呼吸。

利用东北地区 2005—2018 年雨养春玉米的涡度协方差数据集，研究了玉米农田净生态系统碳吸收释放物候年际变化趋势及其气候和生物影响机制，结果表明，将 NEP 拆分为碳吸收时间 CUP 和日 NEP 最大值 NEP_{max}，NEP_{max} 是 NEP 年际变化的主要影响因素，且其主要受夏季饱和水汽压差（VPD）控制。碳吸收开始时间 BDOY 变化的主要影响因素是春季降水和有效积温，结束时间 EDOY 与秋季降水、土壤湿度和 LAI 相关。玉米农田碳收支（NBP）年平均值为 $-74\text{gC}\cdot\text{m}^{-2}\cdot\text{a}^{-1}\pm 122\ \text{gC}\cdot\text{m}^{-2}\cdot\text{a}^{-1}$，没有显著的年际变化。生物和非生物因素可以解释 78.9% 的 NBP 年际变化，其中气象、土壤和生物 3 个主成分的贡献分别为 21.7%、26.9% 和 53.9%。

7 东北玉米田水分利用效率的年际变化及影响要素

水分利用效率（WUE）表征作物的用水效率，在研究和实际生产中具有重要意义。在农学领域，WUE 是研究作物生长与水分关系的重要参数，协调好作物高产和用水需求的矛盾是栽培管理和培育抗旱品种的重要目标；在植物生理领域，水分利用效率是表征光合作用和蒸腾作用耦合的重要参数；在生态学领域，WUE 可以表征碳循环和水循环的比例关系，已经成为研究生态系统水碳物质循环、能量转化、资源利用的重要参数和研究切入点之一。本章基于 2005—2020 年的作物产量、碳水通量和气象要素观测数据，确定基于经济产量水平和生态系统水平的水分利用效率的年际变化，确定影响水分利用效率的主要影响因素。

7.1 资料与方法

7.1.1 水分利用效率定义

7.1.1.1 经济产量尺度的水分利用效率

水分利用效率最先应用于农学领域，表征作物产量与耗水量的关系，一般定义为作物产量与耗水量的比值，即作物消耗单位水分所得到的产量。耗水量一般包括蒸腾（T）和蒸散（ET）两个水平，所以基于经济产量尺度的水分利用效率可以表示为：

$$\mathrm{WUE_{T.Y}} = Y/T$$

$$\mathrm{WUE_{ET.Y}} = Y/\mathrm{ET} \tag{7–1}$$

式中：Y 为产量；水分利用效率的单位为 $\mathrm{kg \cdot m^{-3}}$，表示玉米每消耗 1 $\mathrm{m^3}$ 水所能生产的籽粒产量。

7.1.1.2 生态系统尺度的水分利用效率

在生态系统尺度上，系统生产力一般从总初级生产力（GPP）和净生态系统生产力（NEP）两个水平上进行研究，耗水量仍然选定蒸腾和蒸散两个水平。即：

$$\mathrm{WUE_{T.GPP}} = \mathrm{GPP}/T$$

$$\mathrm{WUE_{ET.GPP}} = \mathrm{GPP/ET}$$

$$\mathrm{WUE_{T.NEP}} = \mathrm{NEP}/T$$

$$\mathrm{WUE_{ET.NEP}} = \mathrm{NEP/ET} \tag{7–2}$$

式中：生态系统尺度水分利用效率的单位为 kgC · m^{-3}，表示生态系统消耗 1 m^3 水所固定的碳含量。

7.1.2 统计分析

经济产量水平和生态系统水平的水分利用效率对光合有效辐射温度、降水、CO_2 浓度及 ET 的响应进行线性拟合（$y = ax + b$）及一元二次方程（$y = ax^2 + bx + c$）拟合。利用公式 $x = -b/2a$，求出使得水分利用效率达到最大值时的降水及 ET 值。

7.2 水分利用效率的年际变化

在经济产量水平上，2005—2020 年 $WUE_{T.Y}$ 平均值为 3.25 kg · m^{-3} ± 0.90 kg · m^{-3}，其年际呈显著增加趋势（P=0.011），$WUE_{ET.Y}$ 平均值为 1.87kg · m^{-3} ± 0.50 kg · m^{-3}，其年际呈增加趋势但是不显著（P=0.063），表明作物自身的水分利用效率在增加，形成同等产量的玉米所耗水量在减少（表 7.1）。在生态系统水平上，2005—2020 年 $WUT_{T.GPP}$ 平均值为 4.45 kg · m^{-3} ± 1.15 kg · m^{-3}，其年际呈显著增加趋势（P=0.002）；$WUT_{ET.GPP}$ 平均值为 2.53kg · m^{-3} ± 0.50 kg · m^{-3}，其年际呈显著增加趋势（P=0.006），$WUT_{T.NEP}$ 平均值为 0.93 kg · m^{-3} ± 0.32 kg · m^{-3}，其年际呈显著增加趋势（P=0.031）；$WUT_{ET.NEP}$ 平均值为 0.53 kg · m^{-3} ± 0.18 kg · m^{-3}，其年际呈增加趋势但是不显著（P=0.125），表明在生态系统尺度上玉米群体的水分利用效率在增加。

表 7.1 不同尺度水平的水分利用效率的年际变化

年份	$WUE_{T.Y}$	$WUE_{ET.Y}$	$WUT_{T.GPP}$	$WUE_{ET.GPP}$	$WUE_{T.NEP}$	$WUE_{ET.NEP}$
2005	2.36	1.40	3.00	1.78	0.34	0.20
2006	2.51	1.68	3.83	2.56	1.10	0.74
2007	2.90	1.62	4.53	2.54	0.92	0.52
2008	2.15	1.65	2.89	2.23	0.39	0.30
2009	2.90	1.61	3.88	2.16	0.96	0.53
2010	1.94	1.24	3.80	2.44	1.30	0.83
2011	4.26	2.16	5.59	2.84	0.77	0.39
2012	3.40	2.34	2.26	1.56	0.47	0.32
2013	4.18	2.38	3.63	2.07	0.53	0.30
2014	3.16	1.68	5.06	2.69	1.02	0.54
2015	2.53	1.13	5.09	2.28	1.17	0.52
2016	3.13	1.81	4.47	2.59	1.21	0.70

续表

年份	$WUE_{T.Y}$	$WUE_{ET.Y}$	$WUT_{T.GPP}$	$WUE_{ET.GPP}$	$WUE_{T.NEP}$	$WUE_{ET.NEP}$
2017	3.96	2.29	4.74	2.74	0.80	0.46
2018	3.67	1.87	6.20	3.16	1.06	0.54
2019	5.58	3.20	6.17	3.54	1.22	0.70
2020	3.38	1.87	6.10	3.37	1.59	0.88
平均值	3.25	1.87	4.45	2.53	0.93	0.53
标准误差	0.90	0.50	1.15	0.50	0.32	0.18

注：$WUE_{T.Y}$、$WUEE_{T.Y}$、$WUT_{T.GPP}$、$WUEE_{T.GPP}$、$WUE_{T.NEP}$、$WUE_{ET.NEP}$ 中 WUE 为水分利用效率；Y 为产量；GPP 为总初级生产力；NEP 为净生态系统生产力；T 为蒸腾；ET 为蒸散。

7.3 环境要素对水分利用效率的影响

在经济产量水平上，影响水分利用效率的因素主要是光合有效辐射和 CO_2 浓度（表 7.2)。水分利用效率随着光合有效辐射的增加而增加，对于 CO_2，水分利用效率存在饱和点，当 CO_2 小于一定值时，水分利用效率随着 CO_2 浓度的增加而增大，主要是因为随着 CO_2 浓度的增加，植物的光合作用得到加强，同时还能降低气孔导度，减少蒸腾速率，因此经济产量水平上的水分利用效率会增加。

在生态系统水平上，影响水分利用效率的因素主要有光合有效辐射、温度、降水和 CO_2 浓度。水分利用效率随着光合有效辐射和温度的增加而增加。在较干旱的年份和较湿润的年份里，水分利用效率均表现出较低的值，$WUT_{T.GPP}$ 和 $WUE_{ET.GPP}$ 达到最大值的降水量分别为 442 mm 和 514 mm。同样在生态系统尺度，水分利用效率仍然存在 CO_2 饱和点。

表 7.2 环境要素与不同尺度水分利用效率的关系

变量 x	变量 y	线性方程	决定系数 R^2	P 值
光合有效辐射	$WUE_{T.Y}$	$y = 0.0007x - 3.016$	0.40	0.008**
	$WUE_{ET.Y}$	$y = 0.0003x - 0.594$	0.21	—
	$WUT_{T.GPP}$	$y = 0.0007x - 1.9367$	0.25	0.049*
	$WUE_{ET.GPP}$	$y = 0.0002x + 0.5944$	0.12	—
	$WUE_{T.NEP}$	$y = 0.0001x + 0.0448$	0.05	—
	$WUE_{ET.NEP}$	$y = 1E{-}05x + 0.4363$	0.00	—
温度	$WUE_{T.Y}$	$y = 0.3959x - 0.345$	0.10	—

续表

变量 x	变量 y	线性方程	决定系数 R^2	P 值
温度	$WUE_{ET.Y}$	$y = 0.124x + 0.7457$	0.03	—
	$WUT_{T.GPP}$	$y = 1.0227x - 4.8342$	0.41	0.007**
	$WUE_{ET.GPP}$	$y = 0.4466x - 1.5218$	0.40	0.008**
	$WUE_{T.NEP}$	$y = 0.2001x - 0.8893$	0.18	—
	$WUE_{ET.NEP}$	$y = 0.0764x - 0.1631$	0.09	—
降水	$WUE_{T.Y}$	$y = -0.0017x + 4.1045$	0.08	—
	$WUE_{ET.Y}$	$y = -4E{-}05x + 1.8935$	0.00	—
	$WUT_{T.GPP}$	$y = -2E{-}05x^2 + 0.0142x + 1.7833$	0.33	0.019*
	$WUE_{ET.GPP}$	$y = -1E{-}05x^2 + 0.011x - 0.0542$	0.30	0.024*
	$WUE_{T.NEP}$	$y = -0.0003x + 1.0576$	0.01	—
	$WUE_{ET.NEP}$	$y = 0.0001x + 0.4769$	0.01	—
CO_2	$WUE_{T.Y}$	$y = -0.0009x^2 + 0.6694x - 126.76$	0.43	< 0.001***
	$WUE_{ET.Y}$	$y = 0.0209x - 5.6693$	0.23	—
	$WUT_{T.GPP}$	$y = -0.0014x^2 + 1.0927x - 203.55$	0.37	0.011**
	$WUE_{ET.GPP}$	$y = 0.0214x - 5.2007$	0.22	—
	$WUE_{T.NEP}$	$y = 0.0133x - 3.8906$	0.20	—
	$WUE_{ET.NEP}$	$y = 0.0048x - 1.2073$	0.08	—

注：* 为通过 0.05 水平显著性检验，** 为通过 0.01 水平显著性检验，*** 为通过 0.001 水平显著性检验。

7.4 蒸散及其组分对水分利用效率的影响

在经济产量水平上，水分利用效率 WUE 与蒸腾 T 呈现二次曲线关系，且关系显著（P=0.049）（表 7.3）。即随着 T 的增加 WUE 高，T 增加到一定值后，WUE 则随着 T 的增加而减小。使 WUE 达到最大值的 T 为 158 mm，将该值代入拟合公式中，得 $WUE_{T.Y}$ 为 3.72。

表 7.3 蒸散（ET）或蒸腾（T）与不同尺度水分利用效率的关系

变量 y	线性方程	决定系数 R^2	P 值
$WUE_{T.Y}$	$y = -4E{-}05x^2 + 0.013x + 2.6913$	0.25	0.049*
$WUE_{ET.Y}$	$y = -0.0026x + 2.9963$	0.08	—

续表

变量 y	线性方程	决定系数 R^2	P 值
$WUT_{T.GPP}$	$y = -7E{-}05x^2 + 0.02x + 4.2648$	0.69	$< 0.001^{***}$
$WUE_{ET.GPP}$	$y = -5E{-}05x^2 + 0.0397x - 4.7459$	0.40	$< 0.001^{***}$
$WUE_{T.NEP}$	$y = -0.0027x + 1.6166$	0.18	—
$WUE_{ET.NEP}$	$y = -0.0005x + 0.7627$	0.02	—

注：星号的含义同表 7.2。

在生态系统水平上，水分利用效率 $WUT_{T.GPP}$ 和 $WUE_{ET.GPP}$ 与 T 或 ET 仍然呈现二次曲线关系，且关系显著（P=0.001），即随着 ET 或 T 的增加 $WUT_{T.GPP}$ 和 $WUE_{ET.GPP}$ 升高，ET 或 T 增加到一定值后，$WUT_{T.GPP}$ 和 $WUE_{ET.GPP}$ 则随着 ET 或 T 的增加而减小。使 $WUT_{T.GPP}$ 达到最大值的 T 为 136 mm，而使 $WUE_{ET.GPP}$ 达到最大值的 ET 值为 200 mm。

7.5 本章小结

在水分利用效率的年际变化方面，观察到了明显的趋势。随着时间的推移，东北玉米田的水分利用效率呈现出逐年增加的趋势。这可能受到气候变化和农业技术的影响。随着气候变暖和降水模式的改变，玉米田的水分利用效率得到了提高，这可能与降水量的分布更加有利于植物生长有关。同时，农业技术的进步也为提高水分利用效率提供了支持，例如节水灌溉技术的应用和土壤水分管理的改善等。光合有效辐射、气温、降水是影响水分利用效率的主要因素。气温的升高可能会导致土壤水分蒸发速度增加，从而影响水分利用效率。而降水量的增加可能提供更多的水分资源，有利于植物的生长，进而提高水分利用效率。蒸腾是植物通过气孔释放水蒸气的过程，是影响水分利用效率的重要机制之一。植物的生长状态、叶面积指数以及土壤水分含量等因素都会影响蒸腾速率，进而影响水分利用效率。此外，不同的气候条件和植被类型也会对蒸腾产生不同的影响，这需要进一步的研究加以探讨。

基于 2005—2020 年的产量数据、通量观测数据以及气象观测数据得到：

（1）在经济产量水平上，2005—2020 年水分利用效率年际间呈增加趋势，表明作物自身的水分利用效率增加。

（2）在生态系统水平上，2005—2020 年水分利用效率年际呈显著增加趋势，表明在生态系统尺度上玉米群体的水分利用效率增加。

(3) 在经济产量水平上，水分利用效率的主要影响因素为光合有效辐射和 CO_2 浓度；且存在水分利用效率的 CO_2 饱和点。

（4）在生态系统水平上，水分利用效率的主要影响因素有光合有效辐射、温度、降水和 CO_2 浓度，且降水和 CO_2 均存在峰值。

8 东北玉米农田下垫面的动力与热力参数动态变化

随着各类陆面过程模型的发展，陆面信息的真实准确描述越来越受到相关领域研究者的关注。在诸多下垫面类型中，玉米农田因其植株高度、郁闭度和叶面积指数季节变化明显，引起粗糙度、反照率随之变化，进而导致动量传输和表层土壤温湿度发生变化，经一系列反馈过程对气候产生影响。东北地区是我国春玉米最大产区，也是我国气候变暖最为剧烈的地区之一，受气候变暖不断加剧的影响，东北地区的玉米晚熟品种种植面积不断扩大、产量增加，生产布局和结构发生变化。因此，研究玉米下垫面各类参数动态特征及相互关系不仅有助于增进对陆—气相互作用的理解，也为研究区域气候变化及其模拟提供参考。本研究基于锦州玉米农田生态系统野外观测站资料，对玉米农田下垫面植株高度、LAI、表层土壤湿度、反照率、粗糙度等下垫面参数季节动态及相互关系进行分析，为研究动态下垫面参数化方案提供依据。

8.1 资料与方法

8.1.1 数据来源

2006 年气象梯度观测塔测得 2 层高度气温、风向、风速数据和 3.5 m 涡度相关系统测得摩擦风速（u^*）数据用于计算玉米农田下垫面粗糙度（z_0）和零平面位移（d）。10 cm 表层土壤体积含水量（SWC）由 EasyAG 土壤水分传感器测得。因所获取资料的限制，利用 2008 年玉米生育期内每 3 d 观测的株高和 2006 年玉米出苗、三叶、七叶、拔节、抽雄、乳熟 6 个生育期观测的株高和 LAI 来获取 2006 年玉米生育期株高和 LAI 的动态连续数据。反照率由梯度观测系统测得的晴天向下短波辐射及反射辐射求得。

8.1.2 研究方法

8.1.2.1 玉米株高（h）模拟

利用计算 LAI 的相对积温方法，可衍生出计算 h 的模型：

$$\mathrm{RH}_j = X_m/1 + \exp(a_1 + a_2 \times \mathrm{RAT}_j + a_3 \times \mathrm{RAT}_j^2) \tag{8-1}$$

式中：RH_j 为相对株高；RAT_j 为相对积温；X_m、a_1、a_2、a_3 为参数。其中，$\mathrm{RH}_j = H_j/H_{\max}$，$H_j$ 为实际株高；$H_{\max}$ 为最大株高。$\mathrm{RAT}_j = \mathrm{AT}_j/\mathrm{AT}_{\max}$、$\mathrm{AT}_j = \sum_{i=k}^{j}(T_i - 10)$、$\mathrm{AT}_{\max} = \sum_{i=k}^{m}(T_i - 10)$

分别为从出苗到某一时间点的有效积温、从出苗到株高达到最大期间的有效积温；T_i 为日平均气温；k 和 m 分别为出苗、吐丝日期。

式（8–1）可变换为：

$$\ln(X_m/\mathrm{RH}_j-1)=a_1+a_2\times \mathrm{RAT}_j+a_3\times \mathrm{RAT}^2_j \tag{8-2}$$

通过调整 X_m，将 2008 年的 RH_j 和 RAT_j 数据代入式（8–2）进行回归拟合。当相关系数达到最大时拟合效果最佳。根据式（8–2），调整 X_m 值对模型进行拟合，图 8.1 给出不同 X_m 值对应拟合相关系数平方值（R^2）的变化趋势；当 X_m 取值为 2.05～3.00 时，R^2 达到最大值 0.991，当 $X_m>3$ 时，R^2 呈减小趋势；当 $X_m>5$ 以后，R^2 趋于稳定，因此，X_m 在 2.05～3.00 作为备选范围。通过比较发现，当 X_m 取值为 2.05 时 R^2 最大，将相应的 a_1、a_2 和 a_3 代入式（8–1）得：

$$\mathrm{RH}_j=2.05/[1+\exp(3.7579-5.1427\mathrm{RAT}_j+1.5239\mathrm{RAT}^2_j)] \tag{8-3}$$

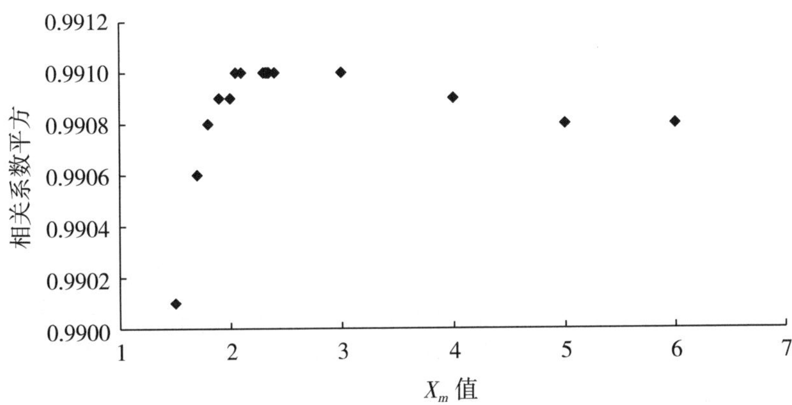

图 8.1　拟合相关系数随 X_m 值变化曲线

式（8–3）为锦州地区玉米株高动态模型。为使模拟结果更准确，利用 2006 年出苗、三叶、七叶、拔节、抽雄、乳熟 6 个时期株高实测数据对式（8–3）模拟值进行订正，进而获得 2006 年玉米株高动态数据（图 8.2）。图中曲线斜率可以反映玉米株高增长速率，出苗至三叶期生长速度最慢，从三叶经七叶至拔节期株高呈线性增大，拔节后玉米生长达到最旺盛阶段，株高增速发生转折，直至抽雄期增速最大；抽雄后玉米进入生殖生长阶段，大量干物质向果实积累，植株增高速率放慢，直至乳熟期达到最大高度。

8.1.2.2　玉米叶面积指数（LAI）模拟

利用王玲等根据禹城、沈阳试验资料所建立的玉米 LAI 增长模型，选择沈阳种植密度为 4000 株 / 亩（式 8–4）、4500 株 / 亩（式 8–5）、沈阳地区综合（式 8–6）及所有资料综合（式 8–7）4 个模型用于锦州 2006 年玉米 LAI 的模拟。同时，利用 2006 年实测资料（三叶、七叶、拔节、抽雄、乳熟）建立模型进行模拟（式 8–8）。

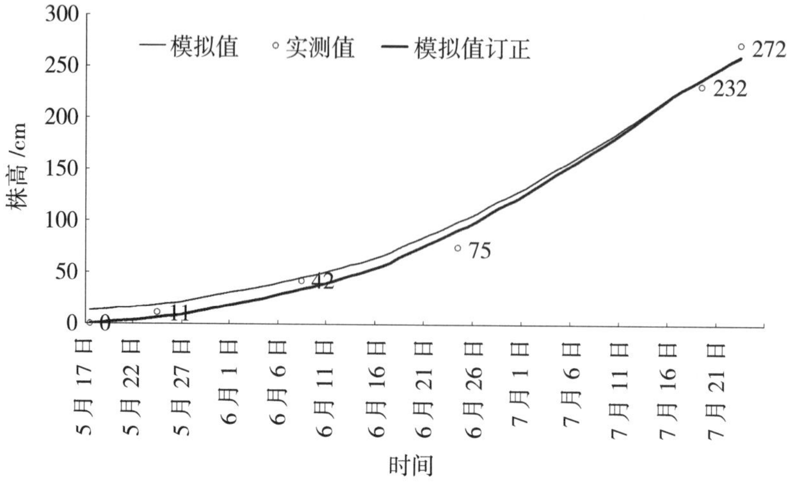

图 8.2　2006 年玉米株高的模拟

$$RLAI_j = 1.09/[1 + \exp(4.5424 - 11.494RAT_j + 4.8232RAT_j^2)] \tag{8-4}$$

$$RLAI_j = 1.18/[1 + \exp(5.0766 - 11.685RAT_j + 4.9298RAT_j^2)] \tag{8-5}$$

$$RLAI_j = 1.11/[1 + \exp(4.9273 - 12.221RAT_j + 5.2301RAT_j^2)] \tag{8-6}$$

$$RLAI_j = 1.11/[1 + \exp(5.2476 - 12.399RAT_j + 5.1342RAT_j^2)] \tag{8-7}$$

$$RLAI_j = 0.984/[1 + \exp(10.562 - 28.375RAT_j + 12.889RAT_j^2)] \tag{8-8}$$

各模型（图 8.3）均可较好地模拟 LAI 的动态变化，其中利用 2006 年观测资料所建模型的模拟值与其他模型差异较大，可能是因为建模点少导致模型的代表性差，在此不予考虑。其他模型模拟趋势较一致，但七叶和拔节期差异较大，其中式（8-5）、式（8-7）模拟精度较高，乳熟后差异明显，式（8-7）为综合考虑不同密度不同地区得出的模型，更具普遍性意义，对其模拟结果订正（方法同株高）后得到动态 LAI 数据。玉米整个生育期 LAI 呈不对称 n 型分布，出苗至三叶期由于叶片数少且叶面积很小，使得 LAI 约为 0.0，

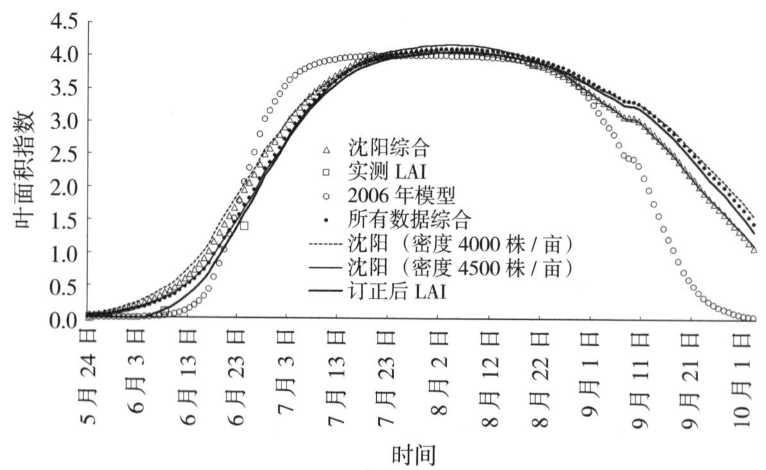

图 8.3　不同模型模拟的 2006 年 LAI 动态变化

此时农田可近似为裸地。三叶至七叶期玉米株高和叶面积仍很小，LAI 增大较慢，约为 0.1。从七叶经拔节直至抽雄，随着玉米生长逐渐旺盛，LAI 呈 S 型增大，以拔节为转折，LAI 增大速率前大后小。抽雄至乳熟期 LAI 达到峰值且变化很小，该值因品种和种植密度差异而不同，本研究中约为 4.0。乳熟以后，随着玉米不断成熟，光合产物都用来膨大籽粒，叶片开始干枯，LAI 逐渐减小，到收割前降至 1.5 左右。

8.1.2.3 地表粗糙度（z_0）计算

求解 z_0 的方法有很多，其中最常用的是廓线法，根据相似理论将几个高度的风温廓线拟合迭代得到地表粗糙度，主要有最小二乘法和牛顿迭代法。随着涡度相关观测技术的发展，三维超声风温仪可以高频快速地测定风速和温度的脉动，从而可根据地表湍流统计特征与粗糙度参数之间的关系，利用一层超声风温脉动数据确定地表粗糙度，如 TVM 法、Martano 法。本研究采用中性条件下 2.4 m、4.1 m 风速及 3.5 m 高涡度相关系统测得的 u_* 数据分别代入风廓线方程（式 8–9）：

$$u(z_i)=\frac{u_*}{k}\ln\left(\frac{z_i-d}{z_0}\right) \tag{8–9}$$

式中：z_i 为某层观测高度；k 为卡曼常数，取 0.4；u_* 为摩擦风速；d 为零平面位移。

对式（8–9）式联立：

$$z_0=\frac{z_2-z_1}{\exp\left(\frac{ku(z_2)}{u_*}\right)-\exp\left(\frac{ku(z_1)}{u_*}\right)} \tag{8–10}$$

$$d=z_2-z_0\exp\left(\frac{ku(z_2)}{u_*}\right) \tag{8–11}$$

$$R_i=\frac{\frac{g}{\overline{\theta}_v}\frac{\partial\overline{\theta}_v}{\partial z}}{\left(\frac{\partial\overline{U}}{\partial z}\right)^2} \tag{8–12}$$

用梯度理查孙数（R_i）来判断近地面层的大气稳定度见式（8–12）。

式（8–12）中：g 为重力加速度，取 10 m · s^{-2}；θ_v 为虚位温，由公式 $\theta_v=\theta\times(1+0.61r)$ 计算得到。其中，r 为未饱和空气混合比（g · g^{-1}）；θ 为位温（$\theta=T\times(p_0/p)^{0.286}$；$T$ 为大气温度（K）；p 为气压（kPa）；p_0 为基准气压，取 100 kPa。由于各种要素观测资料受环境影响较大，需要对数据进行筛选，剔除以下数据：

（1）风速不随高度增加的数据。

（2）风速小于 0.22 m · s^{-1} 的数据，认为 0.22 m · s^{-1} 风速是风杯起转风速。

（3）计算出的 d 值小于 0，认为数据无效。

8.2 α、10 cm 表层土壤体积含水量（SWC）及降水的年动态

图 8.4 给出正午反照率 α、SWC 及日降水的年变化情况。冬季因土壤冻结且降水很少导致 SWC 较其他季节明显偏低；相反，夏季集中了一年中大部分降水，使 SWC 在四季中最大；春季温度相对较低、降水较少且土壤化冻导致 SWC 变化平缓；秋季降水频率减小，而前期温度较高，使得在无降水时期 SWC 下降较快。SWC 在 1—3 月小于 20%，呈逐渐增大趋势，在非结冻期（3 月 15 日至 11 月 20 日为无冻土时期，这里定义为非冻结期，其他时间为冻结期）明显增大，在 25% ~ 36%。其中 6—8 月最大，为 30% ~ 36%，从 11 月 20 日开始逐渐减小至 12% 左右。反照率 α 在冷季（1—3 月、11—12 月）较其他时段偏大，一般为 0.2 ~ 0.3，其间有 0.5 ~ 0.7 的一些大值时段，为积雪覆盖所致；6—9 月由于植被覆盖且降水增多，α 处于全年最小阶段，为 0.1 ~ 0.2。

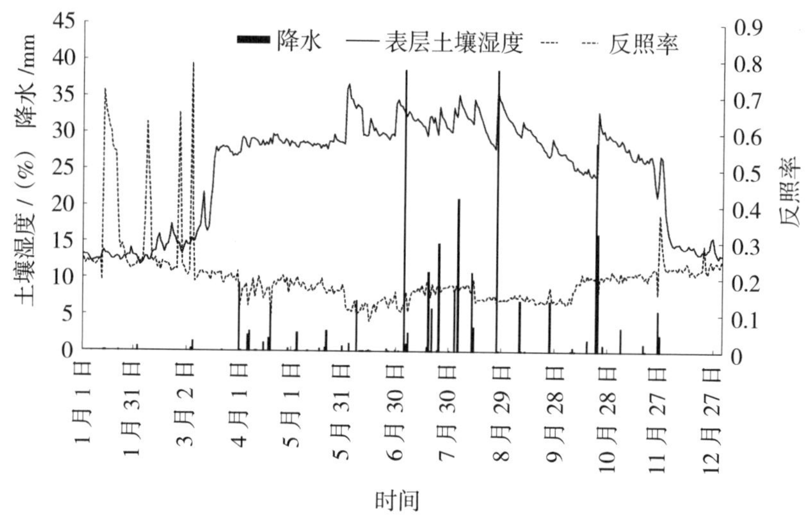

图 8.4　2006 年逐日正午 α 和 SWC

8.3 α、z_0 和 d 动态特征及与影响因子的关系

8.3.1 α 与 SWC 的关系

在年尺度上，α 与 SWC 有较好的负相关关系，非冻结期（图 8.5a）二者呈极显著负相关关系（n=250，R^2=0.2373，$P < 0.01$）。生长季内，受 LAI 影响，反照率与 SWC 的负相关关系不断变化，6 月、7 月 LAI 处于快速增大时期，但因没有完全覆盖农田表面，SWC 对反照率影响较大，二者呈显著负相关关系（$P < 0.01$）。随着冠层郁闭度不断增大，直至完全覆盖地面，SWC 对 α 的影响逐渐减小，从 8 月开始直至 9 月二者已无相关关系。

从整个生长季（图 8.5b）看，反照率与 SWC 负相关关系不明显，SWC 对 α 影响逐渐减小，而 LAI 对其影响逐渐增大。

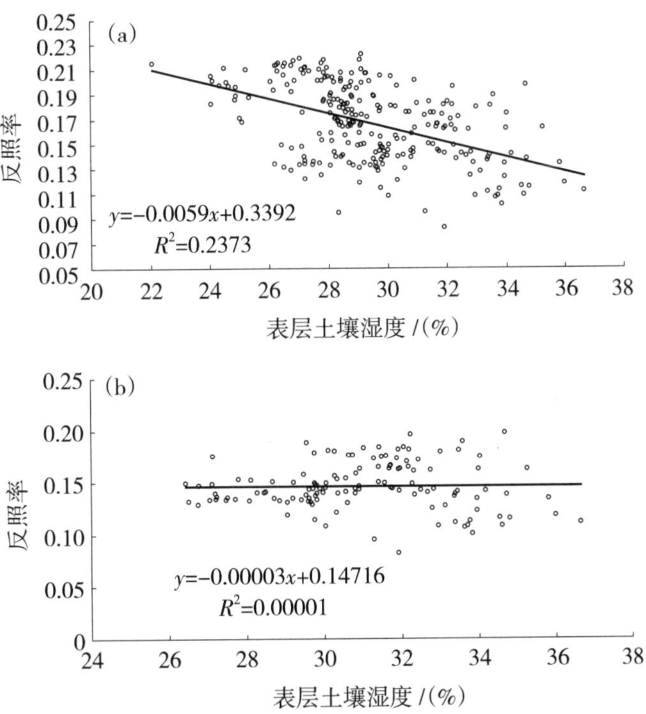

图 8.5　非冻结期（a）及生长季（b）α 与 SWC 关系

8.3.2　生长季内各月 α 的日动态

生长季各月平均 α 的日动态（图 8.6）呈 U 型分布，早晨和傍晚明显高于日间，07：30 至 17：00 变化很小。各月平均反照率差异明显，整体上看，白天反照率 6 月＜9 月＜8 月＜7 月，这种差异与 SWC 及下垫面玉米植株生长状态有关。6 月玉米植株较小，反照率主要受 SWC 影响，其间降水较多且下垫面蒸发蒸腾较少，使得 SWC 较大，土壤颜色较深，反照率较小。7 月、8 月虽然降水明显增多，但由于冠层覆盖度较大，土壤对反照率影响逐渐减小，而冠层顶叶片密度较大，且叶片表面有蜡质层，对辐射有较强的反射作用。同时玉米抽雄期雄穗颜色较浅，进一步增大反射作用，导致 α 明显大于 6 月，其中 7 月雄穗较 8 月新鲜且颜色较浅使得反射能力较 8 月强，这可能是导致 7 月反照率大于 8 月的原因。研究表明，下垫面粗糙度随植被密度增大而增大的增加率随植被密度的增大而减小，最终趋于 0，9 月随着玉米叶片枯萎凋落，冠层叶片密度由大变小使粗糙度增大，反射能力下降，进而导致反照率小于 7 月和 8 月。

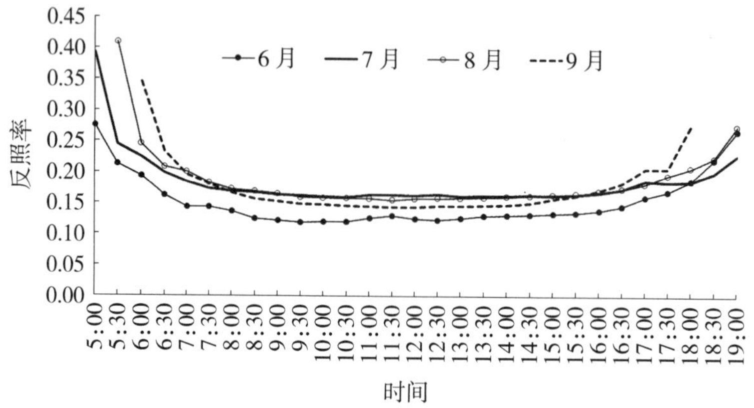

图 8.6　生长季各月平均 α 日动态

8.3.3　LAI 与 α 的关系

生长季内，LAI 与 α（图 8.3、图 8.4）均呈先增后减的变化趋势，二者线性回归结果表明，α 随着 LAI 增大而增大（图 8.7），呈极显著正相关关系（n=128，R^2=0.5105，$P<0.05$），这一结果与草原截然相反，但与 Jacobs 和 van Pul、Cuf 等和 Philip & Nick 研究结果一致。分析认为，随着 LAI 增大，冠层密度不断增加，冠层顶相对平滑，同时玉米叶片表层光滑有蜡质层，反射能力较强，进而导致 α 的增大。进入成熟阶段，叶片逐渐枯黄脱落，LAI 减小，下垫面粗糙程度增大，使 α 随之减小。

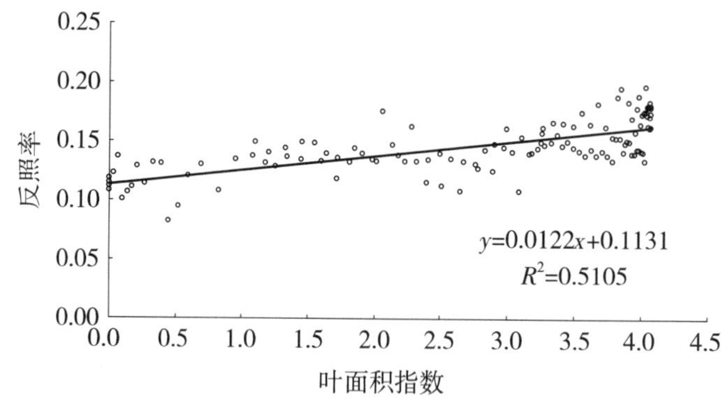

图 8.7　生长季反照率与 LAI 关系

8.3.4　z_0 和 d 的动态特征

由图 8.8 可见，从玉米出苗开始，z_0 随株高的增大而增大，在 7 月 20 日前后达到最大，此时玉米处于抽雄期，之后 z_0 趋于平稳，在 0.3 m 附近波动。对所算得的 d 进行多项式拟合发现，从三叶开始，d 由 2.0 m 逐渐减小，到抽雄前达到最小，约为 1.0 m，之后逐渐增大，8 月（仅有前 10 d 数据）出现一个明显的峰值区，进入 9 月，d 逐渐减小，到 9 月末达到最小，从 10 月 1 日开始再次增大。从生长季 d 的变化情况看，抽雄前和 10 月初这两个时段与实际并不相符，实际情况是：前一时段玉米为营养生长期，株高和密度虽然不断增大，但动量比抽雄后容易下传，因此风速为 0 的高度较低；后一时段玉米植株干枯，叶片脱落，LAI 减小，冠层内通透性好，风速为 0 高度也应较低。因此，这两个时期计算粗糙度时可能不需要考虑 d 的存在。若整个生长季都不考虑 d 的存在，z_0 在 7 月 20 日以前与考虑 d 时非常接近，说明这一时段无论考虑 d 与否，z_0 受影响较小。而当玉米进入抽雄期，z_0 出现差异，说明这时玉米冠层已经出现 d。基于以上判断，以下把生长季以抽雄为界分为 A（6 月 3 日至 7 月 17 日不考虑 d 值）、B（7 月 20 日至 9 月 30 日考虑 d 值）两个时段分别进行分析。

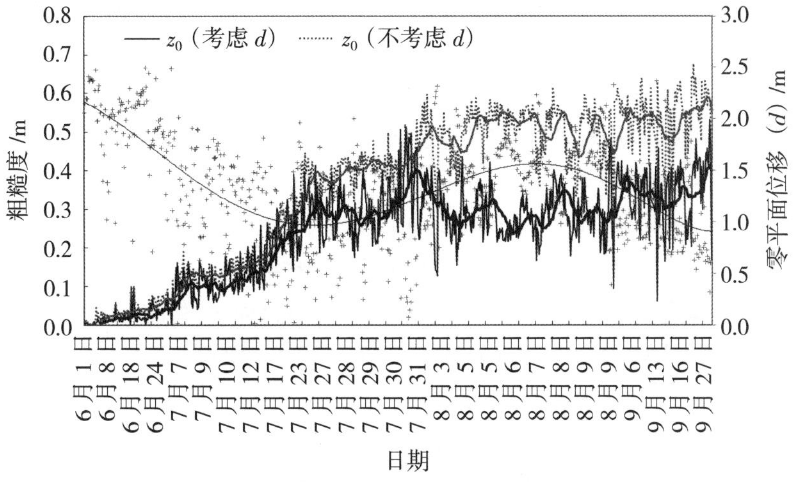

图 8.8 生长季 z_0 和 d 动态变化

目前，大量研究已经建立了许多下垫面 h 与 z_0 的经验公式，如覃文汉认为，z_0=0.08 h，Tanner 认为，z_0=0.13 $h^{0.997}$，还有 z_0=0.025 $h^{1.1}$，z_0=0.1 h。在 A 时段，用株高模拟值分别代入各经验公式与本研究求得的 z_0 进行对比（图 8.9），发现各方法算得 z_0 总体趋势比较一

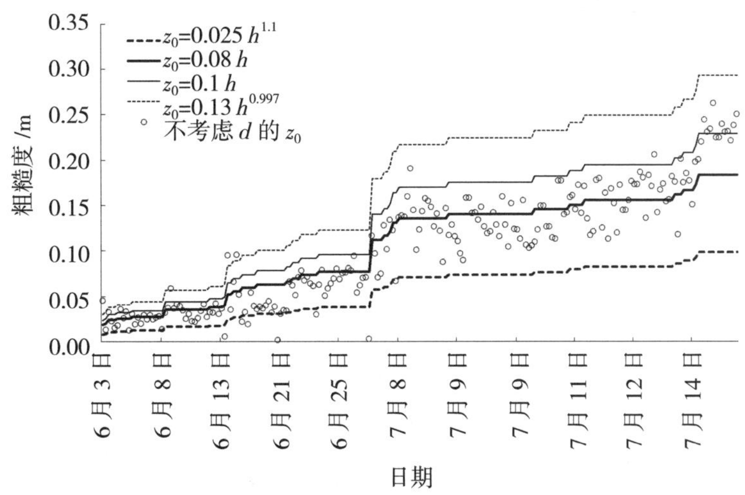

图 8.9 A 时段不同计算方法估算的 z_0 比较

致，7 月 16 日之前 z_0=0.08 h 拟合相对较好，7 月 17 日以后 z_0=0.1 h 拟合较好，可见抽雄对 z_0 影响较大。随雄穗的抽出，冠层在短期内快速且显著增高，从时间上看这是一个跃变的过程，进而导致 z_0 与株高关系发生明显变化。

8.3.5 z_0 与其影响因子的关系

在玉米达到最大 h 以前（图 8.10），z_0 与 LAI 和 h 呈指数关系（n=216）：$z_0 = 0.0222 \times \exp(0.5473\ h)$（$R^2$=0.7509，$P < 0.01$）和 $z_0 = 0.0172 \times \exp(0.0115 \times \text{LAI})$（$R^2$=0.7440，$P < 0.01$），且相关性极显著。Shaw 和 Pereira 认为，z_0 与 LAI 的关系为单峰曲线，即当 LAI 较小时，z_0 随 LAI 增大而增大，z_0 达到峰值以后，又随 LAI 增大而减小。周艳莲等对小麦和森林研究发现，z_0 随 LAI 呈先增大后减小变化趋势，达到峰值时 LAI 为 4.5 ~ 5.0。而本研究中玉米最大 LAI 约为 4.0，并未达到 z_0 峰值时的 LAI，因此本研究中 z_0 所表现出的情况是合理的。此外，由图 8.6 可见，z_0 日变化波动剧烈。研究表明，z_0 日变化与风速有关，由于 A 时段内 LAI 和株高都随时间不断变化，导致 z_0 与风速关系很难确定，因此选择 LAI 和株高不变或变化很小的 B 时段探讨 z_0 与风速关系。由图 8.11 可见，z_0+d 与风速呈极显著的 $z_0 + d = -0.5197\ln(u) + 1.7929$（$n$=571，$R^2$=0.3774，$P$=0.01）负对数关系，表明随着风速增大，动量下传作用强烈，导致 z_0+d 减小，而风速的变化使 z_0 与 d 都随之变化，它们之间关系比较复杂，相关研究鲜有报道，需深入探讨。

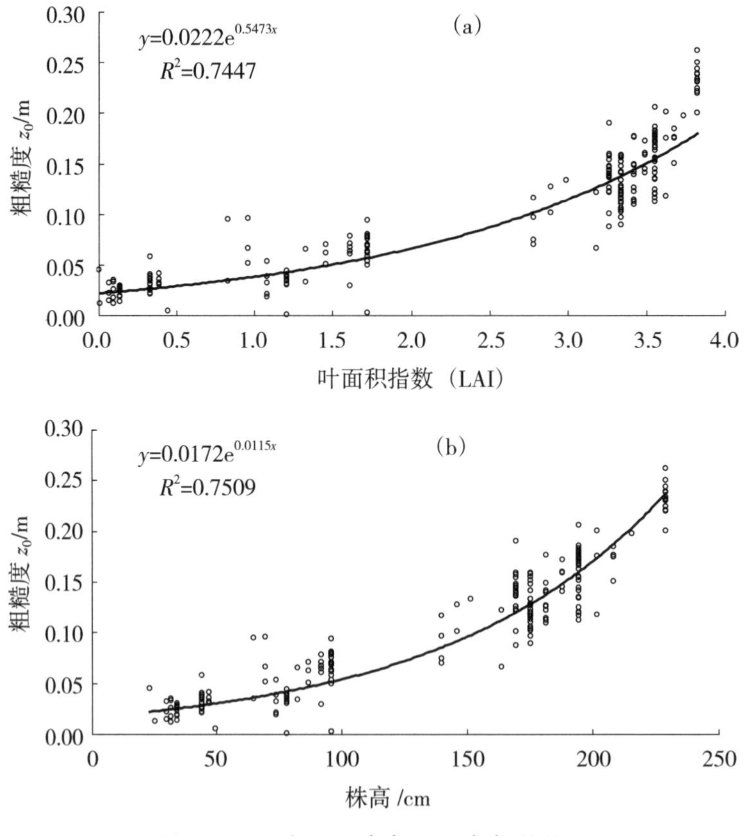

图 8.10 z_0 与 LAI（a）和 h（b）的关系

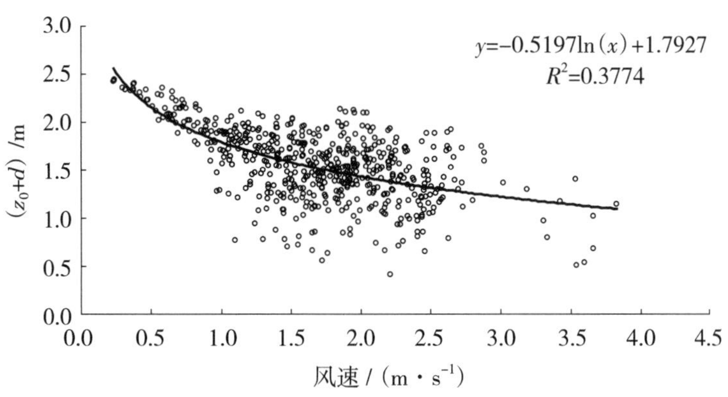

图 8.11　B 时段 z_0+d 与风速关系

8.4　本章小结

玉米农田一年中下垫面性质变化较大，株高（h）、叶面积指数（LAI）、植被覆盖度（FVEG）等生物因子的动态变化使 z_0 和 α 等参数在一年中不断改变，辐射、水分、热量的分配和传输等一系列物理过程随之变化，这使其成为一类具有代表性的下垫面类型。α 在陆面过程中影响地表对辐射的吸收和分配，目前很多陆面模型对同类植被下垫面的 α 采用固定值或简单季节变化，而对植被生长的动态变量，如 LAI 很少考虑。由本研究可知，玉米农田 α 受下垫面 LAI 和 SWC 的共同影响，在不同时期二者对其贡献明显不同。LAI 呈不对称 n 型分布，最大值出现在抽雄至乳熟阶段，约为 4.0，收割前降至 1.5 左右。SWC 冬季最小，春季变化平缓，夏季最大，秋季无降水时期下降很快。反照率在冷冬季明显高于其他季节，一般为 0.2 ~ 0.3，积雪覆盖时为 0.5 ~ 0.7；暖季最小，为 0.1 ~ 0.2。在生长季内，α 月均值的日变化呈 U 型分布，白天反照率 6 月＜ 9 月＜ 8 月＜ 7 月。非冻结期反照率与 SWC 呈极显著负相关关系，随着 LAI 增大，二者关系逐渐减弱，在整个生长季无明显关系；反照率与 LAI 呈显著正相关关系，与相关研究结果一致。大量研究表明，α 也受太阳高度角的影响，目前同时考虑此 3 个因子对 α 进行参数化的相关研究鲜有报道，本研究可为建立合理可行的动态 α 参数化方案奠定基础。

z_0 是影响动量、热量和气体交换等过程的重要因子，是陆面过程模型中的重要参数，准确合理的参数化方案对提高模型模拟能力将起到重要作用。针对玉米农田 z_0 的计算，是否考虑 d 或什么情况下需要考虑 d 在以往研究中并未深入分析，张雅静和申向东研究草地粗糙度时认为 d 可忽略，本研究中玉米抽雄前 d 值的不合理也说明低矮植被或冠层密度较小即动量可以直接下传至地表时，d 值是无须考虑的。文中只是简单分段计算 z_0，并未从机理角度加以分析，因此，关于这部分内容仍需深入研究。本研究中，玉米 h 增长速度以拔节期为转折点，先慢后快，在乳熟期达到最大；玉米抽雄前 z_0 随 h 不断增大，与其呈线性和指数关系，与 LAI 呈指数关系。抽雄后 d 开始出现，h 变化很小，LAI 缓慢减小，z_0 与风速呈对数关系。可见，h 和 LAI 在季节尺度、风速在日尺度对 z_0 产生影响。现有很

多模型对 z_0 一般也只赋给定值或仅与 h 建立线性关系，风速和 LAI 的作用考虑较少，其中风速与 z_0 虽然通过风速廓线方程可建立关系，但在建立参数化模型过程中确立多元关系仍以一元关系作为前提，因此，本研究将为建立基于多因子的 z_0 动态参数化方案提供参考。

9 陆面过程模型对下垫面参数动态变化的敏感性分析

BATS1e 模型物理过程参数化方案与事实存在较大差距，其中地表反照率（α）、粗糙度（z_0）和植被覆盖度（FVEG）等重要参数在同类下垫面都使用固定值，叶面积指数（LAI）仅与下层土壤温度简单相关，没有考虑随时间的动态变化。这些参数的不准确表达直接影响到地—气间各种通量的准确计算，进而影响各气象要素的模拟，如热量通量影响地表温度的变化、动量通量影响大气中风速的分布、水汽通量影响空气中的水分含量和降水。因此，利用动态连续的下垫面参数替代静态的下垫面参数可使下垫面参数更符合实际，从而可能有效地改善模拟结果。但受观测资料获取的限制，目前相关研究较少。玉米农田因其冠层高度、LAI、FVEG 等随生育期变化很大，使得 z_0 和 α 等动力与热力参数在一年中不断改变，导致辐射、水分、热量的分配和传输等一系列物理过程随之变化，进而对局地大气环流和区域气候产生影响。东北春玉米区是我国气候变暖最为剧烈的地区之一，受气候变暖不断加剧的影响，生产布局和结构发生变化。因此，针对东北地区玉米种植区开展动态下垫面参数研究不仅有助于增进对陆—气相互作用过程的理解，也可为准确预测未来气候变化提供参考。本章利用锦州玉米农田生态系统野外观测站的长期观测资料，基于 BATS1e 模型，研究陆面过程模型对动态下垫面参数的敏感性，旨在为陆面过程模型的改进和完善提供依据。

9.1 资料来源

气温、比湿、降水、风速、太阳总辐射、向下长波辐射、气压等气象要素为 BATS1e 模型的驱动变量，其中气温、比湿、降水选用气象梯度观测塔 5 m 高度资料，尽可能与模型参考高度（10 m）接近。风速和气压来自涡度相关观测。通量观测系统测得的感热通量、经 WPL 校正后的潜热通量、净入射短波辐射、Driver-2000 水分观测系统测得的表层（10 cm）土壤体积含水量以及表层（5 cm）土壤温度资料用于模拟结果验证。选取 2006 年相对连续的 6 月 1 日至 8 月 9 日玉米出苗至乳熟阶段的观测资料（个别缺观测资料利用前后时次资料进行插补）用于模型输入和验证，其中 LAI、z_0、FVEG 基本处于最小和最大之间，可以满足研究需要。同时，2008 年玉米生育期内每 3 d 的株高观测资料和 2006 年玉米出苗、三叶、七叶、拔节、抽雄、乳熟 6 个生育期的株高和 LAI 观测资料用于求取研究时段玉米株高和 LAI 的动态连续数据。

9.2 模型参数设定及试验设计

9.2.1 BATS1e 模型的参数设定

在 BATS1e 模型中，玉米农田下垫面全年设 FVEG 为 0.85，z_0 为 0.06 m。考虑 0.20 m 深土壤温度的变化反映 LAI 季节变化，具体计算如下：

$$F_{SEAS}(T_{g2}) = 1 - 0.0016 \times (298.0 - T_{g2})^2 \tag{9-1}$$

$$LAI = LAI_{min} + F_{SEAS}(T_{g2}) \times (LAI_{max} - LAI_{min}) \tag{9-2}$$

式中：$273.16 < T_{g2} < 298.00$ 为下层（20 cm）土壤温度（K）；$F_{SEAS}(T_{g2})$ 为与下层土壤温度有关的季节因子；LAI_{max} 和 LAI_{min} 为冠层最大和最小 LAI，分别为 6.0 和 0.5。

α 综合考虑土壤和植被的共同作用及其覆盖地面的比例，其中土壤 α 考虑 SWC 和太阳高度角的影响，计算如下：

$$\alpha_{soil} = \alpha_{sat} + 0.11 - 0.4 \times w_s \tag{9-3}$$

式中：α_{soil} 为裸土反照率；α_{sat} 为饱和土壤反照率，与土壤质地有关；w_s 为表层土壤体积含水量（SWC）。

植被 α 由查表获得，通过太阳高度角进行订正。玉米农田短波和长波 α 分别为 0.1 和 0.3，计算如下：

$$\alpha_{corv} = \alpha_{veg} \times CZEN \tag{9-4}$$

式中：α_{corv} 为订正后植被 α；α_{veg} 为查表得到的植被 α；$CZEN = 0.85 + 1/[1 + 10 \times \cos(ZEN)]$；ZEN 是太阳天顶角。

$$\alpha_{sv} = (1 - F_{veg}) \times \alpha_{soil} + F_{veg} \times \alpha_{corv} \tag{9-5}$$

式中：α_{sv} 为下垫面综合 α，F_{veg} 为植被覆盖度。

9.2.2 试验设计

本研究设计 5 个试验方案：

试验 1：控制试验（TEST-CTL），不改动 BATS1e 模型任何参数设置。

试验 2：动态 z_0 试验（TEST-ROUGH），利用动态 z_0 替换原模型 z_0。

试验 3：同时用动态 z_0 和 LAI 替换原模型值（TEST-LAI）。

试验 4：同时用动态 z_0、LAI 及 FVEG 替换原模型值（TEST-FVEG）。

试验 5：用动态 α 替换原模型值，其他参数不变（TEST-ALBEDO）。

利用实测数据作为强迫信息循环驱动模型，时间步长为 30 min，进行 10 次起转的独立离线数值试验，确保各种陆面参量趋于稳定，取第 11 次模拟的土壤温度、净入射短波辐射、感热通量、潜热通量和表层土壤湿度与实测值比较，分析陆面过程模型对各下垫面参数动态的敏感性。

9.2.3 BATS1e 模型原参数设置及与动态参数比较

基于获取的 z_0、LAI 和 FVEG 动态连续数据，给出它们与 BATS1e 模型设定值的比较（图 9.1）。玉米农田下垫面 z_0、FVEG 和 LAI 呈明显季节变化，z_0 为 0.026 ~ 0.258 m，LAI 为 0.00 ~ 4.06。因没有 FVEG 实测资料，设定 FVEG 为 0.00 ~ 1.00 且线性增大，虽然未必符合实际，但对研究陆面过程模拟的敏感性有一定指示意义。玉米农田下垫面 α 实测值日变化呈 U 型分布，日际变化较大，早晚呈不对称分布，7 月 10 日以前，白天值明显小于模拟值。模拟值在 08—16 时日际差异很小。可见，α 模拟值和实测值存在较大不同，对陆面过程可能将产生一定影响。

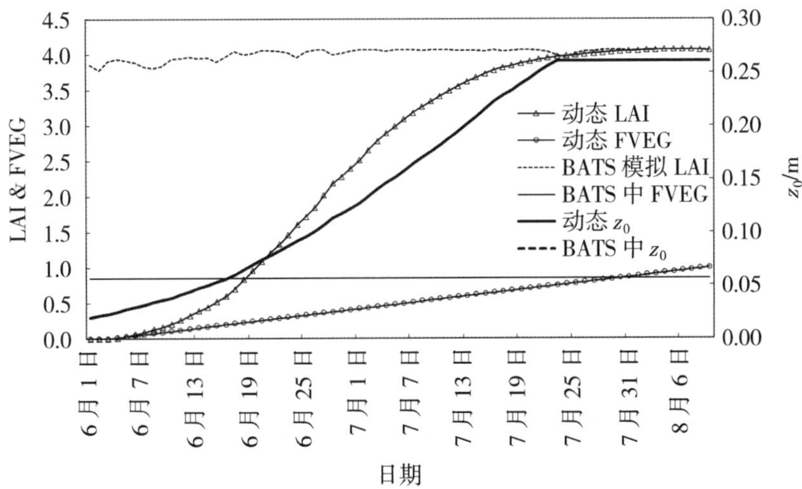

图 9.1 BATS1e 模型设定与动态连续的 z_0、LAI、FVEG

9.3 参数动态变化对模型模拟结果的影响

附图 6 分别给出 2006 年 6 月 1 日至 8 月 9 日玉米从幼苗至乳熟阶段试验 1 至试验 4 模拟和实测的表层土壤温度（T_g）、净入射短波辐射（*frs*）、感热（H_s）、潜热（λE）和表层土壤湿度（SWC）动态。

9.3.1 表层土壤温度（T_g）

T_g 实测值日变化明显（附图 6a），6 月的日较差明显高于 7 月、8 月，7 月大于 8 月。试验 1 能模拟出 T_g 的日动态，6 月 20 日之前，模拟值在白天和夜间都比实测值高估，7 月初和 8 月初昼夜都低估且夜间低估幅度较大，其他时段白天高估、夜晚低估。试验 2 在原模型基础上引入动态 z_0，T_g 模拟结果与原模型差异较小，其中 6 月初昼夜都高于原模型值，与 5 cm 深 T_g 实测值相比，高估幅度增大，其他时段白天模拟值较原模型略偏小且误差略有减小，夜间差异不大。试验 3 中 T_g 模拟值在 6 月初比试验 1、试验 2 偏高且误差略大，其他时段与试验 2 差异不大。试验 4 在 7 月 4 日以前 T_g 昼夜温差明显大于其他试验模拟值，白天误差明显偏大，夜晚更接近实测值，8 月初昼夜都比其他试验模拟值略小，误差略大，其他时段模拟误差较其他试验更接近实测值。另外，6 月初试验 2、试验 3、试验 4 的 T_g 昼夜温差都较原模型模拟值高估，分析原因认为，试验所用 T_g 验证资料为 5 cm 深度，而模型中的 T_g 为 0 ~ 10 cm 的综合状态，且不随深度变化，意味着它具有表层即 0 cm 深度处土壤温度的物理意义，而实际上 6 月初植被覆盖很小，基本上为裸土，0 cm 比 5 cm 处土壤温度日较差更大，说明试验 2、试验 3、试验 4 时段的模拟结果是依次与实际情况接近的，尤其是试验 4 昼夜温差最大，说明改进 FVEG 使模型模拟结果更符合实际。随着 FVEG 的增大，T_g 昼夜温差逐渐减小，5 cm 深处土壤温度基本可以代表 T_g。而到了 8 月初，试验 4 中的 FVEG 开始逐渐大于原模型中的 0.85，使得地表接受太阳辐射小于原模型，因此此时试验 4 中 T_g 小于其他试验的模拟值，与实测值误差增大，意味着玉米农田 FVEG 不会超过 0.85。总体来看，动态 z_0、LAI 和 FVEG 对 T_g 模拟有一定改进作用，其中 FVEG 作用更为明显。

9.3.2 净入射短波辐射（*frs*）

试验 1 至试验 4 所模拟的 *frs*（附图 6b）与实测值的日变化及日际变化都比较一致，但都不同程度低估，6 月误差大于 7 月、8 月。试验 1 至试验 3 之间差异很小，而试验 4 与其他明显不同，充分反映出式（9–5）中 FVEG 与 α 的直接关系，尤其是 6 月上旬，由于动态 FVEG 与模型设定值差异很大，更为真实的 FVEG 使模拟结果明显改善。从 7 月 8 日开始，随着动态 FVEG 与模型值逐渐接近，各试验结果趋于一致，且误差减小。

9.3.3 感热通量（H_s）

附图 6c 中，模型基本可以模拟出 H_s 的日动态变化，但试验 1 至试验 4 都表现出在白天高估而在夜晚低估的情况。在 6 月 15 日之前，玉米农田从裸土向有植被覆盖转变阶段，z_0 的动态赋值对 H_s 模拟有一定改进作用，模拟误差较原模型略有减小。7 月 16 日之前，LAI 的动态变化使 H_s 模拟误差较试验 2 进一步减小，但误差减小的幅度逐渐缩小，16 日之后与原模型差异不大。分析原因认为，前一时段 LAI 正处于快速增大阶段，与原模型值差异较大，而后一时段 LAI 变化平缓且与原模型值差异较小，随着 LAI 与原模型值逐渐接近，其动态变化对原模型改进作用也逐渐减小。试验 4 中，z_0、LAI、FVEG 的同时动态赋值，使 7 月底之前模拟误差进一步减小，随着 LAI 和 FVEG 的增大并逐渐接近模型值，误差减小幅度逐渐减小，到 8 月与原模型值几乎无差异。

9.3.4 土壤湿度（SWC）和潜热通量（λE）

由附图 6d 和附图 6e 可见，模型对 λE 的模拟直接受 SWC 影响，而后者与降水关系密切。从与 10 cm 处 SWC 实测值比较情况看，试验 1 至试验 4 对 SWC 模拟都较差，当出现降水日时，SWC 模拟值出现峰值，在雨日后快速减小，而 10 cm 处实测值的情况是雨日后 SWC 虽有下降但降幅不大。分析原因认为，SWC 模拟值为 0 ~ 10 cm 这一层综合的状态，这与 10 cm 处 SWC 实测值物理意义存在差异。当植被覆盖较少时 SWC 变化较剧烈，进而导致其无降水日快速下降。从模拟结果分时段看，7 月 4 日以前，试验 3、试验 4 明显较试验 1、试验 2 更接近 10 cm 处实测值，之后各试验 SWC 差异较小。分析原因认为，这一阶段试验 1、试验 2 中的 LAI 和 FVEG 都很大，使得相同的土壤水分补给在植被冠层作用下水分散失量较多，因而 SWC 较小。试验 3 和试验 4 相比，由于 FVEG 的动态赋值导致后者更接近实测值。7 月 4 日以后由于试验 3 和试验 4 中 LAI 和 FVEG 与原模型值不断接近，使得 SWC 模拟值与试验 1、试验 2 差异很小。从整个时段看，试验 1、试验 2 中 SWC 模拟的差异很小，说明 z_0 的动态变化对 SWC 模拟影响较小。总之，SWC 的变化并非简单的过程，是多种因素共同作用的结果，模型对 SWC 的处理不够准确，周文艳等把土壤分为 10 层，使模型有所改进，说明模型中土壤分层需要完善。

由于 SWC 的明显低估，使得 λE 也随之显著低估，这便是 7 月 4 日之前 λE 误差较大的原因。试验 1、试验 2 在 6 月上旬由于降水的作用出现了两个 λE 高值时段，这是由于模型中 LAI 和 FVEG 的较大设置导致冠层蒸发较大所产生的虚假真实，此时试验 3 中 FVEG 与原模型相同，但 LAI 较小，而试验 4 的 FVEG 和 LAI 都很小，导致试验 3 模拟值大于试验 4。在 7 月由于降水频繁且植被处于生长旺季，SWC 的模拟值更接近实测值，使得土壤蒸发和冠层蒸腾都较大，进而导致各试验 λE 模拟值明显大于 6 月且更接近于实测值，随着各试验中 FVEG 和 LAI 逐渐接近原模型值，λE 模拟值趋于一致。

9.3.5 动态 α 对模拟结果的影响

由于式（9–5）中玉米农田下垫面综合 α 计算涉及 FVEG，而本研究没有获得其实测资料，为解决这一问题，考虑到 *frs* 与总辐射有 *frs*=solar*α 的关系，因此直接把动态 *frs* 值代入模型起到对 α 动态赋值的作用。当然，由于模型中计算植被吸收太阳辐射也涉及 α，如此赋值必然对模拟结果有一定影响，但本研究旨在分析动态 α 对陆面过程模拟的敏感性，认为此试验设计可以反映出一定问题。就 T_g 而言（图 9.2a），受 α 动态赋值影响较小，7 月 4 日以前的白天模拟值有微弱升高，其他时段无明显变化。H_s（图 9.3b）在 7 月 4 日以前白天值明显增大，以后仅有微弱增大。λE（图 9.2c）在非降水日几乎无变化，在

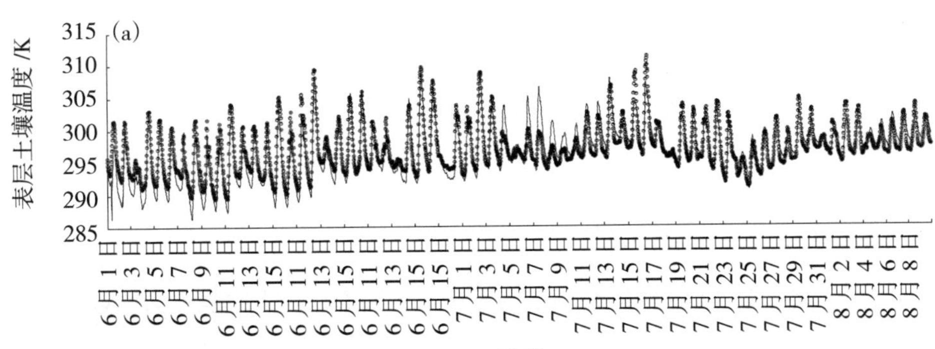

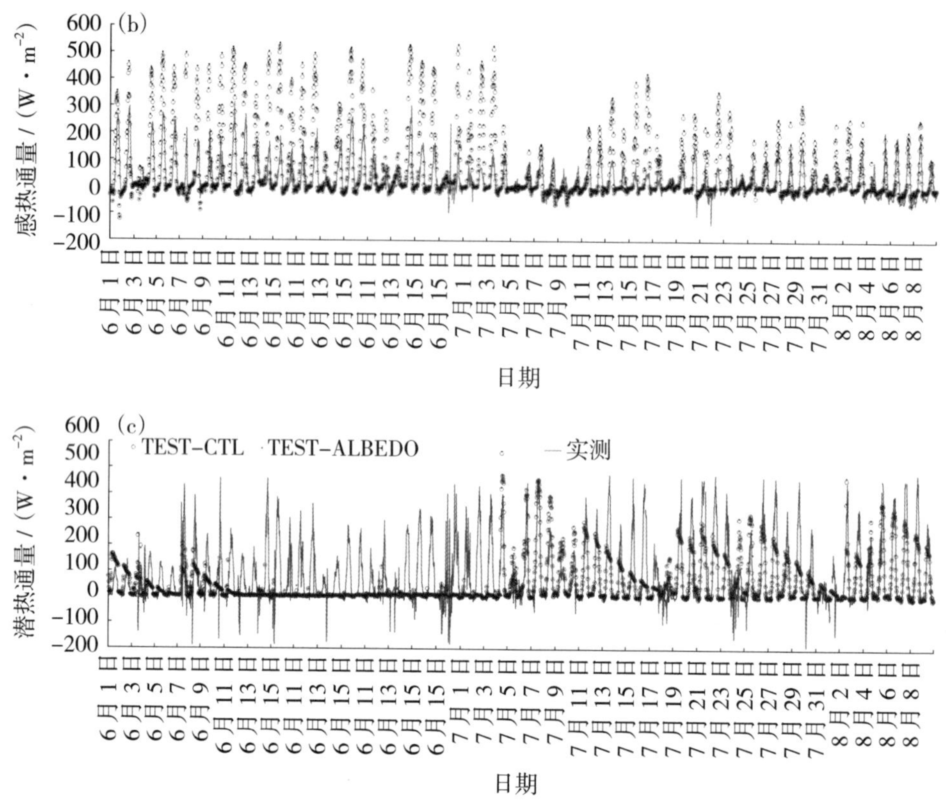

图 9.2　试验 1 和试验 5 模拟及实测 T_g (a)、H_s (b) 和 λE (c) 动态

降水日白天的大部时段有所增大，但个别正午时段略有减小，可能是由于因实测 α 减小所增多的辐射能以 H_s 形式散失较多所导致。总的来看，α 的动态真实赋值直接影响与能量平衡相关的各变量，其中 H_s 反应最为敏感。

9.4　本章小结

9.4.1　BATS1e 模型

该模型基本可以模拟出 T_g、frs、H_s 及 SWC 的日动态及日际变化，但对 λE 尤其是非降水日模拟能力较差。当 LAI、FVEG 的实际值较小时，各变量模拟误差较大，随着模型设定值与实际值逐渐接近，模拟误差不断减小，说明更真实的参数设置对提高模拟精度非常必要。

9.4.2　z_0 动态变化的影响

z_0 的动态变化对 T_g 和 H_s 模拟有一定改进作用，其中在白天表现更为明显；影响时段主要发生在玉米农田从裸土向有植被覆盖转变这一阶段。玉米农田下垫面被玉米植株覆盖以后，z_0 的变化幅度仅约为 0.2 m，此变化对单个站点陆面过程的模拟影响十分有限。

9.4.3 LAI 动态变化的影响

LAI 的动态变化对改善 T_g、H_s、λE 和 SWC 的模拟有很大作用，当 LAI 较小时，λE 和 H_s 对 LAI 动态变化有较大的敏感性。

9.4.4 FVEG 动态变化的影响

FVEG 对各变量模拟都起到重要作用，更为真实的赋值使 T_g、frs、H_s 和 SWC 的模拟明显改善。其中 FVEG 较小时，其动态变化对提高以上各变量模拟精度作用明显，随着 FVEG 与模型值逐渐接近，模拟结果与原模型差异逐渐减小。

9.4.5 α 动态变化的影响

α 的动态赋值可不同程度影响 T_g、H_s 和 λE 的模拟，其中 H_s 对其变化敏感性最大。

综上所述，BATS1e 模型对 z_0、LAI、FVEG 和 α 等参数的动态赋值都在不同程度上表现出敏感性，尤其在玉米营养生长期 LAI 和 FVEG 变化迅速阶段。随着下垫面性质的稳定，各参数变化幅度减小，对陆面过程模拟的影响逐渐减小。同时，这些参数之间存在较为直接的联系，而原模型对各参数仅独立考虑，并未进行关联处理，导致单个参数的改进虽然在一定程度上可以提高某些变量的模拟精度，但并不一定改善所有变量的模拟，甚至会使一些变量模拟精度下降。因此，建立下垫面参数之间相互联系的动态参数化方案十分必要。目前，数值模式空间尺度较大且实际观测资料相对缺乏，为了不断改进陆面过程模型下垫面参数化方案，使其与实际情况更加接近，一方面要不断加强陆面过程观测，尽可能多收集并筛选有效资料用于建立参数的统计模型方案并加以验证，另一方面要加强陆面过程机理研究，深入研究各参数在陆面过程中起到的作用及敏感程度，了解它们之间的内在联系，进而不断改进参数化方案。

10 玉米农田地表反照率动态参数化方案研究

α偏差可以引起地气热量交换和地表温度的计算偏差，并通过水热耦合效应影响土壤、植被蒸散的计算，从而影响气候或陆面过程的模拟结果。现有一些陆面过程模型的α参数化方案对地表辐射平衡和热平衡的估算并不理想，是引起气候模拟精度较差的原因之一。因此，更真实地估算α，并在陆面过程模型及与之相耦合的天气和气候模式中准确地描述下垫面的α是提高现有模式模拟水平亟待解决的关键问题之一。BATS1e 模型中植被α是通过查表得到常数，其他陆面过程模型中关于植被α所用方案与 BATS 基本类似，如 SSiB、LSM 和 CLM 等。上述陆面过程模型对植被反照率的表达与实际情况存在较大差异，因此，有必要通过实现植被α的动态参数化来对模型加以改进，使其更接近实际，进而提高模型模拟精度。

α一般由地表土壤颜色、粗糙度长度、植被覆盖、土壤湿度、太阳高度角（h_θ）和天气状况等决定。裸土α影响因子较少，即h_θ和 SWC。相对于裸土而言，植被下垫面α影响因子较多且机制复杂，关于其参数化的研究较少，阳伏林等和张果等对内蒙古荒漠草原α动态和影响因子研究认为，荒漠草原α与h_θ、SWC 和叶面积指数（LAI）有关，SWC 的增加可使α迅速减小，而随 LAI 增大，下垫面粗糙度增大，反射能力下降。玉米农田在一年中下垫面性质变化较大，播种前至出苗阶段为裸土，从出苗开始有植被覆盖，收获以后再变为裸土，生长季内冠层高度、LAI、植被覆盖度等随生育期变化很大，使得下垫面的粗糙度和α等参数在一年中不断改变，导致辐射、水分、热量的分配和传输等一系列物理过程随之变化，进而对局地大气环流和区域气候产生影响。因此，在陆面过程研究中具有显著的代表性。目前，玉米农田α参数化方案研究较少，其中 Song、Philip 等考虑两层冠层利用半经验模型对玉米农田α进行模拟，但玉米生长初期植株密度很小，下垫面并未完全被覆盖，因此整个生长季都考虑两层冠层并不完全合理。针对东北玉米种植区开展动态反照率参数化方案研究有助于增进对陆—气相互作用过程的理解。

本章利用 2006—2008 年锦州玉米农田生态系统野外观测站的定位观测资料，同时考虑影响反照率的物理因子太阳高度和表层土壤湿度以及生物因子 LAI 对裸土和有植被覆盖情况下地表反照率进行研究，旨在实现反照率的动态参数化，为陆面过程模型的改进和完善提供参考。

10.1 资料来源

由于积雪和冻土导致α变异性很大，本研究只考虑非冻结期（2006 年 3 月 10 日至 11 月 28 日）α参数化模型建立，其中玉米生长季（出苗—收割）从 5 月 18 日至 9 月 26 日，非冻结期中生长季以外时段为非生长季。选择晴天或云量较少天气净辐射传感器测定的向上短波辐射和向下短波辐射之比求得 α，其中剔除反射辐射小于 20 W·m^{-2} 和总辐射小于 50 W·m^{-2} 的资料。10 cm SWC 由 Driver-2000 水分观测系统测得，上述资料均为通过质量控制后的 30 min 平均值。h_θ 由 $\sin h_\theta = \sin\varphi \cos\delta + \cos\varphi \cos\delta \cos\omega$ 求得，其中 φ、δ、ω 分别为地理纬度、太阳赤纬和时角。

采用 LAI 2000 对 2006—2008 年锦州玉米出苗、三叶、七叶、拔节、抽雄、乳熟 6 个生育阶段的 LAI 进行观测，利用冠层分析仪对 2008 年上述 6 个生育阶段的 FVEG 进行观测。利用王玲等基于禹城、沈阳试验测得的不同年份不同密度玉米 LAI 动态资料，采用相对积温方法所建立的 LAI 模拟模型，对锦州 2006 年和 2007 年玉米 LAI 进行模拟，然后利用实测资料对模拟结果订正后得到动态 LAI 数据（图 10.1）。利用 2008 年 LAI 和 FVEG 的实测资料建立关系获取 FVEG 的动态连续资料。

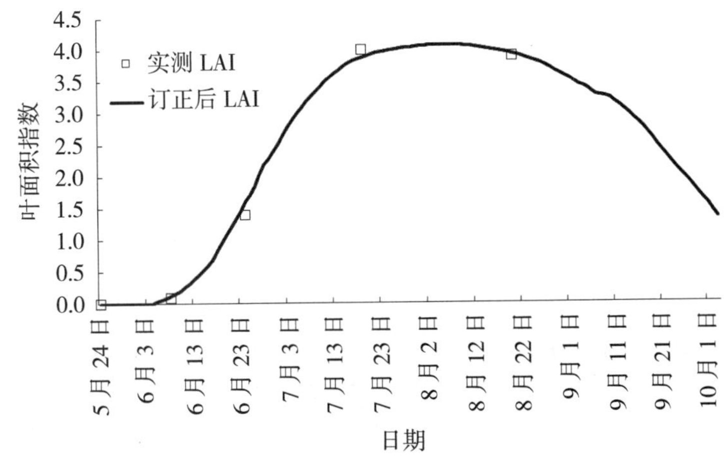

图 10.1　2006 年锦州玉米 LAI 动态模拟

10.2　α 与其影响因子的关系

10.2.1　α 与 h_θ 的关系

大量研究证明，α 受 h_θ 的直接影响，一般认为二者呈指数关系。为了解玉米农田下垫面的 α 与 h_θ 关系，选择 2006 年非生长季 SWC 变化较小时的资料进行分析。从该时期 SWC 出现频率分布看（图 10.2），SWC 在 20.0% ~ 32.0% 变化，主要集中在 26.1% ~ 29.9%，出现频次最高值为 28.1% ~ 28.9%。为确保所判断 α 与 h_θ 的关系的代表性和统计稳定性，选择多组数据分析。表 10.1 给出 SWC 取不同范围时 α 与 h_θ 的对数、指数和乘幂关系。整体而言，二者之间 3 种关系由好到差依次为对数、乘幂、指数关系，其中对数关系明显好于指数关系。SWC 大于 28.0% 的 3 种取值方案 3、方案 6、方案 7 的 R^2 明显大于方案 4 和方案 5，其中方案 3 取值范围大于后两者，说明 SWC 大于 28.0%

时，其变化对 α 与 h_θ 关系的影响较小。随着 SWC 取值范围逐渐缩小，R^2 呈增大趋势，28.0% ≤ SWC ≤ 29.0% 时（图 10.3）R^2 达到最大。

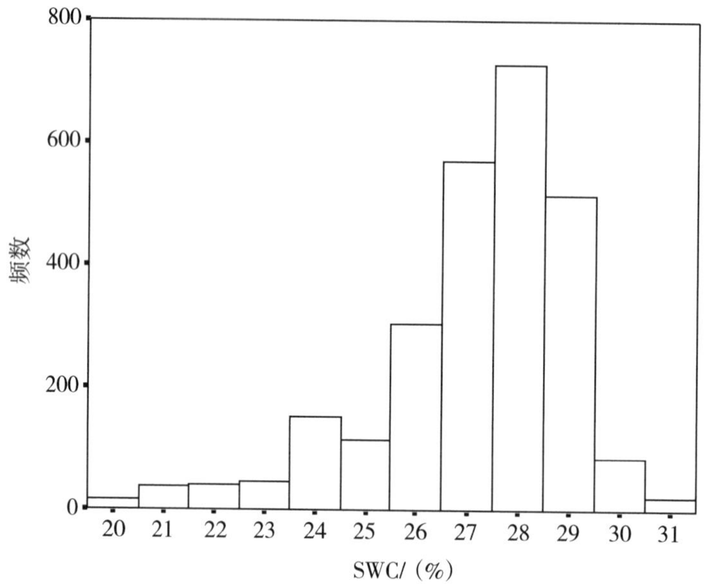

图 10.2　2006 年锦州玉米非生长季 SWC 频率分布

表 10.1　SWC 不同取值时 α 与 h_θ 的对数、指数和乘幂关系

方案	SWC 取值	样本数	对数关系	R^2	指数关系	R^2	乘幂关系	R^2
1	SWC ≥ 24%	2489	$\alpha(h_\theta)=-0.0541\ln(h_\theta)+0.3915$	0.5003	$\alpha=0.2816e^{-0.0091h\theta}$	0.3626	$\alpha=0.3901h_\theta^{-0.1914}$	0.4814
2	SWC ≥ 26%	2232	$\alpha(h_\theta)=-0.0537\ln(h_\theta)+0.3904$	0.4831	$\alpha=0.2795e^{-0.0088h\theta}$	0.3504	$\alpha=0.3883h_\theta^{-0.1902}$	0.4645
3	SWC ≥ 28%	1207	$\alpha(h_\theta)=-0.0503\ln(h_\theta)+0.3803$	0.5864	$\alpha=0.2833e^{-0.0089h\theta}$	0.5233	$\alpha=0.3911h_\theta^{-0.1880}$	0.6283
4	27% ≤ SWC ≤ 30%	1748	$\alpha(h_\theta)=-0.0525\ln(h_\theta)+0.3866$	0.5354	$\alpha=0.2786e^{-0.0085h\theta}$	0.3831	$\alpha=0.3821h_\theta^{-0.1850}$	0.5178
5	27% ≤ SWC ≤ 29%	1382	$\alpha(h_\theta)=-0.0532\ln(h_\theta)+0.3883$	0.5273	$\alpha=0.2773e^{-0.0084h\theta}$	0.3588	$\alpha=0.3807h_\theta^{-0.1852}$	0.4993
6	28% ≤ SWC ≤ 30%	1144	$\alpha(h_\theta)=-0.0499\ln(h_\theta)+0.3783$	0.5898	$\alpha=0.2765e^{-0.0081h\theta}$	0.4160	$\alpha=0.3745h_\theta^{-0.1784}$	0.5578
7	28% ≤ SWC ≤ 29%	778	$\alpha(h_\theta)=-0.0500\ln(h_\theta)+0.3779$	0.5908	$\alpha=0.2736e^{-0.0078h\theta}$	0.3799	$\alpha=0.3691h_\theta^{-0.1760}$	0.5348

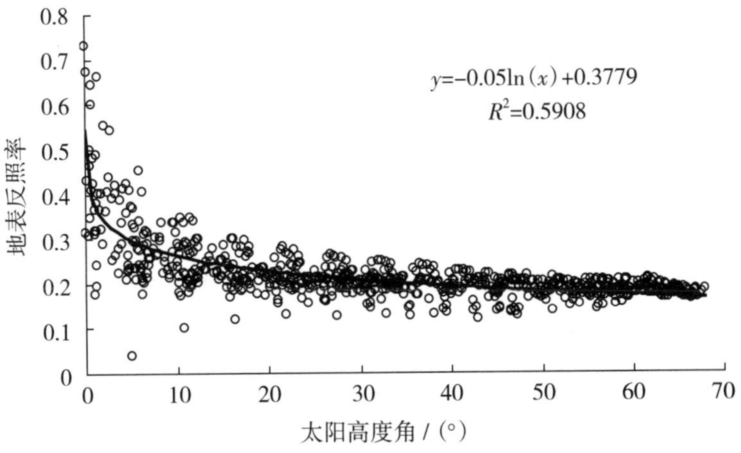

图 10.3 28% ≤ SWC ≤ 29% 时 α 与 h_θ 的关系

10.2.2 α 与 SWC 的关系

为反映 α 与 SWC 的关系，首先考虑去除 h_θ 的影响。当 h_θ 大于 40°时，h_θ 变化对 α 的影响逐渐减小，可近似为无影响（图 10.3）。因此，选择 h_θ 在此范围时共 463 个样本拟合 α 与 SWC 的关系（图 10.4）。研究表明，α 与 SWC 呈线性和指数关系。由图 10.4 可得式（10–1）和式（10–2），α 与 SWC 的对数关系略好于线性关系，可见不同下垫面所得到的结果并不完全相同。由于两种关系差异并不明显，因此在下面的研究中同时考虑。

$$\alpha(\mathrm{SWC}) = -1.766\ln(\mathrm{SWC}) + 1.4735,\ R^2 = 0.3145 \tag{10–1}$$

$$\alpha(\mathrm{SWC}) = -1.36\mathrm{SWC} + 0.5759,\ R^2 = 0.3115 \tag{10–2}$$

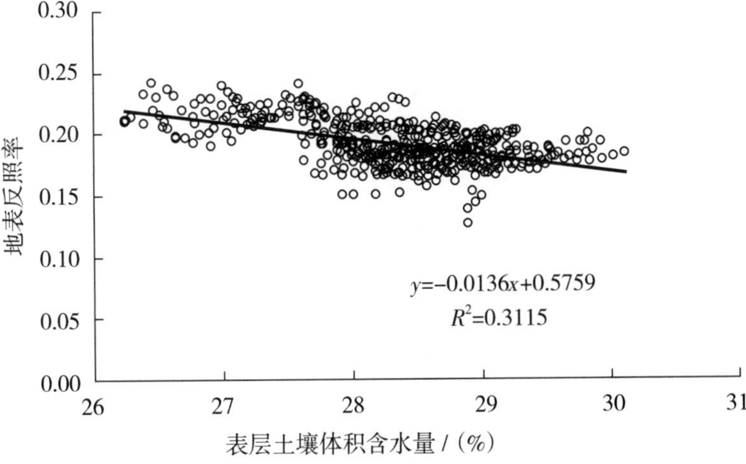

图 10.4 h_θ 大于 40°时 α 与 SWC 的关系

10.2.3 α 与 LAI 的关系

利用生长季内 α 和模拟得到的 LAI 分析二者间关系。为使获得的关系更显著且符合实际，需去除 SWC 和 h_θ 的影响，考虑到一天中 LAI 变化很小，可近似为不变。因此，选取正午资料用于建立关系，此时 h_θ 的范围为 47° ~ 72°，对 α 影响很小。同时，由于玉米刚出苗时 LAI 很小，下垫面以裸土为主，SWC 的影响无法完全去除，而生长季内大部分时段 SWC 都大于 28%。通过前面分析及相关研究结果可知，这时的 SWC 对 α 影响很小，因此剔除 SWC 小于 28% 的数据。通过数据筛选，最终选取 103 个样本建立 α 与 LAI 的关系（图 10.5）。

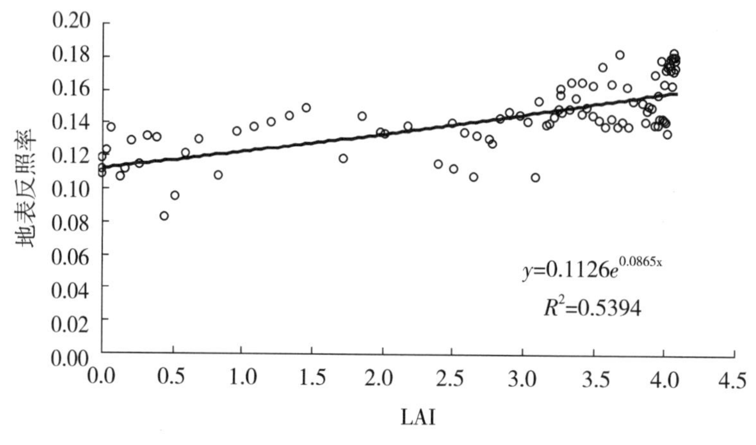

图 10.5　α 与 LAI 的关系

由图 10.5 可得到式（10–3）和式（10–4），α 随 LAI 的增大而增大，呈极显著正相关关系。

$$\alpha = 0.1126e^{0.0865\mathrm{LAI}},\ R^2 = 0.5394,\ P = 0.001 \tag{10–3}$$

$$\alpha = 0.012\mathrm{LAI} + 0.1117,\ R^2 = 0.5328,\ P = 0.001 \tag{10–4}$$

这一结果与草原截然相反，但与 Jacobs 和 van Pul、Cuf 等和 Philip & Nick 研究结果一致。通常认为，随着 LAI 增大，冠层密度不断增加，冠层顶相对平滑，同时玉米叶片表层光滑有蜡质层，反射能力较强，进而导致 α 的增大。进入成熟阶段，叶片逐渐枯黄脱落，LAI 减小，下垫面粗糙程度增大，使 α 随之减小。

10.3 非生长季 α 参数化

在非生长季玉米农田 α 主要受 h_θ 和 SWC 影响，考虑二者对 α 的共同作用，利用 2006 年非生长季 2629 个样本数据建立回归方程。由于 α 与 h_θ 呈对数关系，则先对 h_θ 进行对数变换得到 ln（h_θ），α 与 SWC 分别呈线性和对数关系，同样把 SWC 对数变换成 ln（SWC），这样可建立以 α 为因变量，ln（h_θ）与 ln（SWC）或 SWC 为自变量的多元线性回归方程（曲线线性化处理），分别得到裸土 α（α_{soil}）参数化模型：

模型 1：$\alpha_{soil}=0.535-0.1976\times\ln(\mathrm{SWC})-0.0546\times\ln(h_\theta)$　　R^2=0.5148，P=0.001

模型 2：$\alpha_{soil}=0.435-0.152\times\mathrm{SWC}-0.0546\times\ln(h_\theta)$　　R^2=0.5145，P=0.001

张果等针对荒漠草原给出 $\alpha=b+c\times e^{d\times\mathrm{SWC}}+e\times e^{f\times h_\theta}$ 和 $\alpha=b+c\times\mathrm{SWC}+d\times e^{e\times h_\theta}$ 形式模型，利用本研究中非生长季资料对其进行非线性回归拟合得到如下模型：

模型 3：$\alpha_{soil}=0.1925+185\times e^{-3882.12\times\mathrm{SWC}}+0.2442\times e^{-0.1226\times h_\theta}$　　R^2=0.5225，P=0.001

模型 4：$\alpha_{soil}=0.2671-0.27\times\mathrm{SWC}+0.2459\times e^{-0.1264\times h_\theta}$　　R^2=0.5277，P=0.001

把 2007 年相应要素资料分别代入模型 1 至模型 4 模拟非生长季 α 动态变化（图 10.6），并与实测值比较发现，模型 2 拟合结果略好于模型 1，模型 4 明显好于模型 3，其中模型 3 在形式上存在明显缺陷，因为在等式右侧后面两项之和最小值大于 0，造成 α 的模拟值一定大于 0.1925，这与实际不符。模型 2 和模型 4 的共性是 SWC 与 α 为线性关系，再一次证明了张强等和 BATS 模式的结论，说明在诸多关系中二者呈线性关系更为合理。同时，由于模型 2 和模型 4 是在不同下垫面得到，有必要做更进一步比较。由图 10.7 可见，模型 2 和模型 4 在大部时段白天对 α 高估，在早晨和傍晚不同程度低估。为了更真实反映两模型在一天中不同时段模拟精度的差异，这里引入平均相对误差（MRE）作为判断标准，表达式为：

$$\mathrm{MRE}=\frac{1}{n}\sum_{i=1}^{n}\left|(m_i-o_i)/o_i\right|$$

式中：o_i 为实测值；m_i 为模拟值。划分 09—16 时为白天时段，09 时前和 16 时以后为晨昏时段。表 10.2 给出各模型在不同时段 MRE 比较情况。

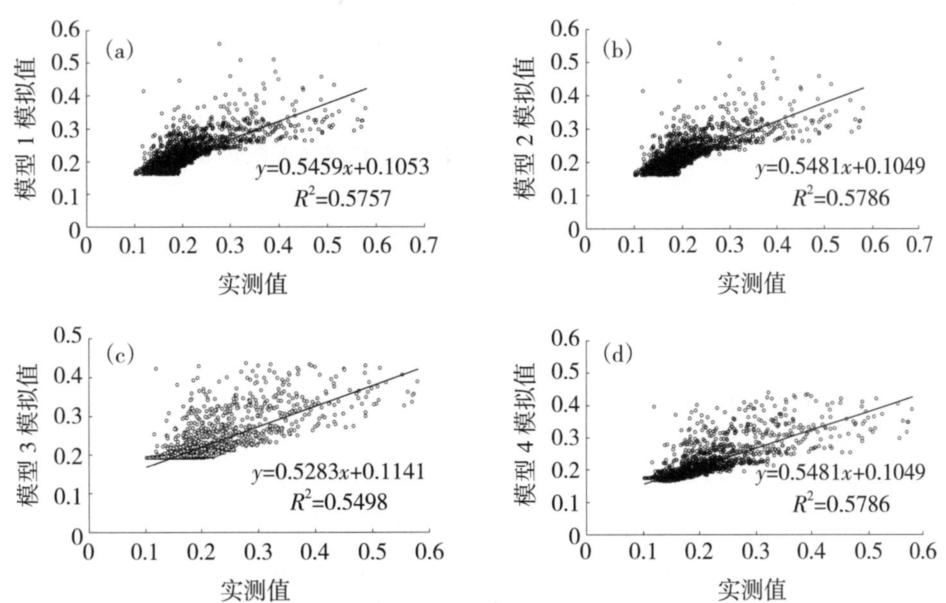

图 10.6　非生长季模型 1～4 的反照率模拟值与实测值的比较

表 10.2　各模型不同时段 MRE 比较

时段	模型 2	模型 4	模型 5	综合模型
全天	0.1580	0.1507	0.1577	0.1073
白天	0.1247	0.1264	0.1676	0.0914
晨昏	0.2156	0.1926	0.1464	0.1253

在全天和晨昏时段模型 2 较模型 4 的 MRE 偏大，但在白天小于后者，由于早晨和傍晚总辐射很小，α 的差异对辐射计算影响不大，白天模拟精度的提高对辐射计算更有意义，因此，相比之下模型 2 略好一些。就白天而言，4 月 20 日之前两者模拟误差都较大，原因是初春土壤刚刚化通，表层湿度变化复杂，导致与 α 关系的统计意义下降。在 4 月 21 日至 5 月 9 日，模型 2 较模型 4 明显更接近实测值，在 10 月 10 日以后二者差异很小，且更接近实测值（图 10.7）。

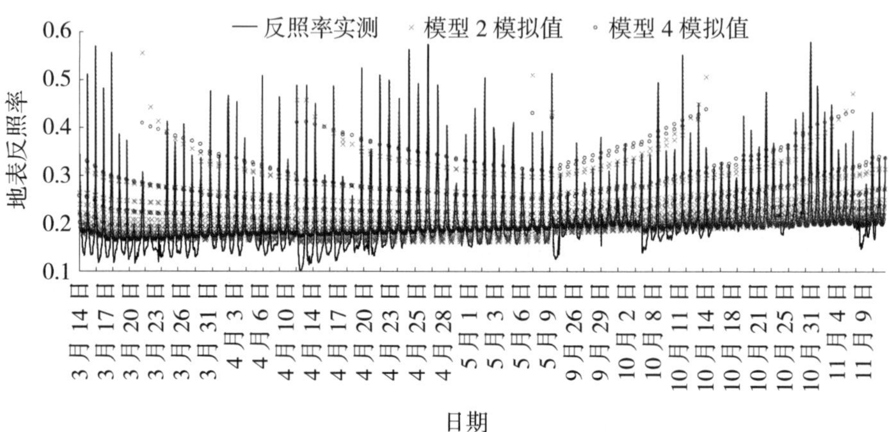

图 10.7　模型 2 和模型 4 模拟值与实测地表反照率的比较

10.4　生长季 α 参数化

10.4.1　统计回归模型

生长季内 α 除需考虑 h_θ 和 SWC 外，还要引入 LAI 的贡献。由此，分别把 α 与 SWC、h_θ 及 LAI 的曲线关系线性化处理后进行多元线性回归，得到以下模型：

模型 5：$\alpha = 0.342 - 0.0444\times\ln(h_\theta) + 0.0007447\times e^{\mathrm{LAI}} - 0.134\times\mathrm{SWC}$　　R^2=0.4624，P=0.001

模型 6：$\alpha = 0.299 - 0.0444\times\ln(h_\theta) + 0.009514\times\mathrm{LAI} - 0.00484\times\ln(\mathrm{SWC})$　　R^2=0.4422，P=0.001

模型 7：$\alpha = 0.432 - 0.0444\times\ln(h_\theta) + 0.0007427\times e^{\mathrm{LAI}} - 0.1764\times\ln(\mathrm{SWC})$　　R^2=0.4610，P=0.001

模型 8：$\alpha = 0.299 - 0.0443\times\ln(h_\theta) + 0.009249\times\mathrm{LAI} - 0.00971\times\mathrm{SWC}$　　R^2=0.4489，P=0.001

图 10.8 为利用 2007 年观测资料代入模型 5 至模型 8 所得 α 模拟值与实测值的比较。从模型建立及模拟值与实测值比较的 R^2 来看，模型 5 和模型 7 分别明显优于模型 6 和模型 8，且模型 5 略优于模型 7，说明 α 与 LAI 呈指数关系、与 SWC 呈线性关系更为合理。

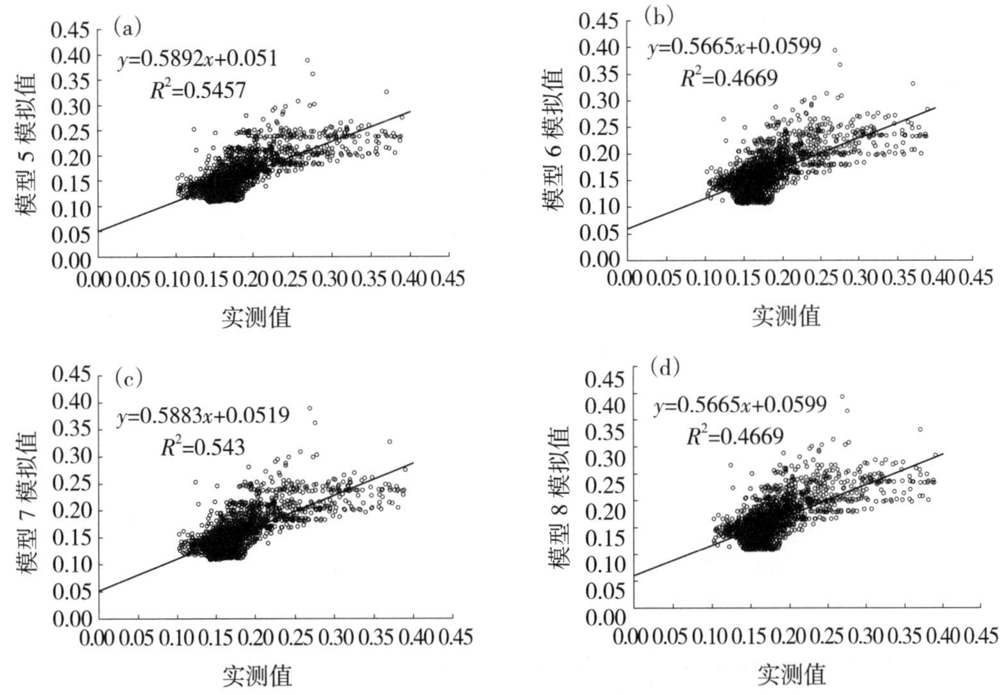

图 10.8 模型 5 至模型 8 反照率模拟值与实测值的比较

对生长季 α 模拟值与实测值比较表明（图 10.9），模型 5 基本可以模拟出 α 的日动态特征，但大部分时段误差较大，对 α 明显低估，尤其是 6 月 28 日之前，玉米处于营养生长阶段，LAI 和 FVEG 变化幅度都较大，使下垫面性质变化复杂，导致模型模拟能力较差，而 8 月 1 日以后模拟精度较高，可能是此时玉米处于乳熟阶段，下垫面性质比较稳定所

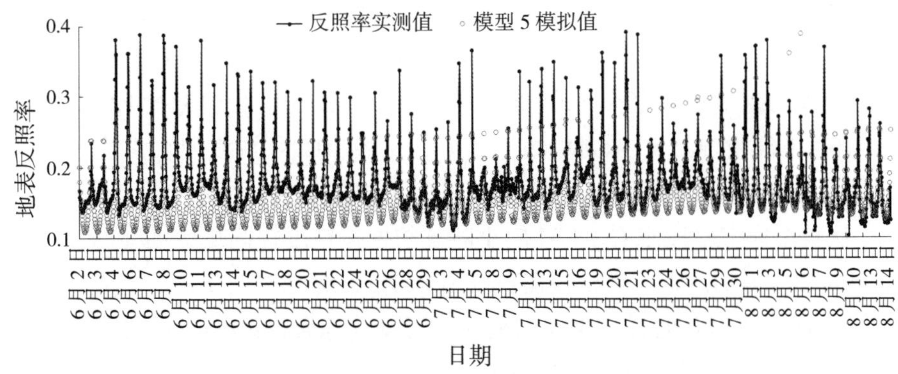

图 10.9 模型 5 得到的 α 模拟值与实测值的比较

致。同时，本研究中所用资料只有一年（2006 年），所建立的统计模型统计意义不强，普适性较差，也会导致模拟精度较低。总的来看，采用三要素非线性回归拟合方法对玉米生育期 α 动态变化模拟精度较差，效果并不理想。

10.4.2 综合模型

BATS1e 模型中植被覆盖下垫面的 α 计算公式为：

$$\alpha_{sv} = (1 - F_{veg}) \times \alpha_{soil} + F_{veg} \times \alpha_{veg} \tag{10-5}$$

式中：α_{sv} 为下垫面综合 α；F_{veg} 为植被覆盖度；α_{soil} 为裸土 α；α_{veg} 为植被覆盖度为 1 时纯植被 α。α_{soil} 可由模型 2 计算获得，α_{veg} 的计算在理论上应该选择植被覆盖度为 1 时的资料，但受资料限制，选取 LAI ≥ 2.00 时的资料建立 α 参数化模型，认为此时植被冠层对 α 起主导作用，而地表对 α 的影响可忽略，即 α 主要由 LAI 和 h_θ 影响，对二者进行权重分析，利用 α 与 h_θ 的对数关系及式（10–3），可得到式（10–6）：

$$\alpha_{veg} = a + b \times \ln(h_\theta) + c \times e^{d \times LAI} \tag{10-6}$$

式中：a、b、c、d 为经验系数。利用 2006 年生长季 2162 个样本对式（10–6）进行非线性回归拟合得到以下模型：

模型 9：$\alpha_{veg} = 0.2757 - 0.0428 \times \ln(h_\theta) + 0.0045 \times e^{0.646 \times LAI}$　　R^2=0.4783，P=0.001

该模型可近似认为是纯植被 α 参数化模型。

FVEG 可根据与 LAI 的关系求得。李根柱等认为，LAI 和林冠开阔度（CO）呈 $CO = Ae^{B \times LAI}$ 的指数关系，而林冠开阔度 =1– 林冠郁闭度，陈厦等认为，林冠郁闭度与生态学中的植被覆盖度相似，因此可推导出 $F_{veg} = 1 - Ae^{B \times LAI}$，利用 2008 年 6 个时次 LAI 与 FVEG 实测资料对其进行回归拟合得 $F_{veg} = 1 - 1.02e^{-0.5147 \times LAI}$，$R^2$=0.8444，由于相关系数较小，拟合结果并不理想。进一步分析发现，当玉米在拔节之前（LAI < 0.82），LAI 与 F_{veg} 呈指数关系，进入拔节期以后，二者呈对数关系（图 10.10），且都达到显著水平（$P < 0.01$），说明在整个生长季用不同函数反映二者关系更为合理。

$$F_{veg} = 0.1077 \times \ln(LAI) + 0.3575,\ R^2=0.9979,\ (LAI \leq 0.82) \tag{10-7}$$

$$F_{veg} = 0.2415 \times e^{(0.3565 \times LAI)},\ R^2=0.9839,\ (LAI > 0.82) \tag{10-8}$$

分别把模型 2、模型 9 和式（10–7）、式（10–8）代入式（10–5），得到同时考虑统计回归和下垫面物理性质的 α 综合参数化模型（简称综合模型）。把 2007 年模拟的 LAI 动态资料代入式（10–7）、式（10–8）可求得 FVEG 的动态连续数据，该数据和其他实测资料代入综合模型得到下垫面综合 α 的动态数据。图 10.11 为综合模型模拟值与实测值的相关关系，与图 10.8a 相比，R^2 明显增大。另外，从表 10.2 还可看出，无论是全天、晨昏还是白天时段，综合模型的模拟误差都小于模型 5，进一步说明综合模型模拟精度明显高于模型 5。从整个模拟时段来看，LAI 较小时 α 的模拟精度提高更为明显（图 10.12），其他时段也不同程度得到改善。当植被覆盖度为 0 或 1，综合模型变为裸土或纯植被 α 参数化模型，能分别反映出 α 的日、季动态变化。可见，综合模型对玉米农田不同时期（生长季和非生长季）α 的动态变化都有较好的模拟。

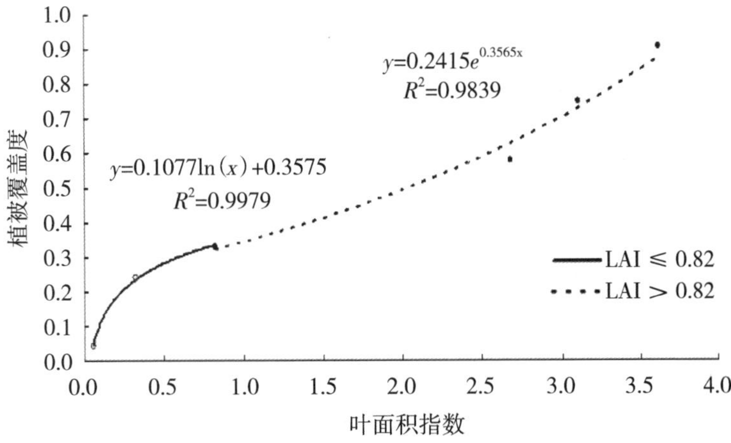

图 10.10　LAI 与 FVEG 关系

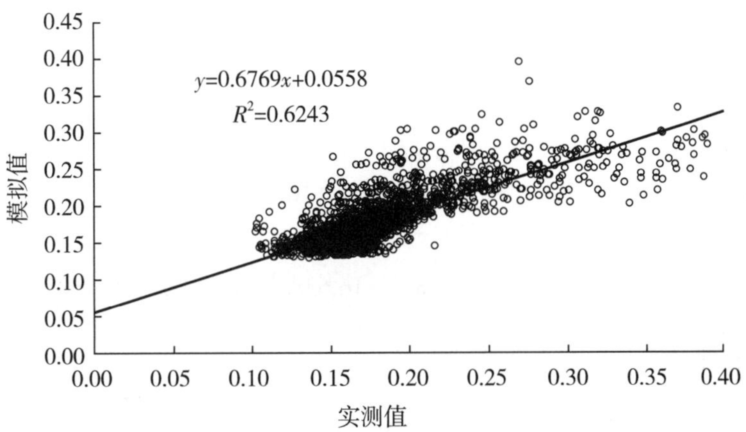

图 10.11　α 模拟值与实测值关系

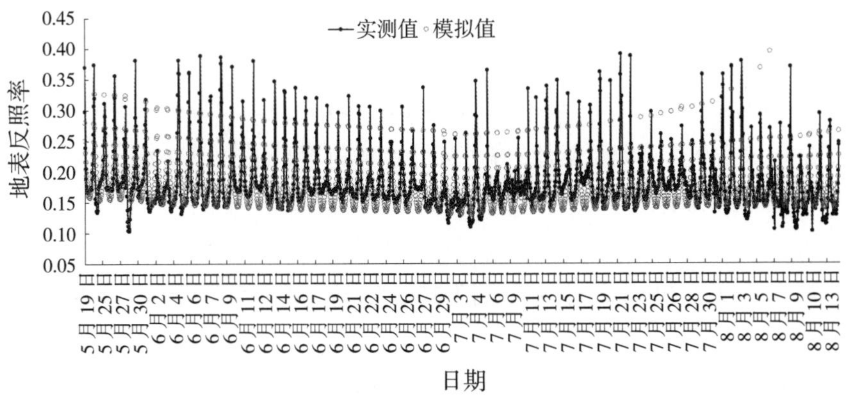

图 10.12　综合模型模拟的 α 与实测值对比

10.5 不同模型比较

10.5.1 双层模型

Song 认为，植被冠层反照辐射为总辐射与冠层吸收辐射之差，α 为反射辐射与总辐射的比值，因此得出式（10–9）：

$$\alpha = 1 - \frac{R_{av} + R_{ag}}{R} \tag{10–9}$$

式中：R 为总辐射；$R_{av} = Ra_v + R\tau_v\alpha_g a_v$ 为植被吸收辐射；$a_v = 1 - a_v - \tau_v$ 为冠层吸收率；a_v 为冠层 α；a_g 为土壤 α；τ_v 为冠层透射率；R_{ag} 为土壤吸收辐射。考虑散射辐射和直射辐射；R_{av} 由式（10–10）求出：

$$R_{av} = R_{dir}\,a_{vdir}(1 + \tau_{vdir}\,\alpha_{gdir}) + R_{dif}\,a_{vdif}(1 + \tau_{vdif}\,\alpha_{gdif}) \tag{10–10}$$

式中：R_{dir} 和 R_{dif} 分别为直射和散射辐射，它们是利用散射率函数 f（k）来区分的，即：

$$R_{dir} = R\mathrm{f}(k) \tag{10–11}$$

$$R_{dif} = R[1 - \mathrm{f}(k)] \tag{10–12}$$

f(k) 的计算根据 Erbs 等提出的估算方法式（10–13）求得：

$$\mathrm{f}(k) = \begin{cases} 1 - 0.09k,\ k \leqslant 0.22 \\ 0.9511 - 0.1604k + 4.388k^2 - 16.638k^3 + 12.336k^4,\ 0.22 < k \leqslant 0.8 \\ 0.165,\ k > 0.8 \end{cases} \tag{10–13}$$

式中：k 为总辐射与天文辐射的比值。

$$\alpha_v = f_c\,\alpha_{cz} + f_1\,\alpha_{leaf} \tag{10–14}$$

式中：α_{cz} 为半无限冠层 α；α_{leaf} 为单叶反照率，玉米为 0.3，$f_1 = e^{\beta \mathrm{LAI}}$ 和 $f_c = 1 - f_1$ 分别为半无限冠层和单叶获得辐射的比例，$\beta = 0.5/\cos\theta$，θ 为太阳天顶角。α_{cz} 的直射光反照率由式（10–15）求得：

$$\alpha_{czdir} = \frac{\beta\omega}{(\mu + \beta)(1 + \mu)} \tag{10–15}$$

式中：$\omega = \alpha_{leaf} + \tau_{leaf}$ 为叶面发射系数；τ_{leaf} 为叶片透射率，玉米为 0.2；$\mu = (1 - \omega)^{0.5}$。直射光冠层透射率表达式为：

$$\tau_{vdir} = e^{-\beta(1 - \tau_{leaf})\mathrm{LAI}} \tag{10–16}$$

散射光反照率 α_{czdif} 和 τ_{vdif} 透射率分别为式（5.15）、式（5.16）$\beta = 1$ 时的结果。α_g 可由式（10–17）确定：

$$\alpha_g = \alpha_{gw} + \alpha_{gz} \tag{10–17}$$

α_{gzdif}、α_{gzdif} 与 α_{gwdir}、α_{gwdif} 分别为由天顶角和土壤湿度决定的直射、散射光反照率，

$$\alpha_{gzdir} = 0.01\,(e^{0.003358\theta^{1.5}} - 1) \tag{10–18}$$

α_{gzdif} 为式（10–18）中 $\theta = 60°$ 时的结果。$\alpha_{gwdir} = \alpha_{st} + 0.11 - 0.4\mathrm{w_s}$，$\alpha_{st}$ 为土壤饱和时反照率，$\mathrm{w_s}$ 为 SWC，$\alpha_{gwdif} = \alpha_{gwdir}$，与冠层相类似，土壤吸收辐射表达式为：

$$R_{ag} = R\left[\,1 - f(k)\,\right]\tau_{vdir}\, a_{gdir} + Rf(k)\,\tau_{vdif}\, a_{gdif} \tag{10-19}$$

式中：$a_g = 1 - a_g$ 为直射光土壤吸收率，a_g 为土壤反照率，由式（10–17）求得。经过以上一系列公式计算，最终可求得植被覆盖 α。

10.5.2　简化双层模型

Uchijima 发展了简化的反照率双层半经验模型，表达式为：

$$\alpha = \alpha_v - (\alpha_v - \alpha_g)\, e^{-kLAI} \tag{10-20}$$

α_v 和 α_g 的表达式分别为式（10–14）和式（10–17），相应的直射和散射部分与双层模型一致，k 为消光系数，范围为 0.3 ~ 1.5，Philip 等研究认为，玉米冠层为 0.77 更为合理。

10.5.3　不同模型模拟结果比较

利用 2007 年生长季相关资料代入各模型，对 α 模拟结果进行比较，考虑到玉米不同生长时期冠层结构差异较大，同时为了更为清晰比较 α 日变化特征，下面分出苗至拔节期、拔节至乳熟期以及乳熟至收获期 3 个阶段进行比较。

10.5.3.1　出苗至拔节期

该时期农田下垫面由裸土逐渐进入有植被覆盖，冠层 FVEG 和 LAI 都快速增大，α 变化最为剧烈。由图 10.13 可见，3 种模型中综合模型与实测值差异最小，其次是简化双层模型，但模拟值较实测值明显低估，双层模型误差最大，较实测值显著高估，且日变化位相与实际情况相反。随着玉米不断生长，后两者误差逐渐减小，其中简化双层模型精度提高更为明显。表明，该时期简化双层模型和双层模型模拟能力都较差，而综合模型更为理想。

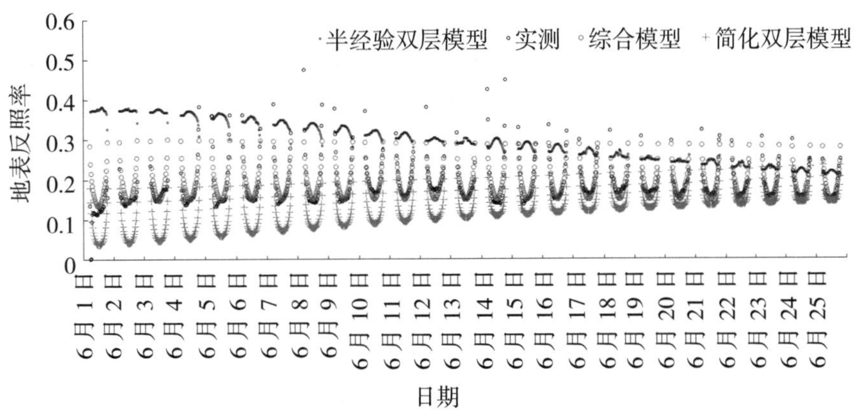

图 10.13　出苗至拔节期各模型反照率模拟比较

10.5.3.2 拔节至乳熟期

该时期玉米冠层 LAI 和覆盖度变化较慢，都经最大值后逐渐减小，农田下垫面以植被为主，各模型反照率模拟结果见图 10.14。抽雄（7 月 16 日）以前综合模型模拟精度最高，其次是简化双层模型，并且其精度逐渐接近于前者，抽雄以后个别日期模拟精度略高于前者，但大部分日期二者差异很小，说明随着 LAI 达到最大二者模拟能力基本相当。而双层模型虽然模拟误差有所减小且出现日变化特征，但仍表现为对实测值明显高估，模拟精度很差。总的来看，各模型在该时期模拟能力都有所提高，其中综合模型模拟精度仍为最高。

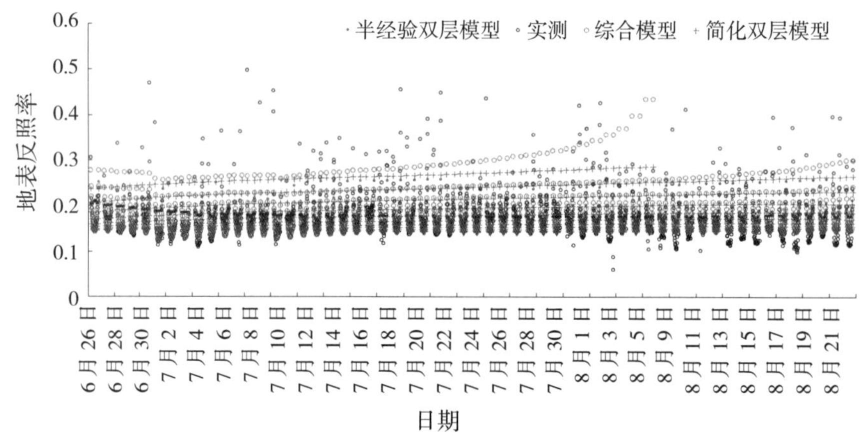

图 10.14　拔节至乳熟期各模型反照率模拟比较

10.5.3.3 乳熟至收获期

由图 10.15 可见，从乳熟开始，简化双层模型模拟误差逐渐减小，到 9 月 12 日达到最小，之后由高估转为低估，而综合模型模拟误差逐渐增大，高估幅度呈增大趋势，最大

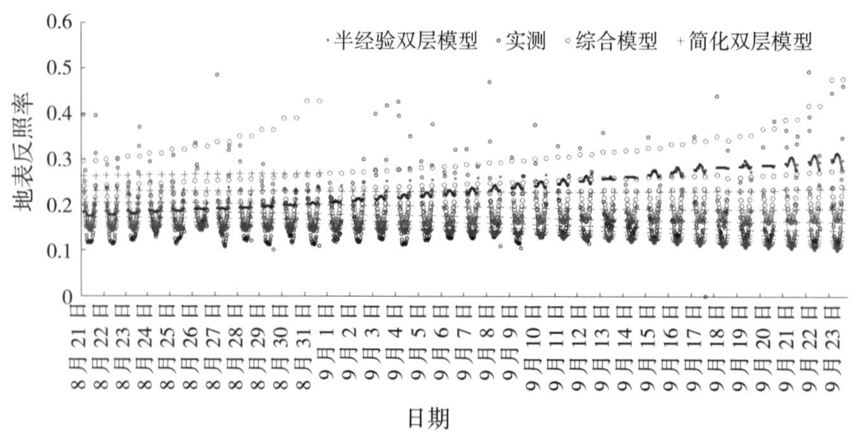

图 10.15　乳熟至收获期各模型反照率模拟比较

误差约为 0.1。双层模型误差增大速度较快，从 8 月 26 日开始日变化位相与实测值相反。可见，这一时期简化双层模型模拟精度好于综合模型，双层模型模拟能力仍为最差。

10.6　本章小结

10.6.1　α 的影响因子及参数化方法评价

利用 2006 年、2007 年玉米农田下垫面气温、辐射、SWC、LAI 等实测资料以及 2008 年 FVEG 和 LAI 实测资料研究了非冻结期玉米农田下垫面 α 动态参数化方案，得到以下结论：玉米农田 α 与 h_θ 呈对数关系，与 SWC 呈对数或线性关系，与 LAI 呈指数或线性关系。非生长季 α 参数化各模型中，h_θ 与 SWC 为主要影响因子，与 α 分别呈对数和线性关系时模拟精度较高，明显好于其他关系的模型，能较好模拟出 α 的日动态特征，在初春土壤刚化通时，由于 SWC 变化复杂，α 模拟精度较差，其他时段模拟误差都较小。生长季采用统计回归方法考虑 h_θ、SWC 和 LAI 三因子共同作用对 α 模拟，通过比较，当 α 与 h_θ 为对数关系，与 SWC 为线性关系，与 LAI 为指数关系所建立模型较其他模型略好，但由于只有一年资料参与模型建立，模型普适性较差，大部分时段对 α 明显低估，玉米营养生长阶段误差更大，模拟效果不理想。引入 FVEG 对裸土和植被分别赋权重方法所建立的 α 参数化综合模型，利用 FVEG 来调节下垫面裸土与植被的比例，可反映 α 的季节动态变化，模型中裸土和纯植被的 α 统计模型较充分考虑了 h_θ、SWC 和 LAI 的共同作用。与统计模型相比，综合模型在整个生长季模拟误差明显减小，玉米营养生长时段模拟精度显著提高。对综合模型、双层模型和简化双层模型对比结果表明，综合模型除玉米生育后期模拟能力略小于简化双层模型外，其他大部分时段模拟能力都较强，而简化双层模型在玉米生育初期模拟能力较差，其他时段模拟能力比较理想，尤其在生育后期更为明显；双层模型除在 LAI 最大前后模拟误差较小外，其他时段基本无法模拟。

10.6.2　研究的贡献及不足

由于本研究只利用一年资料参与 α 参数化方案研究，使得生长季内非线性回归模型统计意义不强，若资料足够多，统计模型将会有一定改进。综合模型引入 FVEG 这一动态因子，使其既可以考虑到玉米营养生长阶段裸土在下垫面中的主导作用，也能反映生殖生长阶段冠层郁闭度逐渐增大时植被对 α 的影响，使模型具有随植被变化的动态模拟能力。同时，由于裸土和纯植被采用统计模型实现了动态模拟，进一步增强了综合模型动态模拟能力，改变了现有很多陆面过程模型中植被 α 只赋定值的不合理假设，使模型具有可在不同时段模拟的相对普适性。

从前面的分析中发现，双层模型仅在 LAI 达到最大时有一定模拟能力，可见该模型只适合于冠层基本完全覆盖地面的情况下使用，并不适合于玉米农田 α 的模拟。简化双层模型在覆盖度较小的拔节期以前模拟能力很差，说明该模型仅适合于 LAI 达到一定值后玉米农田 α 的模拟。综合模型引入了 FVEG 这一反映下垫面性质的重要因子，它的真实与

否在 α 模拟中起到重要决定作用，本研究通过利用 LAI 与其建立关系而得到其动态资料，但由于资料有限，二者关系统计意义不强，必然会给模拟结果带来误差。另外，在建立纯植被 α 参数化方案过程中，由于资料所限，只选择了 LAI ≥ 2 时的资料，这一假设与真实情况并不完全符合，也将会给参数化带来一定误差。即使如此，综合模型仍表现出较好的模拟能力，明显好于统计模型和双层模型，从整个生长季看略好于简化双层模型，说明该方法更科学有效。因此，有必要进一步加密观测频次并增多观测年份，使 FVEG 可以用 LAI 更真实表达，使纯植被 α 的参数化更具统计意义和普适性，为进一步改善 α 动态参数化方案提供支持。

11 东北玉米农田地表反照率动态参数化对陆—气通量模拟的影响

李崇银指出："在其他条件不变的情况下，α 变化 0.01 所造成的系统能量输入的改变几乎等效于太阳常数变化 1.0%。" α 的准确估算直接影响地气热量交换和地表温度计算的准确性，并通过水热耦合效应影响土壤和植被的蒸散，从而影响陆面过程或气候模式模拟的准确性。

目前，玉米农田 α 参数化方案研究较少，其中 Song、Philip 等将玉米分成两层冠层，利用半经验模型模拟了玉米农田的 α。但玉米生长初期植株密度很小，下垫面并未完全被覆盖，将整个玉米生长季考虑成两层冠层并不完全合理。第 10 章建立了反映 h_θ、SWC、LAI 和 FVEG 影响的玉米农田 α 的参数化方法，可实现下垫面分别为裸土和植被时 α 动态模拟，弥补了现有陆面过程模型中对于植被 α 赋予定值的不足。东北地区是我国春玉米最大产区，也是我国气候变暖最为剧烈的地区之一。针对东北玉米种植区开展 α 动态对陆面过程影响的模拟研究，既有助于了解大范围玉米农田下垫面的陆—气水热交换过程，又可为研究粮食生产布局变化对区域气候影响提供参考。

本研究试图采用 2008 年锦州玉米农田生态系统野外观测站的定位观测资料，利用已经建立的 α 动态参数化方法，结合 BATS1e 模型研究 α 的动态参数化对玉米农田陆—气通量交换的影响。

11.1 资料来源

利用 2008 年气温、比湿、降水、风速、太阳总辐射、向下长波辐射、气压等气象要素驱动 BATS1e 模型，其中气温、比湿、降水选用气象梯度观测塔 5 m 高度资料，风速和气压来自涡度相关观测。通量观测系统测得的感热通量、经 WPL 校正后的潜热通量、净入射短波辐射、表层（0.05 m）土壤温度资料用于模拟结果验证，其中 2008 年 2 月 5—29 日感热缺测，1—2 月潜热缺测。上述资料均为通过质量控制后的 30 min 平均值。同时，常规气象资料中的 0 m 日平均地温也用来对模型模拟结果进行验证。此外，2008 年动态 LAI 数据由利用王玲等所建立的相对积温方法采用玉米各生育期（三叶、七叶、拔节、抽雄、乳熟）LAI 实测数据和日平均气温资料求得，见图 11.1。

11.2 α 参数方案优化对模型模拟的影响

利用上一章建立的 α 动态参数化方案替换 BATS1e 模型中的原方案，对模型进行改进，用2008年模型输入所需实测资料和动态LAI资料驱动模型，分别对模型改进前后的α、辐射、表层土壤温度（T_g）、感热（H_s）及潜热（λE）等输出量进行比较，研究α的动态参数化对陆—气通量的影响。

11.2.1 模型改进前后LAI、FVEG及α对比

图11.1给出模型改进前后2008年LAI和FVEG的年变化曲线，其中原模型中LAI在3月5日至12月28日大于0.0，5—10月变化很小，为高值时段，约为6.0，改进模型中LAI只在生长季（5月8日至9月23日）大于0.0，呈n型动态变化。FVEG在原模型中全年为0.85，而模型改进后仅在生长季大于0.0。

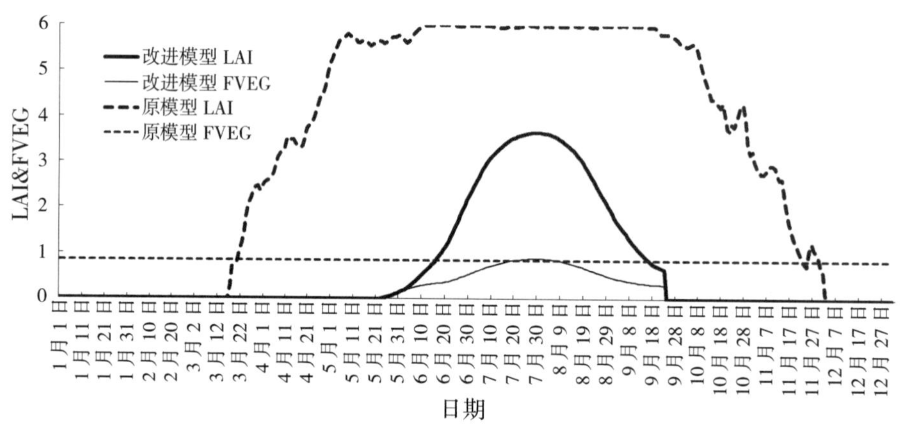

图11.1 模型改进前后LAI与FVEG

表11.1给出全年各输出变量的模拟精度对比情况，其中α在模型改进后NS值明显增大，模型效率提高了0.65，RRMSE和NSEE都明显减小。选取1月、4月、7月、10月代表四季分别进行从日尺度比较（图11.2），原模型α没有日变化，各月间差异较小，误差由大向小排列顺序为1月、7月、4月、10月。模型改进后α显示出明显的日变化和季节变化特征，正午前后模拟精度高于早晨和傍晚，除个别降水日（如4月22日、23日）无法模拟出实际情况外，绝大多数模拟精度都较高，1月和7月较原模型改进作用更为明显。总的来看，α动态参数化后模拟精度显著提高。

表11.1 模型改进前后各输出变量模拟精度对比

	α_0	α_1	frs_0	frs_1	nr_0	nr_1	T_{g0}	T_{g1}	H_{s0}	H_{s1}	λE_0	λE_1	G_0	G_1
NS	–0.057	0.593	0.993	0.997	0.974	0.980	0.959	0.975	–0.115	0.401	0.475	0.576	0.550	0.598
RRMSE	0.510	0.316	0.070	0.045	0.124	0.111	0.009	0.007	2.686	1.969	0.011	0.010	4.632	4.375
NSEE	0.457	0.283	0.054	0.034	0.098	0.087	0.009	0.007	0.983	0.720	0.638	0.574	0.664	0.627

注：α、frs、nr、T_g、H_s、λE、G分别代表反照率、表层土壤温度、净入射短波辐射、净辐射（白天）、感热、潜热和土壤热通量；0和1代表原模型和改进模型，下同。

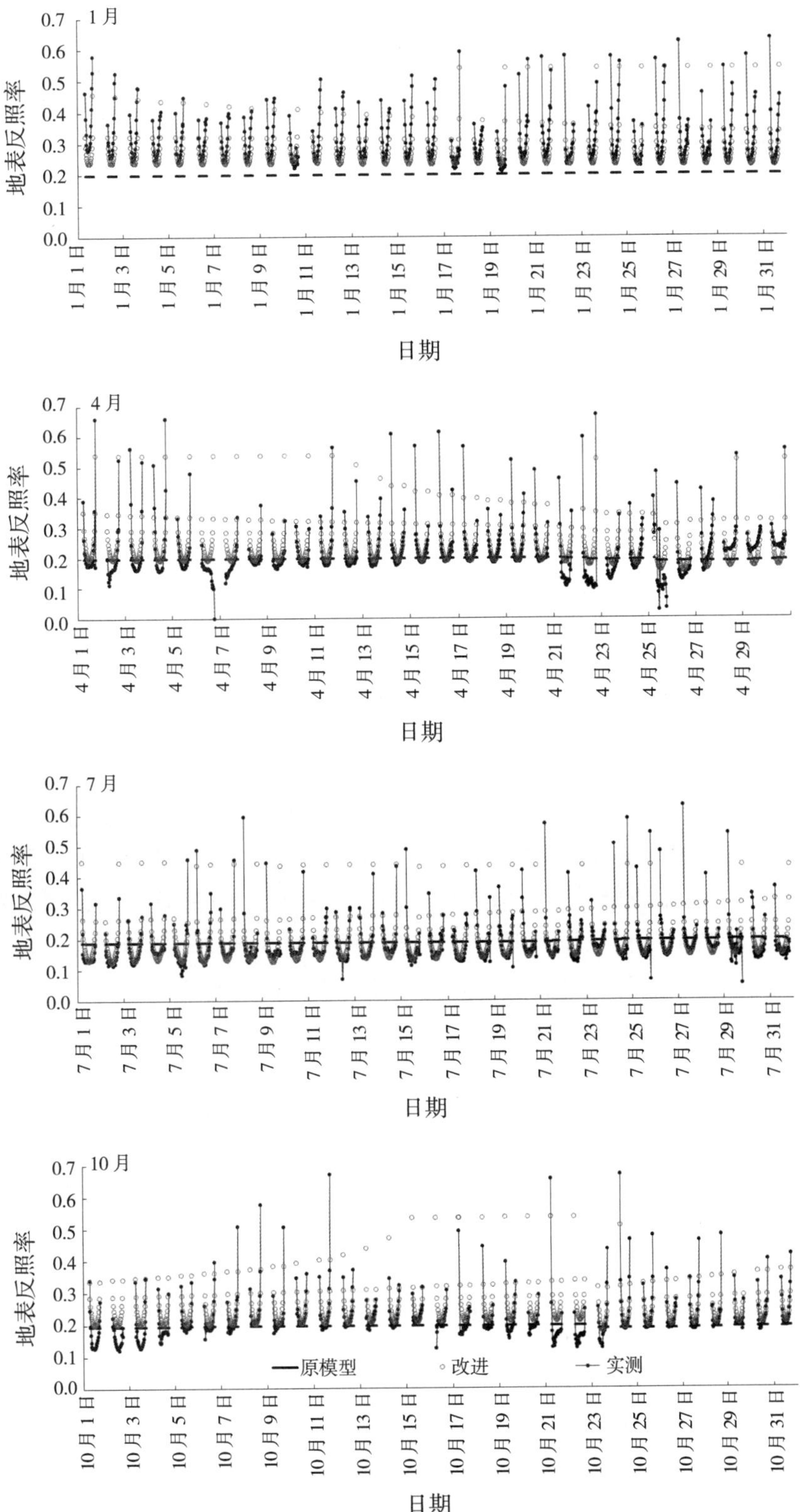

图 11.2 1 月、4 月、7 月、10 月模型改进前后 α 模拟值与实测值对比

11.2.2 α 动态参数化对辐射各分量模拟的影响

对模型改进前后各辐射参量进行对比分析，可了解 α 动态参数化的直接影响。地表辐射平衡方程为：

$$R_n = S_{down}(1-\alpha_{sv}) + \varepsilon_a \sigma T_a^4 - \sigma \cdot [F_{veg} \cdot \varepsilon_f T_f^4 + (1-F_{veg}) \cdot \varepsilon_g T_g^4] \tag{11-1}$$

式中：R_n 为地表净辐射；右边第一项为净入射短波辐射（*frs*），其中 S_{down} 为总辐射，α_{sv} 为地表反照率；第二项为大气长波辐射，ε_a 为大气长波放射系数，与气压和空气湿度有关，ε_f 和 ε_g 分别为植被和土壤长波发射系数，σ 为 Stefan–Boltzman 常数（5.6696×10^{-8} J · s^{-1} · m^{-2} · kg^{-4}）；第三项为裸土和植被长波辐射总和；第二、三项相减为地表有效辐射，即净长波辐射（*frl*），T_a、T_f、T_g 分别为气温、叶温和地表温度。*frs* 为 α 改变后最直接影响参量，其模拟精度是否改善是判断 α 动态参数化成功与否的关键。

从模型改进前后 *frs* 全年模拟精度对比（表 11.1）看，NS 有所提高，RRMSE 和 NSEE 都不同程度减小。模拟值与实测值的 R^2 增大，比例系数更接近 1，且截距也明显减小（图 11.3）。从年变化（附图 7）看，模型改进前后模拟值较实测值在 3—9 月都有所低估，在其他月份高估，改进后各月模拟值更接近实测值。图 11.4 给出模型改进后 *frs* 日总量模拟误差与改进前对比及改进量的大小，正偏差为对实测值高估，负偏差则为低估（下同），其中，除 3 月 11 日至 4 月 22 日和 9 月 24 至 10 月末这两个时段外，其他大部分时间 *frs* 模拟精度都有所提高。分析认为，第 1 时段可能是土壤正处于解冻期，SWC 变化明显，α 与其关系复杂使统计意义不强，导致裸土 α 动态参数化方案模拟能力较差。另外，图 11.2 中 4 月晨昏时段 α 的误差也可造成 *frs* 日总量的误差。第 2 时段可能是因为 9 月 23 日玉米收割后秸秆覆盖在地面，使 SWC 对 α 影响减弱，同时秸秆颜色与表土存在差异导致模型模拟能力下降，玉米秸秆清除以后，模拟精度明显提高。上述两个时段一个共同的特点是下垫面性质都发生较大变化，说明这种转变是造成模拟精度

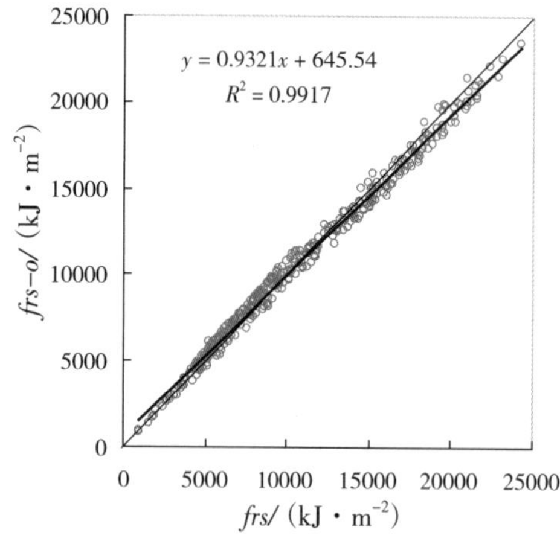

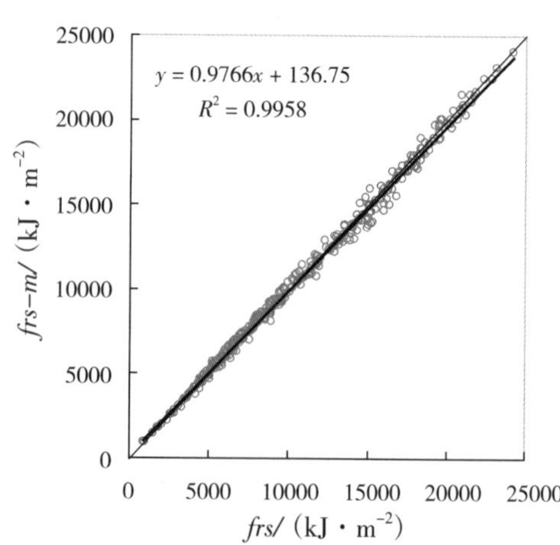

后缀 *o* 代表原模型模拟值；*m* 代表改进模型模拟值，横轴为实测值（下同）

图 11.3　模型改进前后 *frs* 日总量模拟精度比较

较差的重要原因。从 *frs* 各月和年的总改进量情况（表 11.2）看，模型改进量全年总量为 81772 kJ · m^{-2}，占年总辐射的 1.7%，冬季（12 月至翌年 2 月）和夏季（6—8 月）改进量较大，其中 7 月最大，月总量为 18159 kJ · m^{-2}，占当月总辐射的 3.6%。从多个角度比较来看，α 的动态参数化对 *frs* 模拟精度的改善非常明显。

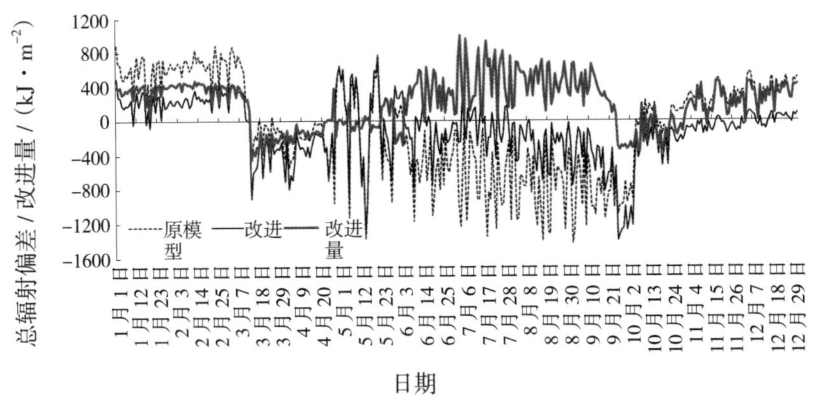

图 11.4　模型改进前后 *frs* 模拟值与实测值偏差及改进量

表 11.2　模型改进后 *frs*、H_s 和 λE 各月及年改进量　　kJ · m^{-2}

项目	1月	2月	3月	4月	5月	6月	7月	8月	9月	10月	11月	12月	年
frs	11403	11729	−1346	−2319	3277	10509	18159	14496	6993	−8657	6629	10899	81772
H_s	—	—	−2864	9951	15794	35629	7269	20651	19453	25464	9665	753	—
λE	—	—	−13612	2920	9616	29887	700	25363	6446	13532	3301	1039	—

由式（11–1）可知，*frl* 受地温、叶温、气温及 FVEG 的共同影响，其中前二者为模型预报量，可见 *frl* 与 α 关系并不直接。从各月情况看（附图 7b），模型改进后在 3 月中旬初至 9 月中旬末 *frl* 模拟精度有所改善，其中 5 月、6 月改进较明显，1 月、2 月和 10—12 月误差有所增大。分析原因认为，5 月、6 月玉米从出苗至拔节，冠层性质变化最为明显，改进模型实现 FVEG 的动态变化，进而使模拟精度提高明显。因 7 月、8 月模型改进前后 FVEG 差异较小，使模拟结果差异不大。原模型在 1 月、2 月和 10—12 月假设有植被覆盖，由式（11–1）可知，叶温对长波辐射有一定贡献，而原模型中叶温模拟值的日较差大于改进模型地温日较差，与之对应，原模型 *frl* 日较差大于改进模型，表面上与实测值接近，而实际上这几个月份因地表无植被，计算 *frl* 时无须考虑叶温，表明原模型模拟误差较小是虚假的真实。

从 *nr* 年变化（附图 7c）看，1—3 月和 10—12 月夜间模型改进后误差较原模型略有增大，主要是 *frl* 模拟不理想所致。其余时段，*nr* 模拟精度都有所提高，从白天的统计量比较看，NS 有所增大，RRMSE 和 NSEE 都有所减小。表明，模型改进对生长季和全年白

天 *nr* 模拟精度有改善作用。

11.2.3 α 动态参数化对 T_g 模拟的影响

模型中表层土壤厚度设定为 0.10 m，并假设此层温度不随深度变化，模型改进前后 T_g 模拟值与 0.05 m 深处实测土壤温度相比表明，改进后 T_g 日较差明显大于实测值和原模型模拟值，后二者差异较小。分析原因认为，模型中计算土壤与大气间的感热通量考虑的是 0.10 m 深土层温度，而理论上应为 0.00 m 处最表层土壤温度，意味着模型中所模拟的 0.10 m 土层深度处温度具有 0.00 m 的物理意义，而事实上 0.00 m 处土壤温度日变化和日际变化都很剧烈，明显大于 0.05 m 深处，因此，采用 0.00 m 深度土壤温度对 T_g 验证更为合理。由于 0.00 m 处温度只有日平均资料，而无 30 min 实测资料，因此这里对 30 min 的改进前后 T_g 模拟值各自求日平均，在日尺度进行比较。由图 11.5 可见，模型改进前后 T_g 模拟值都能反映出地表温度的季节动态，其中 7 月、8 月误差较其他时段明显偏大，认为该时段农田表面有植被覆盖，辐射和热量传输过程相对更为复杂，模型对其模拟能力不足。其他时段改进后模拟值较原模型都更接近实测值。从 T_g 模拟改进量看，年平均值为 0.62 K，其中大部分时段改进量在 1 K 以上，4 月、5 月、12 月改进量达 2 K 以上。统计量分析显示，模型改进后 RRMSE 和 NSEE 都有所减小，NS 明显增大。可见，α 的动态参数化对 T_g 模拟有明显改进作用。

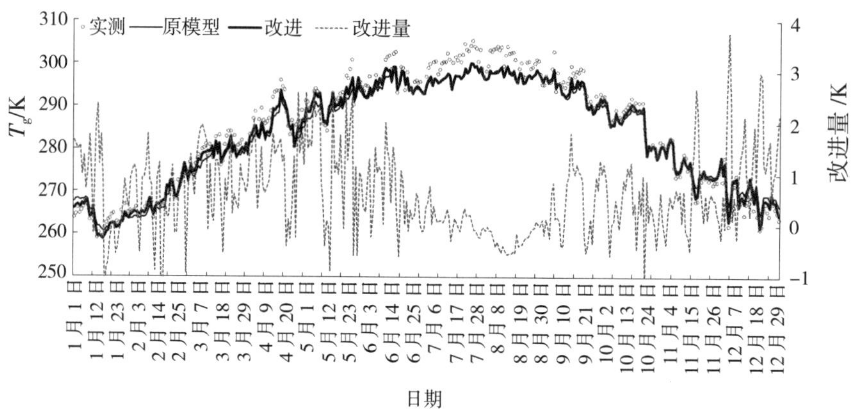

图 11.5 模型改进前后 T_g 模拟与实测日均值年变化比较

11.2.4 α 动态参数化对热通量模拟的影响

11.2.4.1 感热（H_s）

α 动态参数化分别通过 LAI、FVEG 的动态变化及模型预报量中 T_g 和 SWC 的改变来影响感热和潜热的模拟精度。附图 8 给出模型改进前后土壤感热（H_g）、植被冠层感热（H_c）以及地表综合感热（H_s）全年模拟值与实测值比较情况。由附图 8a 可见，原模型模拟 H_g 在全年都很小，而模型改进后 H_g 在全年呈双峰分布，高值分布在春季、秋季，低值分布在冬、夏季，原因是原模型中 FVEG 全年为 0.85，土壤仅占下垫面的 0.15，H_g 年变化不明显，对感热贡献很小。改进模型中 FVEG 只在生长季大于 0.00，且动态变化，非生长季中土壤感热即是地表感热，随地表温度的增高而增大。在生长季随着 FVEG 的增大土壤对感热贡献逐渐减小，同时由于降水作用使地表热交换以潜热为主，导致在夏季 H_g 出现最小值。H_c 的情况（附图 8b）与 H_g 恰恰相反，原模型中 FVEG 的持续存在使 H_c 随气温的季节变化而变化，表现出较明显的年变化，而由于夏季降水增多，地表热交换以潜热为主，因此 6—8 月原模型中 H_c 很小。而改进后 H_c 只有 FVEG > 0 时存在，且随之增大而增大，在 7 月、8 月模型改进前后 FVEG 比较接近使 H_c 差异很小。

从 H_s（附图 8c）的年变化看，原模型模拟值较改进后偏大，主要是由于植被的拖曳系数（C_D）比裸土表面大，使地表与大气间能量传输能力增大，造成原模型中 H_c 大于改进模型 H_g。表面上看，改进前后 H_s 趋势较一致，但事实上原模型中土壤和植被对 H_s 贡献与改进后截然不同，说明原模型 H_s 所反映的是一种假象，这将导致其他变量模拟结果也出现看似与实测值趋势接近且精度较高的假象。可见，下垫面性质和参数的更真实描述在陆面过程模拟中尤为重要。与原模型相比，改进后模拟值与实测值更为接近，其中 3 月中旬至 4 月、5 月下旬至 6 月中旬以及 8 月中旬至 9 月上旬模拟误差较大，所处时期分别为土壤解冻期、玉米出苗至拔节期、乳熟至收获期，共同特点是地表性质变化较快，其中第 1 时段土壤解冻使表层土壤含水量增大，第 2 时段地表由裸土向有植被覆盖转变且 FVEG 快速增大，第 3 时段玉米植株由生长旺盛转为枯黄，FVEG 快速减小。

从感热改进量月总量（表 11.2）看，生长季各月（5—9 月）要大于非生长季，最大值出现在 6 月，为 35629 kJ · m^{-2}，其次是 10 月，为 25464 kJ · m^{-2}，占当月总辐射的 7.3% 和 6.6%，这些月份共同特点是 FVEG 变化较大，说明下垫面性质的明显变化虽然使模型对感热模拟能力下降，但模拟精度改善更明显。7 月改进量在生长季中最小，主要是由于该月降水频繁，地表接受的辐射能量大部分以潜热形式释放，感热此时占地表热平衡比重很小。从全年统计来看，模型改进后 NS 增大 0.516，RRMSE 和 NSEE 都大幅减小。另外，从模型改进前后全年和生长季实测值与模拟值比较情况（图 11.6）看，前者改进后模拟值可解释实测值的 77.0%，高于原模型 1.0%，而在生长季，改进后模拟值可解释实测值的 82.0%，高于原模型 6.0%。表明 α 动态参数化对生长季感热模拟精度提高作用比非生长季更加明显。

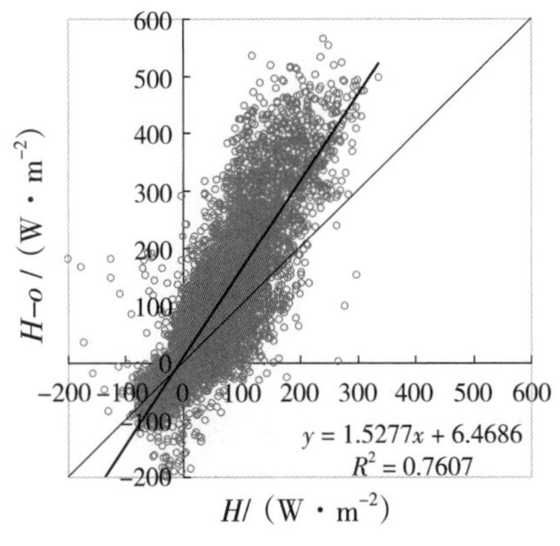

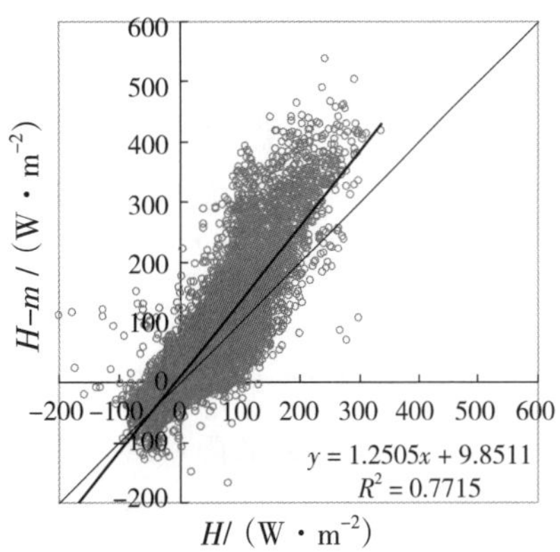

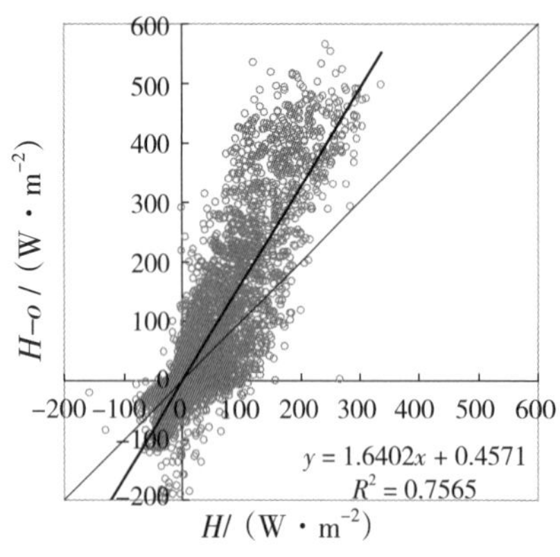

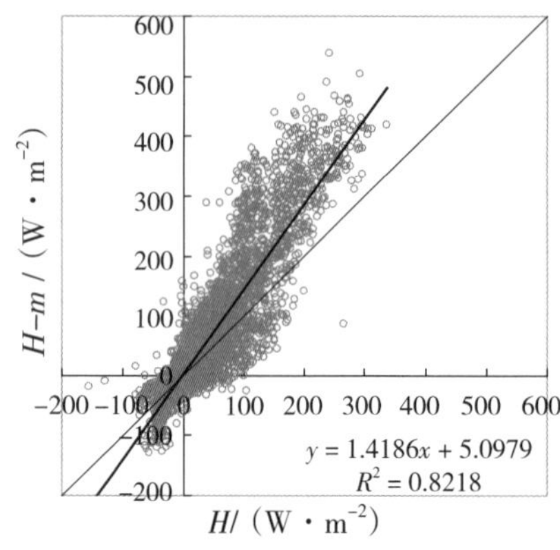

图 11.6 模型改进前后全年和生长季感热通量模拟值与实测值比较

11.2.4.2 潜热（λE）

潜热与地表和其上大气比湿差、拖曳系数及 FVEG 有关，原模型中 LAI 和 FVEG 没有直接的关联，有 FVEG 很大 LAI 却为 0 的现象出现，这并不符合实际情况，必然导致潜热模拟结果的不准确。附图 9 为模型改进前后土壤蒸发潜热（λE_g）、植被冠层蒸发潜热（λE_c）以及地表综合潜热（λE_s）全年模拟情况与实测值比较情况。由附图 9a 可见，模型改进后一年中大部分时段 λE_g 明显比原模型值偏大，原因是土壤在下垫面所占比例明显小于改进前。7 月下旬至 8 月上旬改进模型中 FVEG 与 0.85 比较接近，使 λE_g 与原模型值相差很小。就冠层而言（附图 9b），因原模型 FVEG 在全年都为 0.85，使 λE_c 一直存在，在降水日及之后几天出现峰值，而改进模型 λE_c 只在生长季 FVEG 大于 0 时存在，在 FVEG 最大且降水较多的 7 月上中旬出现峰值。表面上看模型改进前后 λE_s（附图 9c）变化趋势比较相似，但因 FVEG 差异较大，使土壤和植被对其贡献明显不同，因此原模型 λE_s 所反映出的情况也是一种假象。与实测值相比，6 月 20 日以前的一些降水日及邻近时段，改进后 λE_s 模拟精度低于原模型，原因是原模型此阶段的 FVEG 大于改进模型，使地表水分蒸发增大，导致潜热模拟值增大，造成了虚假真实。7 月、8 月为玉米生长旺季，当降水频繁时，潜热模拟值与真实值较接近，而在非降水日 λE_s 模拟值都比实测值偏小，主要是由于模型对非降水日的 SWC 明显低估，造成用于蒸散的土壤水分不足所致。同时，模型对感热、土壤热通量的模拟偏差导致地表能量分配模拟不准确，也会造成潜热误差。此外，模型对冠层与大气湿度差、热传输系数模拟的不准确也都将给潜热模拟带来误差。

统计量分析结果（表 11.1）表明，NS 有所增大，RRMSE 和 NSEE 都略有减小；从改进量月总量（表 11.2）看，潜热改进幅度在大多月份小于感热，改进量月际间格局与感热基本一致，最大值也是在 6 月，为 29887 kJ · m^{-2}，占当月总辐射 6.2%，其次是 8 月和 10 月，分别为 25363 kJ · m^{-2} 和 13532 kJ · m^{-2}，占当月总辐射 5.1% 和 3.5%，生长季中 7 月改进最小，原因是该月降水频繁，地表提供充足的供给蒸发的水分，潜热在一年中最大，模型改进前后 FVEG 差异很小，进而使模型改进前后变化不大。从模型改进前后模拟值与实测值的相关性对比（图 11.7）来看，模拟值对实测值解释能力在全年分别为 53.0% 和 61.0%；在生长季分别为 55.0% 和 64.0%，说明模型改进对潜热模拟精度提高有一定改善作用，生长季略好于非生长季。

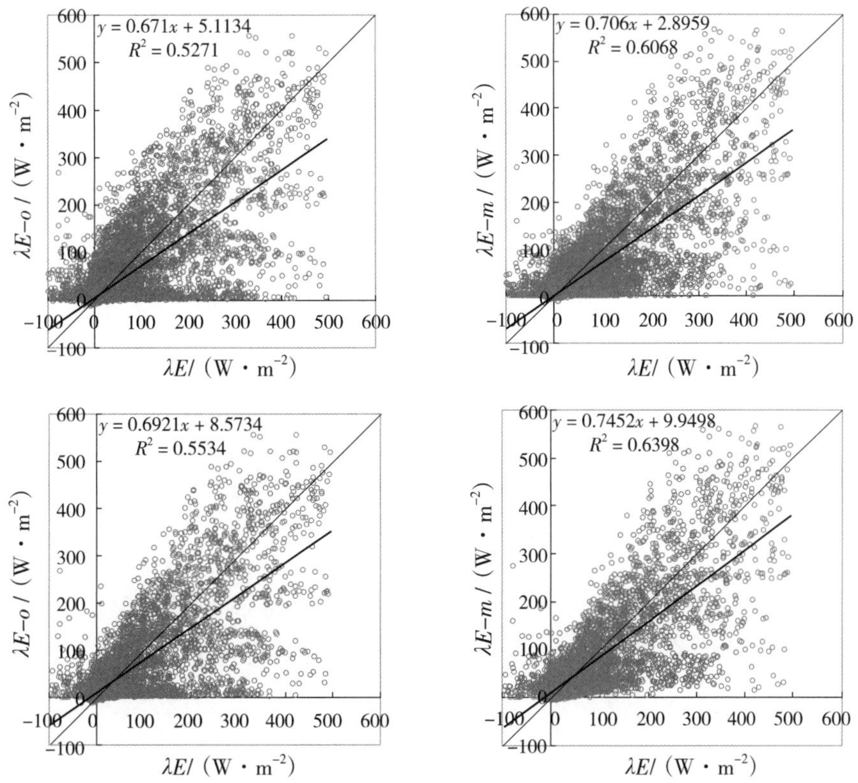

图 11.7 模型改进前后全年和生长季潜热通量模拟值与实测值比较

11.2.4.3 土壤热通量（*G*）

把净辐射、感热和潜热实测资料代入式（11–8）可得到 *G*，假定其为真实值，模型改进前后与计算得到 *G* 相比较（附图 10）显示，模型改进后 *G* 模拟值的日较差在大部时段大于原模型，与 T_g 情况一致，说明二者具有较好的一致性，也进一步证明改进后 T_g 较原模型更接近真实值。在大部分时间改进后 *G* 值都较原模型更接近真实值，但 7 月、8 月日较差比实测值偏小，主要是因为模型对 7 月潜热和 8 月感热过高估计以及对 *frs* 偏低估计所引起。全年统计量检验结果显示，模型改进后 NS 明显增大，RRMSE 和 NSEE 都不同程度减小，模拟值对真实值解释能力在全年分别为 63.0% 和 67.0%（图 11.8），在生长季分别为 55.0% 和 59.0%，说明 α 的动态参数化对 *G* 模拟有明显的改进作用。

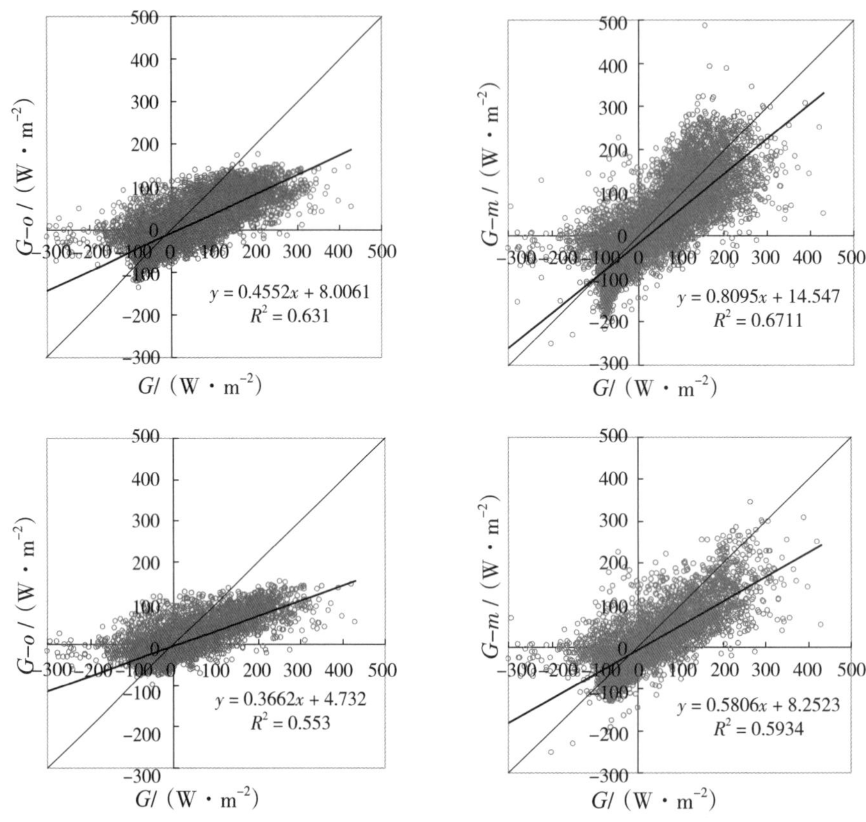

图 11.8　模型改进前后全年和生长季 *G* 模拟值与实测值比较

11.3　本章小结

利用 2008 年锦州玉米农田生态系统野外观测站动态连续的通量、气象及生物因子观测数据，采用反照率动态参数化方案对 BATS1e 模型进行改进，分析了模型改进对陆—通量模拟的影响。结果表明：引入反照率动态参数化方案后，模型实现了逐日反照率的动态模拟，全年模拟误差明显减小，模型效率提高了 0.65，在作物生长季反照率参数化引入 LAI，使植被覆盖状况的动态变化直接反映反照率的改变，使模拟结果更为真实；辐射各分量中 *frs* 模拟精度改进最为明显，改进量年总量占年总辐射的 1.7%，冬、夏季大于春、秋季，7 月最大，占当月总辐射的 3.6%；*frs* 在 5 月、6 月冠层 FVEG 快速变化时模拟精度提高显著；*nr* 在生长季和全年白天模拟精度有所提高。考虑模型中 T_g 的真实物理意义，用 0.00 m 地温实测值对模拟结果进行检验，除 7 月、8 月 FVEG 较大时改进作用不明显外，其余大部分时段 T_g 模拟精度都有所提高，多数月份月平均改进量在 1.00 K 以上，年平均改进量为 0.62 K。

考虑植被和土壤对热通量作用的差异，分别对二者模拟结果进行分析，认为引入动态 LAI 和 FVEG 后，使热通量模拟过程更接近真实情况，而原模型模拟结果表面上看与实测值趋势较一致，但实际上并不真实，这与房云龙等所提到的模型模拟结果有时出现“虚假正确”的现象相吻合。综合比较发现，感热在模型改进后模拟精度改善最明显，NS 增大 0.516，在生长季模拟值对实测值解释能力提高幅度大于非生长季，分别为 6.0% 和 1.0%，在下垫面性质变化明显的 6 月和 10 月模拟精度改善作用强于其他月份。潜热模拟精度因 α 动态参数化而提高的幅度小于感热，NS 增大 0.1，在生长季模拟值对实测值解释能力提高 9.0%，好于非生长季的 8.0%，改进量月际间格局与感热基本一致。虽然模型改进后潜热模拟精度有所提升，但总体上误差仍较大，分析认为是模型对非降水日 SWC 明显低估而导致用于蒸散的土壤水分不足所致，周文艳等采用相同模型模拟潜热结果也明显低估，原因也是与土壤水分的低估有关，可见 BATS1e 模型中对土壤水分的模拟需要改进，进而才可提高潜热的模拟精度。G 模拟精度在非生长季高于生长季，对实测值的解释能力都提高 4.0%，这实际上是感热和潜热模拟精度提高以后二者共同作用的结果。

本研究所采用的 α 动态参数化方案由统计方法得到，在下垫面性质发生改变时，如春季因土壤化冻使表层土壤湿度明显增大、裸土到出苗、出苗至拔节以及因作物收获使下垫面由植被向裸土转变，都将使 α 发生较明显变化，模型对其还不能很好表达，导致模拟能力有限，但正是这些下垫面性质变化较大的时刻模型改进对模拟精度改善更加明显，说明这些时刻是决定模型模拟准确性的关键，也充分反映出下垫面参数的动态性对陆面过程模拟的重要意义。α 动态参数化使模型各输出变量的模拟精度得到不同程度改善，不仅仅是因为 α 的改变引起地表获得辐射各分量分配的变化，更重要的是参数化方案通过实现 LAI 和 FVEG 等决定下垫面性质各参数的动态变化，使地表水热交换过程更接近实际，进而提高模型模拟能力，表明建立起陆面过程各变量间的相互联系比简单提高某一参量模拟准确性更为重要。另外，α 的动态变化在一天中每一时刻影响着陆—气通量的模拟结果，这种影响在瞬时或日尺度上比较微弱，但随时间尺度的延长，该影响的累积量将足以影响到月、年等气候尺度上各气象要素的模拟，可见，陆面过程模型中各种陆面参数（如反照率、粗糙度等）直接赋值为常数或简单给出季节变化对陆面过程模拟的影响是不可忽视的，它将进一步影响到对气候变化的模拟。因此，开展各类陆面参数的动态参数化研究十分必要。

12 玉米冠层辐射传输参数优化对陆—气通量模拟的影响

CoLM 模型计算植被冠层反照率采用二流辐射传输方案，决定冠层结构和性质且影响辐射传输的关键参数除了 LAI 和 FVEG 以外，还有叶片反射率、透射率及叶片倾角，它们在现有辐射传输方案中被赋为定值，这种赋值方式是否合理，模型对它们的改变是否敏感以及更为真实的赋值能否提高模型模拟精度，关于此类问题的研究鲜有报道。利用 CoLM 模型对玉米农田进行陆面过程模拟以及利用二流辐射传输方案对玉米冠层辐射传输过程进行模拟的研究都很少，因此，很有必要通过连续实测资料对模型参数进行验证和优化。本研究利用锦州农田生态系统野外观测站连续观测的玉米叶片反射率、透射率、叶片倾角等植被冠层参数对 CoLM 模型中辐射传输参数进行优化，定量评价参数优化对玉米农田水热通量模拟的影响，为陆面过程模型植被冠层参数方案的完善提供参考，也为开展玉米农田下垫面陆气相互作用规律研究提供依据。基于 2008 年和 2012 年锦州农田生态系统的通量、气象及生物因子连续观测，分析了玉米农田叶面积指数、植被覆盖度、平均叶倾角、叶片反射率和透射率动态变化规律及各因子间关系，对 CoLM 模型辐射传输参数进行优化，并对模型优化效果进行定量评价。

12.1 资料与方法

12.1.1 资料来源

于 2012 年 4 月 10 日、4 月 30 日、5 月 10 日、5 月 20 日在研究地点进行玉米分期播种，从出苗开始，每隔 10 d 利用 LAI-2200 冠层分析仪进行 LAI 和平均叶倾角的测定，利用冠层照相机进行 FVEG 的测定，利用 FieldSpec®ProJR 分光光谱分析仪进行叶片反射率和透射率测定，考虑到人为和采样误差，对异常数据进行剔除。利用 2008 年气象梯度观测系统测得的气温、比湿、降水、风速、太阳总辐射、向下长波辐射、气压等气象要素以及 LAI 和 FVEG 对 CoLM 模型进行驱动。通量观测系统测得的感热通量、潜热通量以及净辐射、土壤热通量资料用于模拟结果验证，上述资料均为通过湿度修正、高频衰减修正和 WPL 校正等质量控制后的 30 min 平均值。2008 年逐日 LAI 由王玲等所建立的相对积温方法利用玉米各生育期 LAI 实测数据和日平均气温资料求得，利用 2012 年测得的 LAI 和 FVEG 所建立的关系和所求得的 2008 年逐日 LAI 可计算得到该年逐日 FVEG 值。

12.1.2 试验设计

本研究设计 3 次试验，即原模型引入逐日 LAI 和 FVEG 进行模拟的对照试验，把在对照试验基础上引入动态平均叶倾角进行模拟定义为改进试验 1，在对照试验基础上优化叶片反射率和透射率进行模拟定义为改进试验 2。利用 2008 年全年资料对模型进行连续 10 次起转独立离线数值模拟，确保各种陆面参量趋于稳定，考虑玉米生育期在 5—9 月，因此本研究只针对该时段第 10 次模拟结果进行模型模拟精度比较。

12.1.3 CoLM 模型中冠层辐射传输参数方案

CoLM 模型中冠层辐射传输基本方程为：

$$-\bar{\mu}\frac{\mathrm{d}I\uparrow}{\mathrm{d}(L+S)}+[1-(1-\beta)\omega]I\uparrow-\omega\beta I\downarrow=\omega\bar{\mu}K\beta_0 e^{-K(L+S)}$$

$$\bar{\mu}\frac{\mathrm{d}I\downarrow}{\mathrm{d}(L+S)}+[1-(1-\beta)\omega]I\downarrow-\omega\beta I\uparrow=\omega\bar{\mu}K(1-\beta_0)e^{-K(L+S)}$$

式中：$I\uparrow$和$I\downarrow$分别为向上和向下的辐射通量；$K=G(\mu)/\mu$ 为冠层消光系数；μ 为太阳天顶角的余弦值；$\bar{\mu}$ 为 μ 的均值；$\omega=\alpha+\tau$ 为叶片散射率；α 和 τ 分别为叶片反射率和透射率；β 和 β_0 分别为散射与直射辐射参数；L 为叶面积指数；S 为茎面积指数；$G(\mu)=\varphi_1+\varphi_2\mu$，当 $-0.4\leqslant\chi_L\leqslant 0.6$ 时，$\varphi_1=0.5-0.633\chi_L-0.33\chi_L^2$，$\varphi_2=0.877(1-2\varphi_1)$，$\chi_L$ 为叶角分布与球型分布的偏离指数，当为 +1 时代表叶片水平，−1 时叶片垂直，$\cos^2(\bar{\lambda})=(\frac{1+\chi_L}{2})^2$，$\bar{\lambda}$ 为平均叶倾角。由辐射基本方程可以看出，叶片反射率和透射率直接影响向上和向下辐射通量的比例，进而影响辐射平衡；而平均叶倾角通过影响 G 函数来影响冠层消光系数，进而对辐射平衡加以调控。它们在辐射传输过程中所起的作用到底有多大，辐射传输对其是否敏感，将通过以下研究进行深入探讨。

12.2 冠层辐射传输参数变化及相互关系

12.2.1 LAI 与 FVEG 的关系

第 10 章中研究结果表明，LAI 与 FVEG 在玉米拔节前呈对数关系，拔节后呈指数关系，但由于采用样本数较少，所确定的关系不确定性很大，本研究在 2008 年观测资料基础上在 2012 年又开展了一些针对性观测，累计样本数 26 个，以期更为准确地表达二者关系。由图 12.1 可见，指数、对数和幂函数 3 种关系都达到显著性水平（$P<0.05$），但 LAI 与 FVEG 为幂函数关系时拟合相关系数最大，达到极显著水平（$P<0.001$）。通过确立二者关系，代入逐日 LAI 可实现 FVEG 的动态模拟。

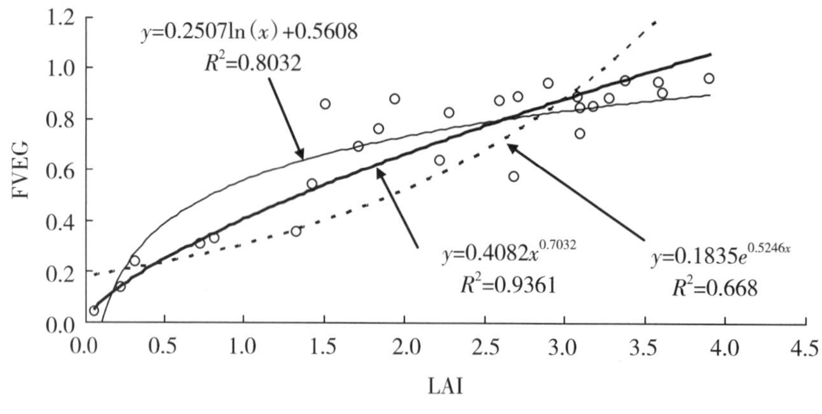

图 12.1　LAI 与 FVEG 的关系

12.2.2　平均叶倾角与 LAI 的关系

CoLM 原模型中玉米平均叶倾角被设定为 69.5°，通过观测发现（图 12.2），随着玉米生育期的变化平均叶倾角在 30° ~ 85° 变化，与 LAI 呈二次曲线关系，表达式为：

$$A_{ML} = -2.5795{I_{LA}}^2 + 5.227I_{LA} + 45.205, \quad n=132, \quad R^2=0.3225, \quad P < 0.0001 \qquad (12\text{-}1)$$

式中：A_{ML} 为平均叶倾角；I_{LA} 为 LAI。平均叶倾角最大值出现在 LAI 为 3 前后，利用与 LAI 的二次曲线关系，可实现平均叶倾角的动态模拟。

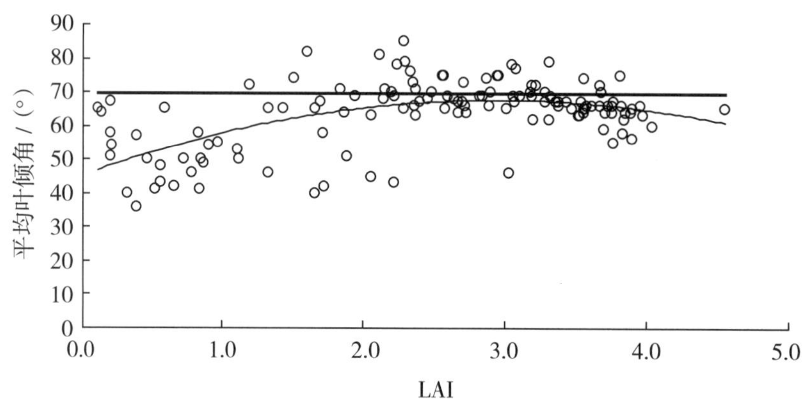

图 12.2　平均叶倾角与 LAI 的关系

12.2.3　叶片反射率和透射率

图 12.3 给出可见光和近红外波段玉米不同生育阶段上层和下层叶片反射率和透射率的动态变化情况。由图 12.3a 可见，可见光波段叶片反射率随着生育进程呈增大趋势，变化范围为 0.06 ~ 0.09，下层叶片反射率略大于上层，这种差异随叶龄增大而增大。玉米叶片反射率在生育后期偏大，主要是由于叶片的枯黄和死亡所致，大部分生育时期都明显小于模型设定值 0.11。就透射率而言，玉米成熟前上层叶片透射率大于下层，在玉米生长前

期（拔节前）和后期（成熟后）这种差异相对较大。玉米成熟后，下层叶片透射率反而大于上层，原因是此时下层叶片已完全干枯，基本无叶绿素，对光的吸收很小，使大部分光线透射。从整个生育期来看，在叶片枯黄前叶片透射率变化趋势不明显，与模型设定值 0.07 相比明显偏小。近红外波段（图 12.3b），上下层叶片反射率和透射率差异很小，几乎不随发育期变化而变化，变化范围在 0.30 ~ 0.40，与模型设定反射率 0.58 和透射率 0.25 相差较大。

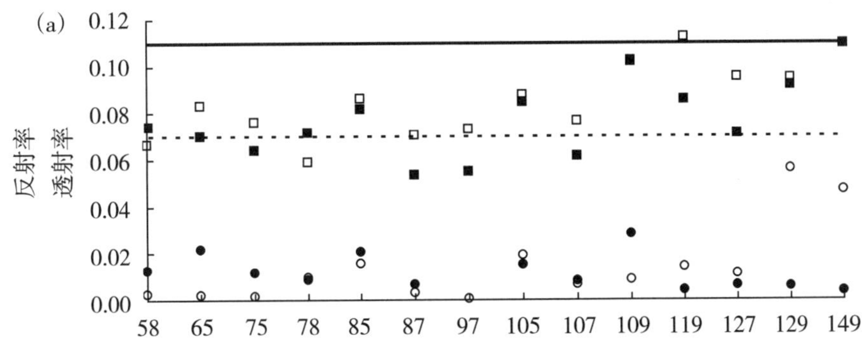

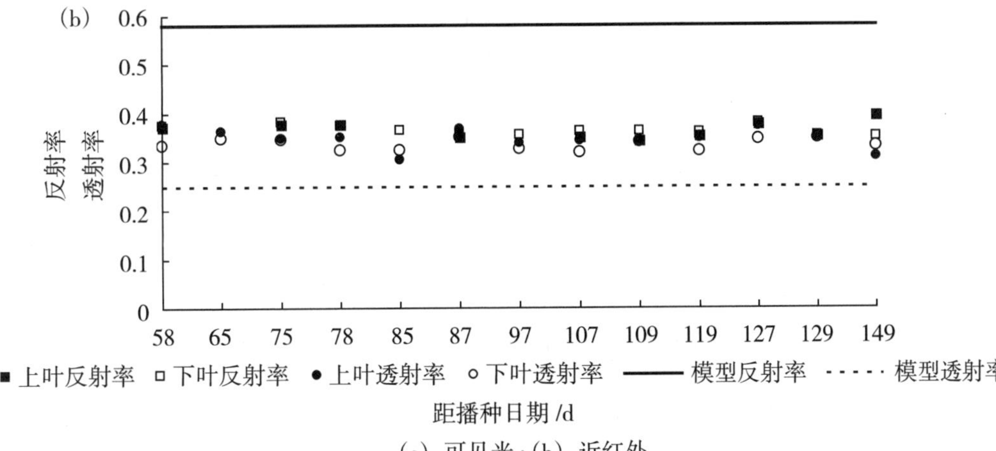

(a) 可见光；(b) 近红外

图 12.3　不同波段玉米叶片反射率和透射率与模型值对比

12.2.4　辐射传输参数改进对陆—气通量模拟的影响

利用 2008 年梯度观测资料并引入逐日 LAI 和 FVEG 对 CoLM 模型进行驱动，模拟结果作为对照；在此基础上利用平均叶倾角与 LAI 的二次曲线关系式，实现平均叶倾角的动态参数化，模拟结果定义为改进 1；在对照基础上利用实测叶片反射率和透射率替换原模型设定值，模拟结果定义为改进 2。考虑到影响叶片反射率和透射率的因素的复杂性，这里对玉米生育期内实测值求平均，具体赋值见表 12.1。

表 12.1 反射率与透射率优化前后对比

类别	状态	α_{vis}	α_{nir}	τ_{vis}	τ_{nir}
实测值	活叶	0.075	0.365	0.016	0.341
	死叶	0.108	0.365	0.029	0.341
模型值	活叶	0.110	0.580	0.070	0.250
	死叶	0.110	0.580	0.070	0.250

注：α. 反射率；τ. 透射率；*vis*. 可见光；*nir*. 近红外光。

12.3 辐射传输参数改进对冠层辐射传输的影响

12.3.1 辐射传输参数改进对反照率模拟的影响

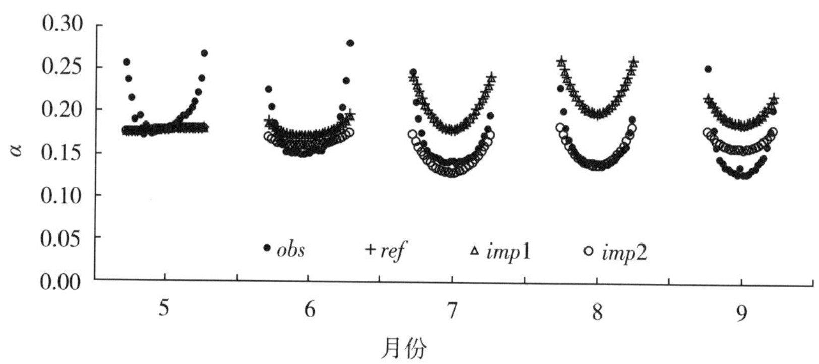

obs. 实测；*ref*. 对照；*imp*1. 改进 1；*imp*2. 改进 2，下同。

图 12.4 冠层反照率对照和改进试验模拟值与实测值各月平均日动态对比

图 12.4 为改进和对照试验模拟的冠层反照率与实测值各月日动态对比情况。5 月大部分时段植被覆盖度很小，下垫面以裸土为主，CoLM 模型对裸土反照率设定为常数，且没有进行考虑太阳高度的日动态处理，在此基础上的叶片倾角、反射率和透射率的改进还没有得到体现，因此改进效果不明显。从 6 月开始，随着冠层覆盖度逐渐增大，冠层参数对辐射传输的作用增大，通过比较发现，平均叶倾角的改善对反照率改进作用不明显，分析原因认为：从图 12.2 可知，当 LAI ＞ 2.0 时，平均叶倾角与原模型值差异在 10° 以内，这种较小范围内的变化可能不足以影响辐射传输过程；而当 LAI ＜ 2.0 时，玉米冠层植被覆盖度仅约为 0.5，土壤对辐射传输过程影响还很大，虽然此时平均叶倾角与模型值有较大差异，但由于冠层在辐射传输过程中的作用很小，导致平均叶倾角较大幅度优化对辐射过程改进仍不明显。相比之下，反射率和透射率的改进对冠层反照率模拟改善作用更为明显，尤其在 7 月和 8 月，参数改进已使反照率模拟值十分接近实测值，9 月由于玉米植株

开始进入成熟，上下层叶片枯黄进度不同，增大了模型对活叶与死叶判断的不确定性，因此导致冠层反照率模拟误差较 7 月和 8 月偏大，但参数改进的作用仍很明显，与对照相比模拟精度有了很大提升。

12.3.2 辐射传输参数改进对辐射模拟的影响

从反照率模拟精度比较中发现，平均叶倾角优化对反照率模拟几乎没有改善作用，因此在以下分析中对改进 1 试验结果不做比较。从各月净辐射平均日变化模拟值与实测值对比情况看（图 12.5），除 5 月外，其他各月改进 2 模拟值较对照都不同程度有所改善，7 月和 8 月改进更为明显。总体上看，生长季内净辐射与反照率改进情况相对应。从生长季内拟合精度来看（图 12.6），参数改进后拟合相关系数大于对照，拟合趋势系数更接近 1，模拟值对实测值的解释能力提高 0.6%，表明叶片反射率和透射率的优化对辐射传输过程起到明显的改进作用。

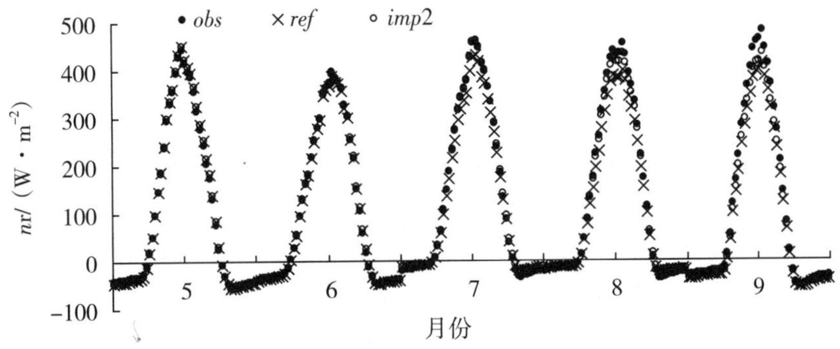

图 12.5　各月净辐射（*nr*）平均日变化模拟精度比较

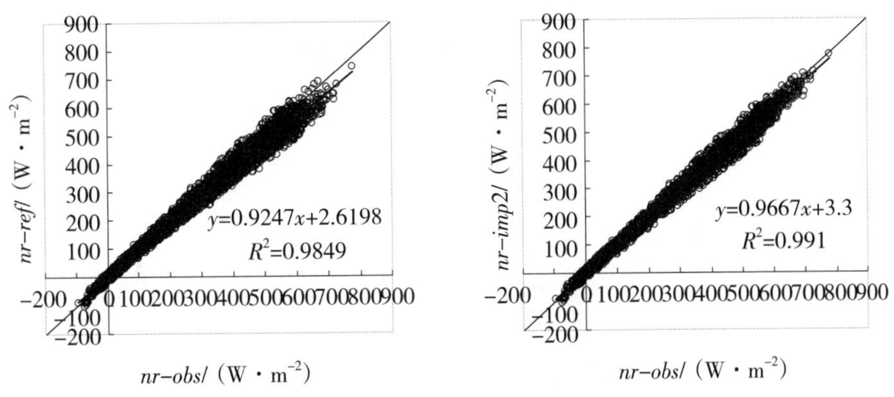

图 12.6　生长季净辐射模拟值对实测值拟合精度的比较

12.3.3 辐射传输参数改进对热通量模拟的影响

从感热月平均日动态模拟值与实测值比较情况看（图 12.7a），由于 5 月和 6 月净辐射在参数优化后模拟精度改善不明显，导致感热的模拟几乎没有得到改进，而 7 月和 8 月模拟精度提高明显。9 月在参数优化后感热模拟误差反而增大，分析其原因认为，原模型净辐射模拟值较实测值低估的情况下感热却有所高估，参数优化后净辐射模拟值大于原模型且更接近于实测值，而潜热和土壤热通量在该月模拟精度都几乎没有改善，使净辐射增大的部分反映在感热的增大上，这与原本原模型中感热的高估叠加，使感热高估幅度进一步增大，进而导致模型优化后误差增大。究其最终原因，还是原模型在 9 月对感热高估所致，而感热的高估则主要由潜热的明显低估所造成，潜热的低估则由土壤湿度的不真实模

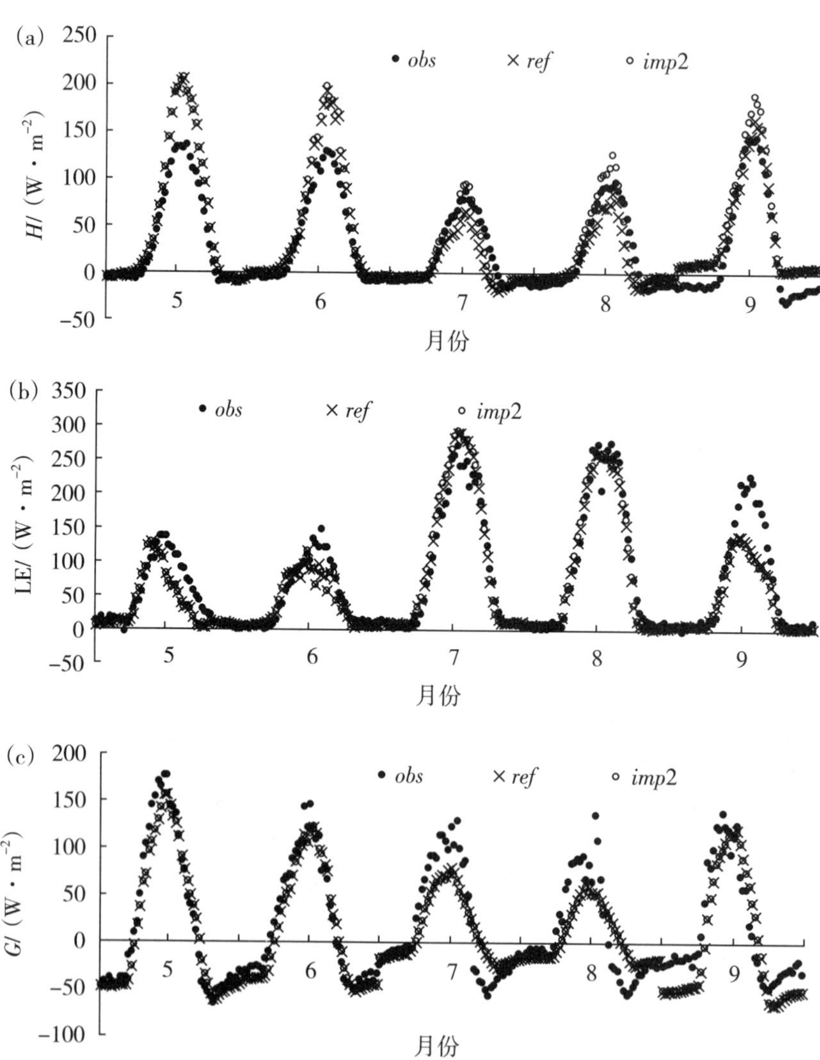

图 12.7　各月（a）感热（H）、（b）潜热（LE）和（c）土壤热通量（G）平均日变化模拟值与实测值的比较

拟引起。从潜热模拟情况看（图 12.7b），参数优化的改进作用非常有限，尤其对 9 月原模型较大的模拟误差没有丝毫的改善，表明辐射参数优化对潜热模拟影响较小。对于土壤热通量的模拟（图 12.7c），参数优化几乎没有改进作用。

从整个生长季情况来看（图 12.8），参数优化后，感热模拟值对实测值的拟合相关系数有所增大，解释能力提高约 4%，且拟合趋势系数更接近 1。潜热模拟值对实测值的拟合趋势系数更接近 1，但拟合相关系数略有减小，模拟改进情况不明显。土壤热通量模拟值对实测值的拟合精度没有改善。

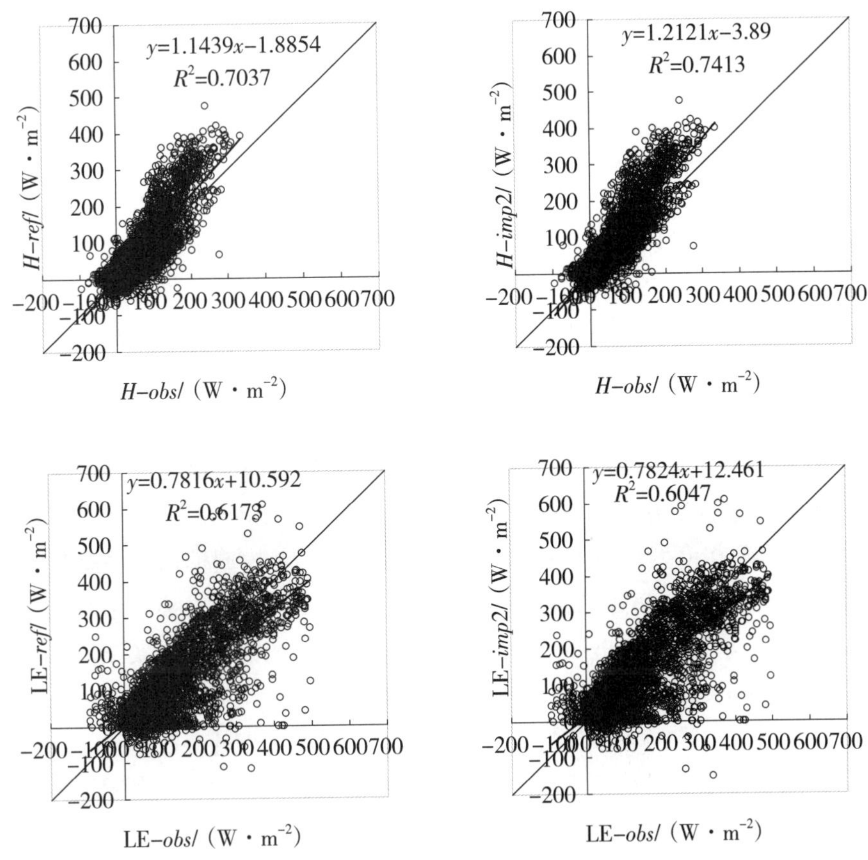

图 12.8　生长季感热（*H*）、潜热（LE）模拟值对实测值拟合精度的比较

12.3.4　模型模拟精度定量比较

利用 NS 和 RRMSE 两种判断模型精度的指标对模型参数优化后的改进作用进行评价，净辐射的 NS 提高约 0.008，RRMSE 减小 0.068，在原模型对其有较高模拟精度的前提下，参数优化能进一步降低误差，表明参数优化作用十分明显。感热的 NS 提高 0.028，RRMSE 减小 0.050。潜热 NS 提高 0.013，RRMSE 减小 0.007。进一步证明感热模拟精度提高更为明显（表 12.2）。

表 12.2　模型模拟精度比较

变量	模型效率系数（NS）	相对均方差（RRMSE）
nr-ref	0.986	0.203
*nr-imp*2	0.994	0.135
H-ref	0.550	0.876
*H-imp*2	0.578	0.846
LE-*ref*	0.430	0.667
LE-*imp*2	0.443	0.660

12.4　本章小结

通过对玉米整个发育期 LAI、植被覆盖度、平均叶倾角、叶片反射率和透射率等与辐射传输有关参数的动态观测，分析各参数动态变化规律并确立参数间关系，对 CoLM 模型相应参数进行优化，通过比较模拟值与实测值拟合相关系数、相对均方差（RRMSE）和模型效率系数（NS）等指标对参数优化后模型模拟精度进行评价，得出以下几点结论。

（1）玉米农田 LAI 与植被覆盖度呈幂函数关系，与平均叶倾角呈二次函数关系。

（2）CoLM 模型中玉米农田平均叶倾角、叶片反射率和透射率等参数设置与实际情况差异较大，各参数比实测值不同程度偏大。

（3）平均叶倾角在模型中为不敏感参数，其参数优化对模型模拟几乎没有影响。

（4）叶片反射率和透射率在辐射传输过程中起到重要作用，在模型中对其优化可明显提高冠层反照率的模拟精度，进而使净辐射模拟得到改善，模拟值对实测值解释能力提高 0.6%，NS 增大 0.008，RRMSE 减小 0.068。

（5）叶片反射率和透射率的参数优化也使模型对陆—气通量交换过程的模拟得到一定改善，其中感热模拟精度提高较为明显，模拟值对实测值的解释能力提高约 4.0%，NS 提高 0.028，RRMSE 减小 0.050；潜热 NS 提高 0.013，RRMSE 减小 0.007，较感热改善程度偏小；模型对地表热通量模拟未因参数优化而得到改善。

通过以上研究结论可以证明，植被叶片反射率和透射率是辐射传输中的重要参数，模型中对它们的优化可改善能量通量的模拟，进而实现了对陆—气相互作用过程更为真实的描述，与各类复杂的参数化方案改进相比，这类参数的优化简单而且效果明显。房云龙等、蔡福等研究发现，参数方案改进后反而出现某些参量模拟精度下降的现象，而当某些参数或参量优化后会使参数化方案改进的效果更加明显，说明合理的参数化方案只有在更为真实的参数设置前提下才能更好地发挥作用。因此，改善现有模型中一些不合理参数的设置是开展参数化方案研究的重要前提，对改进陆面过程模型模拟能力非常重要。

13 玉米农田地表粗糙度动态参数化方法研究

地表粗糙度（z_0）和零平面位移（d）是地表动量、热量和气体交换等参数化过程的重要因子，Sub 和 Smith 研究指出，沙漠地区粗糙度由 45 cm 减小至 0.02 cm，降水明显减少；Reijmer 等认为，z_0 的减小会引起近地面风速的增大，地表温度降低，使大气稳定性增加；房云龙等通过改善模型中 z_0 的设置，感热和地温的模拟得到明显改善；周艳莲等、陈斌等研究表明，不考虑 z_0 动态变化将导致通量计算误差增大。可见，对 z_0 和 d 更为真实表达将对陆面过程模拟结果起到改进作用。关于 z_0 和 d 的确定现有研究大部分集中在下垫面性质不变或变化很小的戈壁、草地和森林，或者生长季某一时段，而针对玉米农田整个生长季不同生育阶段 z_0 和 d 动态变化的研究鲜有报道。玉米农田因冠层高度和 LAI 的不断变化 z_0 和 d 也将随之改变，而这种变化的规律如何、在整个生长季的幅度多大都还没有进行过系统性研究。同时，z_0 和 d 动态变化对陆面过程中的动量、水热通量的影响如何也有待进行深入研究，在此利用 2006—2008 年 16 m 高的梯度观测系统 4 层风速和气温观测资料对玉米生育期 z_0 和 d 进行确定，并对其变化规律进行分析，建立基于生物因子和环境因子的动态参数化方案。在第 8 章利用该方案对 BATS1e 模型原静态参数进行改进，研究动力参数动态对陆面过程模拟的影响。

13.1 资料与方法

13.1.1 资料来源

研究资料来自 2006—2008 年 16 m 高的梯度观测系统，该系统分 8 层高度观测气温和风速梯度数据，分别为 0.5、1、1.5、2、4、8、10、16 m，由于系统故障原因各年有效资料不全且有资料时段差异较大。考虑冠层高度及现有资料连续性，选取各年生长季有效资料分别为：2006 年 5 月 25 日至 7 月 28—29 日 2、4、8、10 m 4 个高度，9 月 10—25 日 4、8、10、16 m 4 个高度；2007 年 5 月 17 日至 8 月 19 日 2、4、10、16 m 4 个高度；2008 年 5 月

表 13.1　2006—2008 年玉米各生育期出现日期

年份	三叶	七叶	拔节	抽雄	乳熟	成熟
2006	5 月 24 日	6 月 8 日	6 月 24 日	7 月 19 日	8 月 20 日	9 月 27 日
2007	5 月 17 日	6 月 1 日	6 月 20 日	7 月 16 日	8 月 15 日	9 月 24 日
2008	5 月 15 日	6 月 15 日	6 月 25 日	7 月 21 日	8 月 7 日	9 月 25 日

8 日至 6 月 19 日 1、1.5、2、4 m 4 个高度，7 月 1 日至 9 月 23 日 2、4、10、16 m 4 个高度。表 13.1 给出各年玉米主要生育期出现日期。3 a 资料基本可以覆盖一个完整的生长季。

13.1.2 研究方法

周艳莲等基于阔叶红松林下垫面对采用最小二乘拟合迭代法、牛顿跌代法、TVM 法和 Martano 法求得的粗糙度进行比较研究表明，如果相邻高度的摩擦风速较大将增大粗糙度计算误差，TVM 中不同经验参数的选取将导致粗糙度变化较大，Martano 法对数据量要求较高，如果观测数据较少将显著增大计算误差，而牛顿迭代法只适用于大气层结为中性的条件。因此，本研究利用不同形式最小二乘拟合迭代法计算玉米农田地表粗糙度。

13.1.2.1 最小二乘法拟合迭代 1（方法 1）

根据 Monin-Obukhov 相似理论，近地层风速、温度廓线可表示为：

$$\begin{cases} u=\dfrac{u_*}{k}\left[\ln\left(\dfrac{z-d}{z_0}\right)-\psi_{\mathrm{m}}\left(\dfrac{z-d}{L}\right)\right] \\ \theta=\dfrac{\theta_*}{k}\left[\ln\left(\dfrac{z-d}{z_{\mathrm{t}}}\right)-\psi_{\mathrm{h}}\left(\dfrac{z-d}{L}\right)\right]+\theta_0 \end{cases} \tag{13-1}$$

式（13-1）可拟合成以下形式：

$$\begin{aligned} u &= a_1x_1 + b_1 \\ \theta &= a_2x_2 + b_2 \end{aligned} \tag{13-2}$$

式中：u 为风速；θ 为位温；x_1、x_2、a_1、a_2、b_1、b_2 分别表示为：

$$x_1 = \ln(z-d)-\psi_{\mathrm{m}},\ a_1 = u_*/k,\ b_1 = -a_1\times\ln z_0$$

$$x_2 = \ln(z-d)-\psi_{\mathrm{h}},\ a_2 = \theta_*/k,\ b_2 = -a_2\times\ln z_{\mathrm{t}}+\theta_0$$

将 d 以一定步长在一定范围内变化，分别拟合风速和温度廓线，计算得到一系列 z_0 和拟合相关系数，拟合相关系数最高时的 d 所对应的 z_0 即为最终结果。其中，u 为风速；θ 为位温；θ_* 为摩擦温度；u_* 为摩擦速度；z_0 和 d 分别为空气动力学粗糙度和零平面位移；z_{t} 为与 z_0 相类似的热力学粗糙度。

L 为 Obukhov 长度，$L=-\dfrac{u_*^3\theta}{kg\overline{w'\theta'}}=\dfrac{\overline{T}u_*}{kg\theta_*}$；$g$=9.8 m/s^2 为重力加速度；$\overline{w'\theta'}$ 为感热通量。当 $z/L<0$ 时，不稳定层结：

$$\psi_{\mathrm{m}}=\ln\left(\frac{1+x^2}{2}\right)+2\ln\left(\frac{1+x}{2}\right)-2\operatorname{arctg}x+\frac{\pi}{2},\ \psi_{\mathrm{h}}=2\ln\left(\frac{1+y}{2}\right),$$

$$x=\left(1-16\frac{z-d}{L}\right)^{\frac{1}{4}},\ y=\left(1-16\frac{z-d}{L}\right)^{\frac{1}{2}},$$

当 $z/L>0$ 时，稳定层结，$\psi_{\mathrm{m}}=\psi_{\mathrm{h}}=-5\dfrac{z-d}{L}$，

当 $z/L=0$ 时，中性层结，$\psi_{\mathrm{m}}=\psi_{\mathrm{h}}=0$。

13.1.2.2　最小二乘法拟合迭代 2（方法 2）

由 Monin-Obukhov 相似理论近地面风速廓线表示为：

$$\varphi_M(\frac{z-d}{L})=\frac{k(z-d)}{u_*}\frac{\partial u}{\partial z} \tag{13-3}$$

式中：φ_M 为无量纲风速梯度；其他各个参数代表的意义同上。将式（11-3）对高度积分可得风速廓线的积分形式：

$$\frac{ku}{u_*}=\ln(\frac{z-d}{z_0})-\psi_M(\zeta) \tag{13-4}$$

令 $\zeta=\frac{z-d}{L}$，$\zeta_0=\frac{z_0}{L}$。

式（13-4）中的 $\psi_M(\zeta)$ 是风速对数廓线的稳定度修正函数，表达式为：

$$\psi_M(\zeta)=\int_{\zeta_0}^{\zeta}[1-\varphi_M(\zeta)]\mathrm{d}\ln\zeta \tag{13-5}$$

式中：$\varphi_M(\zeta)$ 取 Businger-Dyer-Webb 的形式：

$$\varphi_M=\begin{cases}(1-16\zeta)^{-1/4} & \zeta\leqslant 0\\ 1+5\zeta & \zeta\leqslant 0\end{cases} \tag{13-6}$$

ζ 与梯度理查逊数 R_i 的关系为：

$$\zeta=\begin{cases}R_i & R_i\leqslant 0\\ \dfrac{R_i}{1+5R_i} & R_i>0\end{cases} \tag{13-7}$$

其中，R_i 可由式（13-8）计算：

$$R_i=\frac{g\dfrac{\partial T}{\partial z}}{T(\dfrac{\partial u}{\partial z})^2} \tag{13-8}$$

式（13-6）代入式（13-5）可得：

$$\psi_M=\begin{cases}-5\zeta,\ \zeta>0\\ 2\ln(\dfrac{1+x}{2})+\ln(\dfrac{1+x^2}{2})-2\arctan x+\dfrac{\pi}{2},\ \zeta\leqslant 0，其中\ x=(1-16\zeta)^{1/4}\end{cases}$$

由式（13-4）可得：

$$\ln(z_i-d)=\frac{k}{u_*}u_i+\ln z_0+\psi_M(\zeta) \tag{13-9}$$

式中：下标 i 是每个时次不同高度。

定义 E 为偏差：$E=\frac{1}{n}\sum_{i=1}^{n}[\ln(z_i-d)-\frac{k}{u_*}u_i-\ln z_0-\psi_M(\zeta)]^2$

式中：n 为风速测量的总次数，对于一个给定的 d，可对 E 求导数，即 E 最小时可求 z_0 和

u_*，令 $a = \ln z_0$，$b = k/u_*$ 对式（13–9）线性回归，相关系数最大时的 d，z_0 和 u_* 即为所求。定义相关系数 R，则有：

$$R = \frac{\sum_{i=1}^{n}(x_i - \bar{x})(y_i - \bar{y})}{\sqrt{\sum_{i=1}^{n}(x_i - \bar{x})^2}\sqrt{\sum_{i=1}^{n}(x_i - \bar{x})^2}} \tag{13–10}$$

式中：$x_i = \frac{ku_{\mathrm{i}}}{u_*} + \psi(\zeta)$，$y_{\mathrm{i}} = \ln(\frac{z-d}{z_0})$

13.2 空气动力学参数的计算

13.2.1 梯度理查逊数随高度的变化及对 z_0 计算的影响

梯度理查逊数（R_i）是描述大气湍流强弱的参数，它综合了热力因子对湍流的激发、抑制作用以及摩擦切应力等动力因子产生湍流的作用，能反映出湍流状态，因此，可以用来判断大气稳定度。其内在含义是气块反抗浮力作用所做功的动能消耗率与平均动能转化成湍流的生产率之比，由式（13–8）中温度梯度和风速梯度通过对数内插公式精确确定可得到以下公式：

$$R_i = \frac{g\sqrt{z_1 z_2}}{\overline{T}}\frac{T_2 - T_1}{(u_2 - u_1)^2}\ln(z_2 / z_1) \tag{13–11}$$

式中：$\overline{T}$ 为上下二层气温的绝对温度（K），由于不同高度上下两层温度差和风速差在不同时刻是不断变化的，因此 R_i 也随之改变。图 13.1 分别给出 4 m 和 10 m、2 m 和 4 m 以

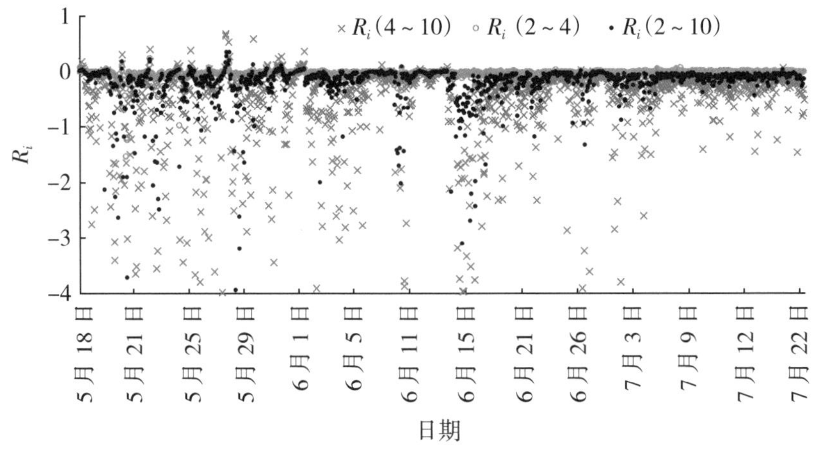

图 13.1　2006 年玉米农田生长季不同高度计算 R_i 的变化

及 2 m 和 10 m 上下两层高度不同情况下计算得到的 R_i 的动态变化，分别定义为 R_i(4 ~ 10)、R_i（2 ~ 4）、R_i（2 ~ 10）。由图可见，R_i（2 ~ 4）集中在 0 值附近，反映大气层结以近中性居

多，R_i（4～10）最为离散，大部分为负值，所反映的大气层结多为不稳定状态，R_i（2～10）介于前两者中间，所用资料高度为研究高度的最上和最下层。可见，R_i 随观测高度不同而变化，气层高度越高层结越不稳定，两层高度越接近稳定性越强，R_i（4～10）和 R_i（2～4）仅能分别反映出 4 m 以上和以下不同层次大气层结情况，不能代表 10 m 以下整层的层结状态。

相对而言，R_i（2～10）代表的层次范围更大，能更真实反映出研究高度大气整体的层结状态，在相关研究中有所应用，因此，以下研究都采用该计算 R_i 方式来获取 z_0 值。利用方法 2 对 2006 年生长季 z_0 进行求解，为了最大限度减少误差，去除了 2 m 高度平均风速小于 2m・s^{-1} 的数据，剩余 1309 组数据，基于 3 种高度组合求得的 R_i 值求出 z_0 值分别定义为 z_0（4～10）、z_0（2～4）、z_0（2～10）（图 13.2），由图可见，6 月 15 日（七叶期）以前不同 R_i 值求得的 z_0 差异很小，之后随着玉米植株不断生长 z_0 间差异开始增大，其中 z_0（2～4）最大，其次是 z_0（2～10），z_0（4～10）最小，表明不同高度组合求得的 R_i 对 z_0 计算结果影响明显，随 R_i 增大 z_0 有所减小，即大气越不稳定 z_0 值越小，反之亦然。通过上面分析认为 R_i（2～10）相对其他两个 R_i 值更为合理，因此以下研究中用 z_0（2～10）进行分析。可见选择合理高度计算 R_i 值来求解 z_0 十分必要。

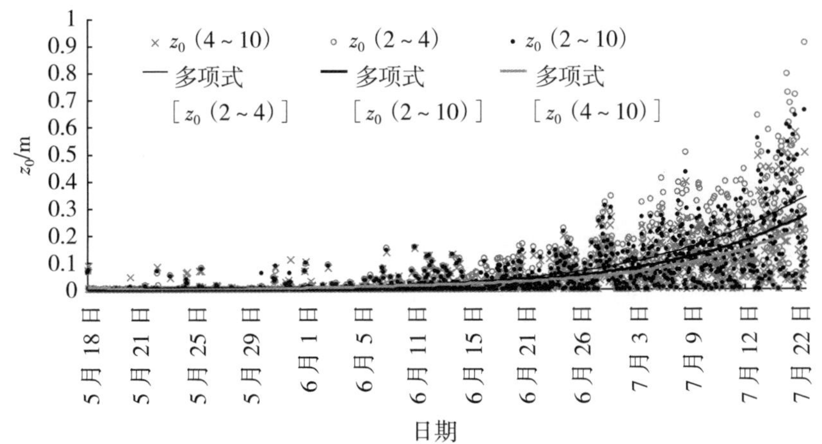

图 13.2　基于不同 R_i 值求得 2006 年玉米农田生长季 z_0 的变化

13.2.2　不同方法求得不同年份 z_0 和 d 的初值比较

由于方法 1 和 2 都采用最小二乘法对 4 层高度资料进行回归拟合，计算结果将出现一些异常值，因此需要对计算结果进行初步有效性筛选，采用以下原则：首先，剔出 d 值大于最低层观测高度的结果；其次，剔出相关系数小于 0.9 的计算结果。通过初步筛选，方法 1 和 2 计算出的 2006—2008 年生长季 z_0 和 d（图 13.3～图 13.5）。由图 13.3 可见，不同大气层结状况下 d 值变化范围较大，方法 2 计算结果略大于方法 1，二者随时间变化趋势较为一致，从多项式拟合曲线上看，在 6 月 23 日之前曲线呈下降趋势，之后缓慢增大，到 7 月 18 日（抽雄）以后出现陡增（8 月 23 日乳熟）。z_0 的变化趋势为 7 月 20 日之前缓慢增大，之后逐渐减小。图 13.4 给出 2007 年生长季 z_0 和 d 计算结果，就 d 值而言，方法 1 和 2 计算结果随时间变化趋势基本一致，在 6 月 20 日之前 d 值随时间不断减小，之后逐渐增大，经抽雄（7 月 16 日）期到 8 月 5 日前后达到最大，z_0 在 8 月 5 日之前缓慢增

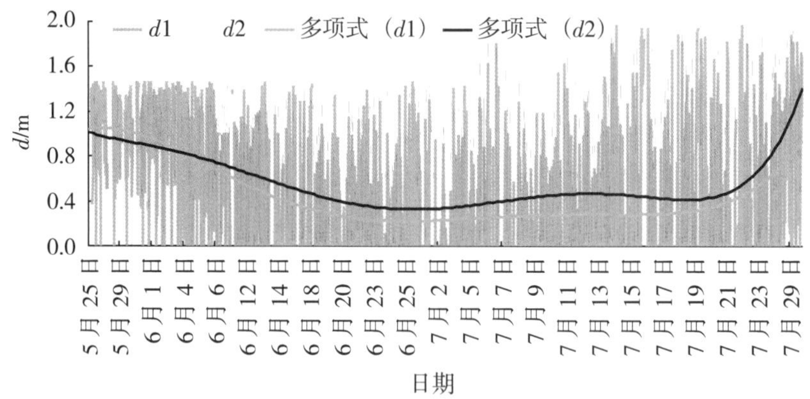

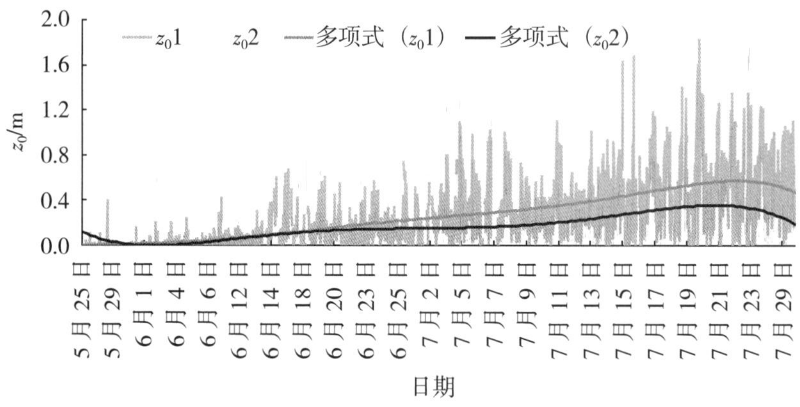

图中 1、2 分别代表方法 1 和方法 2

图 13.3　不同方法计算得到 2006 年玉米生长季 d 和 z_0

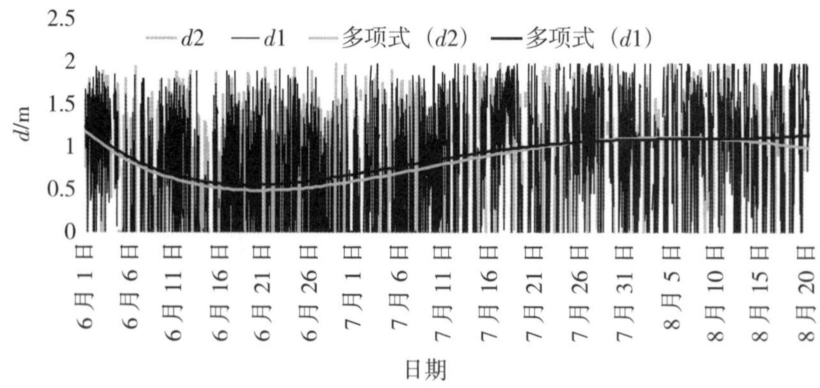

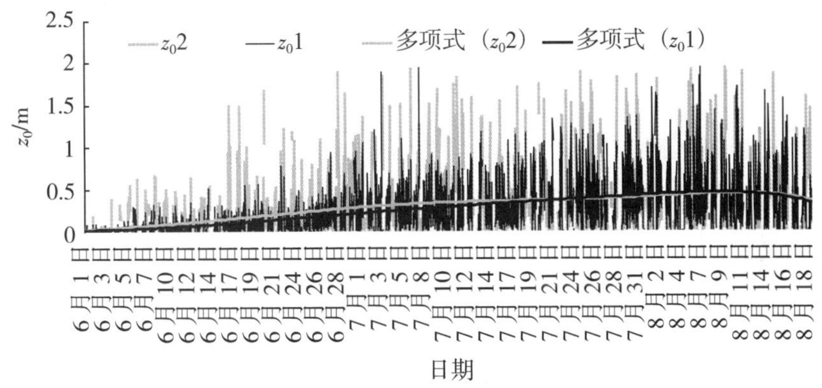

图 13.4　不同方法计算得到 2007 年玉米生长季 d 和 z_0

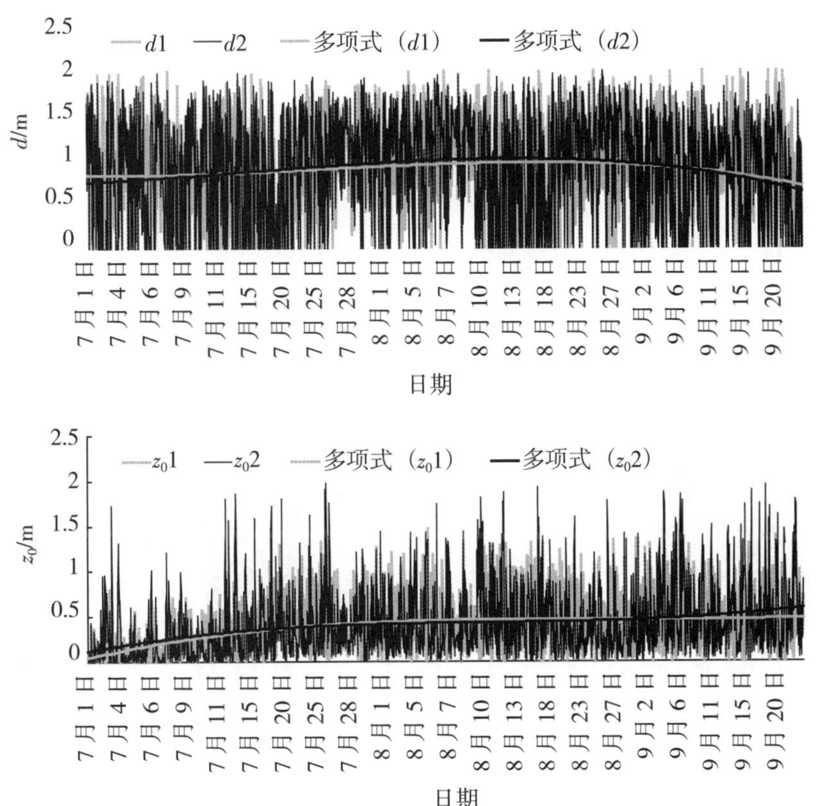

图 13.5　不同方法计算得到 2008 年玉米生长季 d 和 z_0

大，至 8 月 15 日（乳熟）处于稳定状态，之后逐渐减小。图 13.5 给出 2008 年生长季 z_0 和 d 计算结果，资料从拔节以后开始，到 7 月 21 日（抽雄）之前平稳增大，之后开始较快速增大，到 8 月 7 日（乳熟）前后达到最大，持续最大值一段时间后开始缓慢减小。z_0 值经抽雄（7 月 21 日）至乳熟持续增大，之后处于平稳状态（$z_0$1）或缓慢减小（$z_0$2）。

通过 3 a 生长季不同时期计算结果可发现年际间有一些共同特点：玉米拔节前 d 值由较高值逐渐减小，这与实际情况不符，其原因将在以下分析中详细讨论；拔节之后至乳熟前后逐渐增大，之后保持平稳或有所减小；z_0 值抽雄前持续增大，乳熟前后达到最大，不同年份间由于品种不同存在一定差异。周艳莲等研究发现，当 LAI 达到某一峰值前后 z_0 随 LAI 呈先增大后减小变化趋势，本研究中 2006 年抽雄后 z_0 的减小可能是因为抽雄后玉米冠层 LAI 超过某一极限值导致了 z_0 不再随 LAI 增大而增大，这种现象的发生与各年玉米种植品种和密度有关。

13.2.3 最优方法选取

从图 13.3 ~ 图 13.5 可以看出，方法 1 和 2 所计算出的 z_0 和 d 变化趋势基本一致，但二者差异在年际变化较大。由于没有标准的 z_0 和 d 作为参考，方法 1 和 2 所求得的 z_0 和 d 计算结果的准确与否不能直接比较，但由于两种方法在运算过程中都可求得摩擦风速（u_*），而研究站点可通过涡度相关系统获得 u_* 的实测资料，因此通过比较方法 1 和 2 所求得 u_* 值与实测值接近程度可判断出对 z_0 和 d 计算的准确性。对 2006—2008 年涡度相关系统观测的 u_* 数据进行质量控制，剔除潜热通量、感热和 u_* 异常数据。图 13.6（a ~ c）给出 2006—2008 年方法 1 和 2 求得 u_* 与实测值的相关关系，可以很直观地看出不同年份方法 1 所求得的 u_* 比方法 2 明显更接近实测值，表明方法 1 对 z_0 和 d 的计算相对方法 2 更为准确。基于此结论，以下都以方法 1 计算结果进行分析。

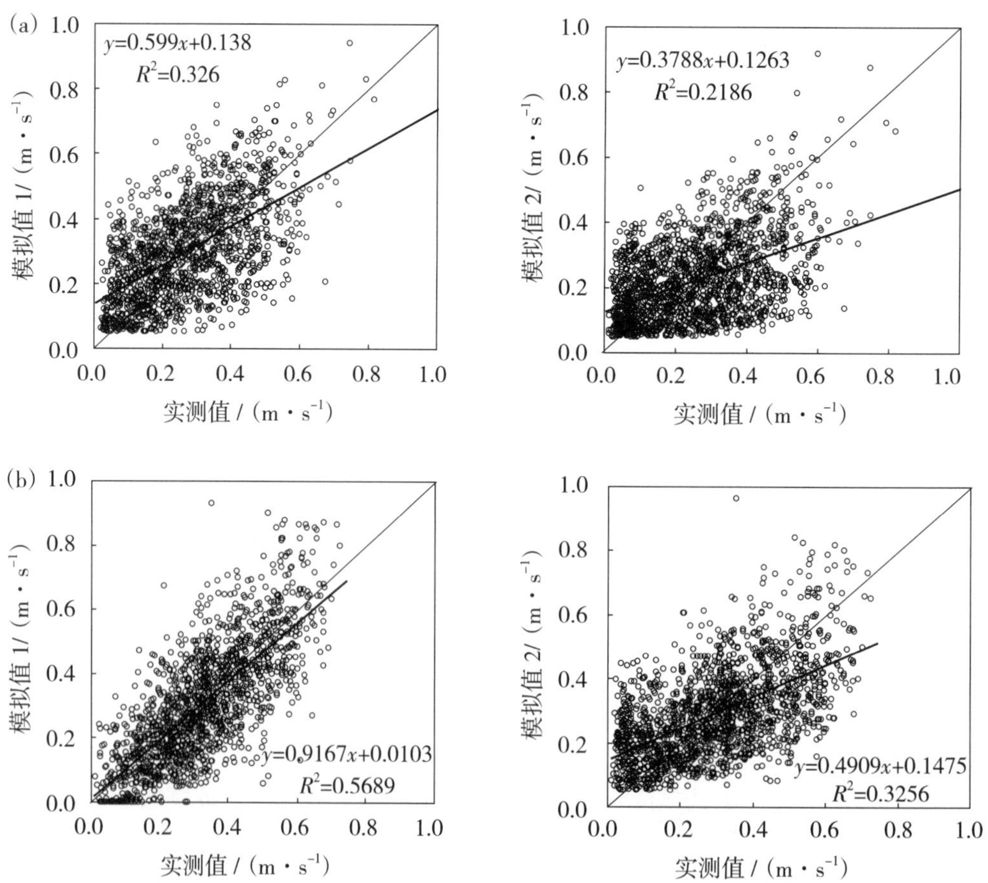

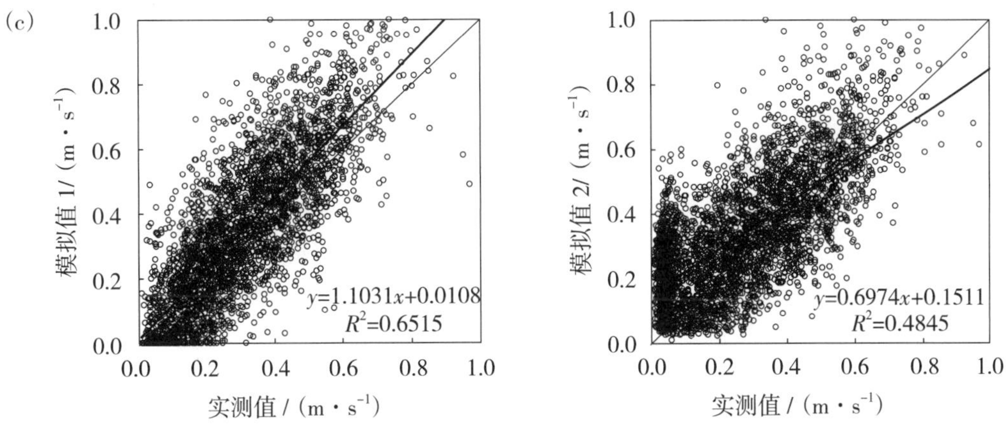

图 13.6　2006—2008 年方法 1 和方法 2 求得 u_* 与实测值相关关系的比较

第 8 章中提到 2006 年玉米拔节前 d 值都表现为由大逐渐减小的变化趋势，这与实际情况是不符的，通过分析认为，出现这种异常现象可能是由于该阶段玉米株高比较矮小且 LAI 很小，使得冠层郁闭度很小，动量可以直接下传到地表，因此冠层可能根本还未出现 d，因此在风速廓线方程（13–1）中很可能无须考虑 d。为了进一步说明此判断的合理性，在拔节前定义 d 值为 0 进行最小二乘回归拟和，对所求得的 u_* 和原来值分别与 u_* 实测值建立相关关系进行比较，如图 13.7 所示，2006 年和 2007 年拔节前当不考虑 d 时求得的 u_* 与实测值更为接近，证明上述判断是正确的。

13.2.4　z_0 和 d 日均值动态变化

由于一天中大气层结状态变化较大，使得 z_0 和 d 的日变化波动较剧烈，单个时刻计算结果不能代表一天的状态，因此取每天求得的有效数据的平均值代表当天 z_0 和 d 的平均状态。通过日均值计算发现，2006 年和 2007 年 d 值在拔节日期（6 月 24 日和 6 月 20 日）以后的 10 d 内仍出现异常值，这一时段在图 13.3a 和图 13.4a 中 d 值的最低值范围内，分析原因可能是由于拔节期并不是一天完成，而是需持续一段时间，认为农田玉米群体未完全完成拔节使得冠层不足以达到 d 值出现密度，因此把不考虑 d 存在的初始日期分别向后延至 7 月 3 日和 6 月 28 日。图 13.8 分别给出 2006—2008 年生长季 z_0 和 d 日均值动态变化曲线。由图 13.8a 可见，2006 年玉米生长季 z_0 值在 0.02 ~ 0.46 m 随玉米发育进度而逐渐增大，其中在七叶期（6 月 8 日）以前，z_0 值在 0.10 m 以下波动，从七叶至拔节 z_0 值在 0.10 ~ 0.20 m 变化，拔节至抽雄 z_0 处于 0.20 ~ 0.30 m，抽雄后逐渐增大至 0.46 m。从整个时段看，z_0 在各个时期都有较大波动，其中 6 月 15 日出现一个极高值，7 月 7—10 日出现低值时段，相对应的日平均风速与之具有较好的负相关关系，但在抽雄期前后，这种关系变得不明显，表明风速对 z_0 有一定影响，但从 d 值出现开始二者相关性减弱。另外，随着 d 值的出现 z_0 有一个明显的减小过程，然后逐渐增大，其原因是当 d 值出现后，z_0 值不再从地表而是从 d 值高度算起。d 值的变化总体上是随玉米发育进程而逐渐增大，变化范围为 0.5 ~ 1.0 m，与风速具有较明显的负相关关系。

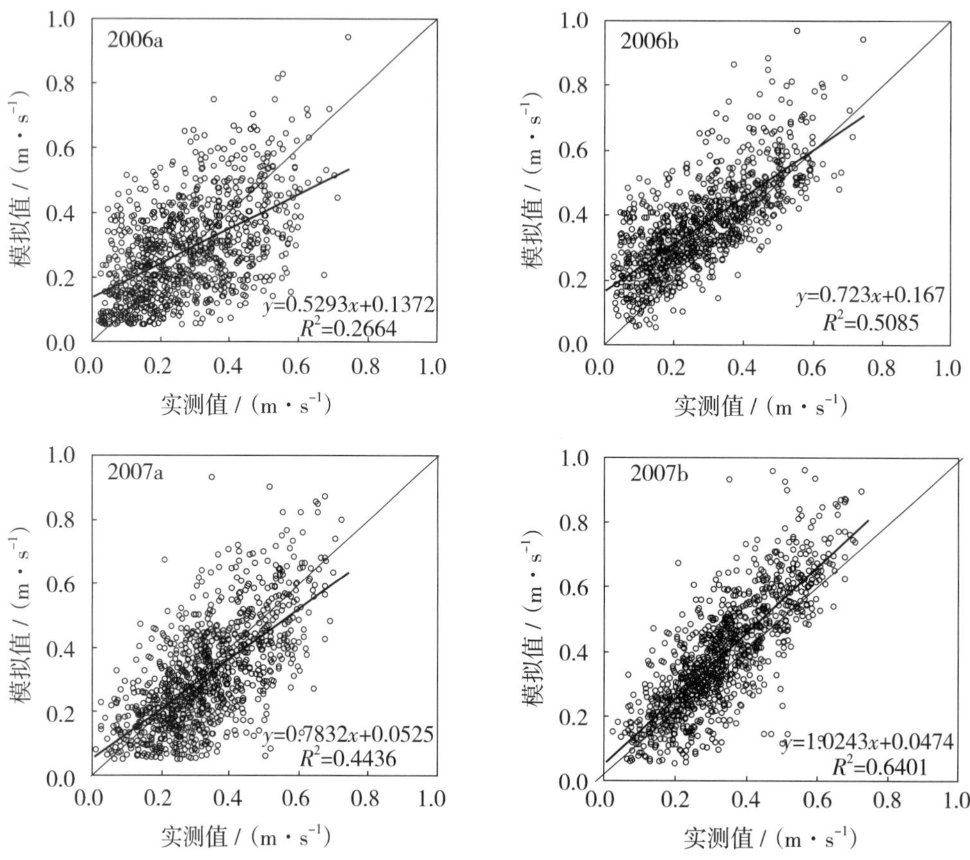

图 13.7　2006 年和 2007 年考虑 d（a）和不考虑 d（b）时求得 u_* 与实测值相关关系的比较

2007 年有观测资料时段为从三叶至乳熟以后（图 13.8b），z_0 在七叶（6 月 1 日）以前在 0.0024～0.05 m 波动增大，从七叶至拔节开始 10 d 左右 d 值出现前这一阶段，z_0 由 0.05 m 增大至 0.244 m，d 出现后，z_0 表现为一个先减小后增大的变化过程，从 d 值出现至抽雄（7 月 16 日）z_0 较平稳波动，增大趋势不明显，而此时 d 值随着植株高度的增加而明显增大，随着玉米群体抽雄的逐渐完成，z_0 不断增大，抽雄后至 8 月 3 日，由约 0.20 m 增大至 0.43 m，然后经乳熟（8 月 15 日）波动减小。从抽雄后 z_0 值达到 0.3 m 左右的高值阶段以后，d 值由于风速的波动变化而较剧烈变化，但总体上没有表现出增高或减低趋势，认为抽雄后冠层高度基本不变，LAI 变化随着叶片的枯萎凋落而很小，d 值受影响较小，以受风速影响为主，而 z_0 则因 LAI 的减小而在乳熟前几天开始减小。

2008 年有观测资料时段为拔节以后至收获（图 13.8c），由于该年玉米拔节期在 6 月 25 日，从图中可见在 7 月 10 日之前 d 值有一个较明显的随植株生长而减小的过程，而且随风速没有负相关关系，这一时段也是拔节后的 10 d 左右，与前两年情况类似，说明这一阶段也不需要考虑 d 值的存在。从 7 月 10 日至抽雄（7 月 21 日），z_0 和 d 都呈波动增大趋势，抽雄至乳熟，z_0 仍持续增大，而 d 值随风速平稳波动，无明显增大或减小趋势，乳熟后，z_0 波动变化，d 值在 8 月末开始波动减小，是否因 LAI 减小或风速变化所引起有待进一步分析。

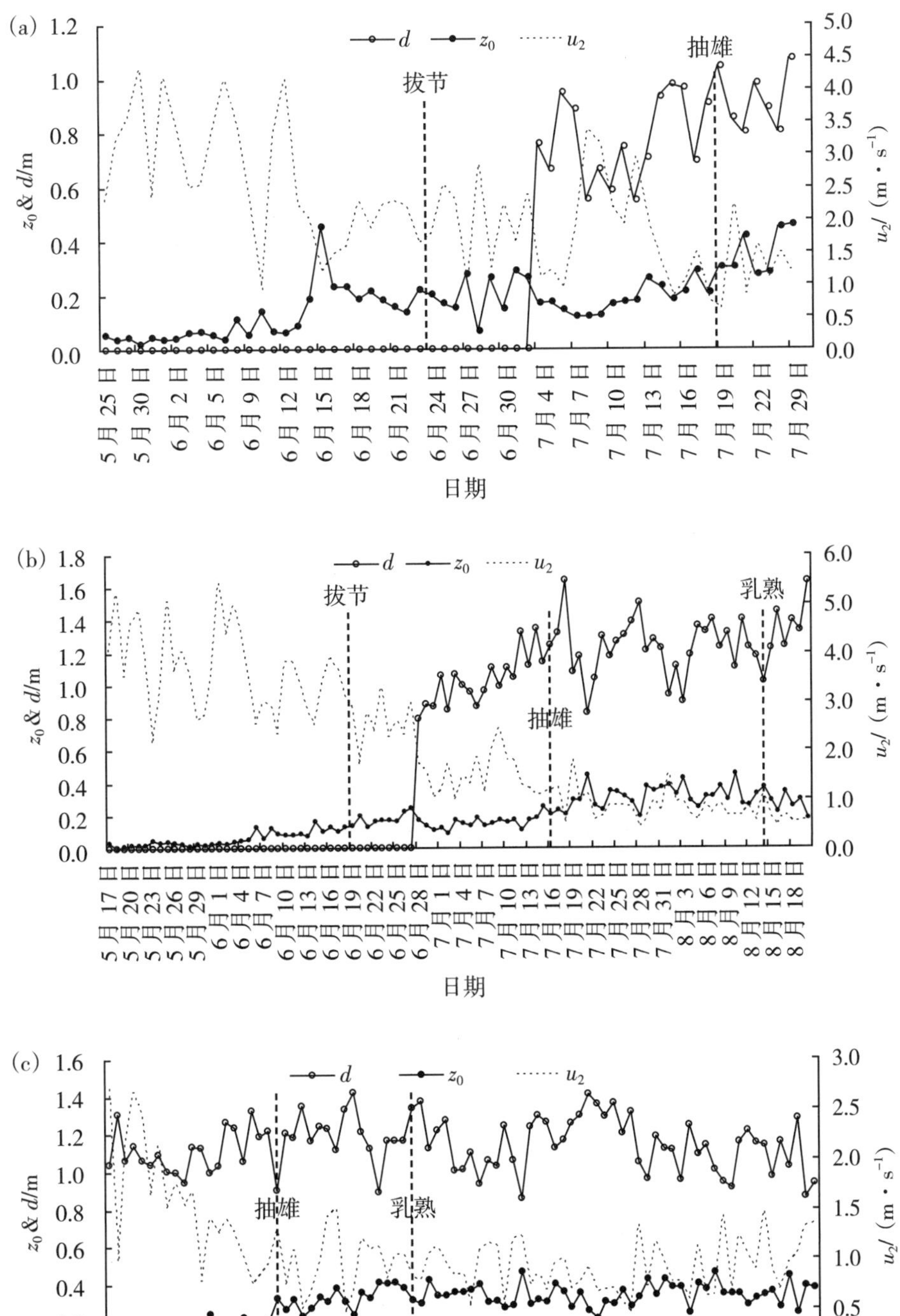

图 13.8 2006—2008 年生长季 z_0 和 d 日值动态变化

总之，从 3 a 情况看，d 值在拔节后 10 d 左右开始出现，这一时期玉米株高在 1.4 m 左右，z_0 值在抽雄前一般在 0.20 m 以下，在乳熟前后达到最大，约为 0.40 m，d 值开始出现后 z_0 有所减小。d 值抽雄前为 0.8 ~ 1.0 m，抽雄后在 1.0 ~ 1.4 m 波动。郭建侠等的相关研究结果表明，玉米七叶期之前 z_0=0.27 m，d=0.0 m，七叶至抽雄 z_0=0.16 m，d=0.61 m，抽雄至成熟 z_0=0.21 m，d=2.2 m，从量级和变化趋势上看，本研究结果与其一致，在数值上多数时期比较接近，而在抽雄至成熟本研究较其明显偏小，可能是因为其研究地段附近有高大建筑物导致计算结果偏大。当 d 出现后，本研究中 z_0 有所减小这一变化趋势也与之很一致，表明本研究结果具有合理性。同时，本研究给出了整个生长季 z_0 和 d 的动态变化，并给出 d 值开始出现的时刻，而郭建侠等仅划分不同生育期，没能给出 z_0 和 d 的日际动态和 d 值开始出现的时刻，可见，本研究在以往研究基础上有了一定进步。

13.3 动态 z_0 和 d 对陆面过程模拟结果的影响

z_0 和 d 在陆面过程研究中是求取动量拖曳系数（C_D）的重要参数，是影响陆气物质和能量交换的关键参数，在 BATS1E 模型中表达如下：$C_D = f(C_{DN}, Ri_B)$，其中总体理查逊数 $Ri_B = \dfrac{gz_1(1-T_g/T_a)}{V_a^2}$，$z_1$ 为模型最底层高度，在本研究中为梯度观测系统上层观测高度 4.1 m，T_g 为地表上层土壤温度，T_a 和 V_a 为 z_1 高度处的气温和风速。

当 $Ri_B < 0$ 时：

$$C_D = C_{DN}\left[1 + 24.5(-C_{DN}Ri_B)^{1/2}\right] \tag{13-12}$$

当 $Ri_B > 0$ 时：

$$C_D = C_{DN}(1 + 11.5Ri_B) \tag{13-13}$$

式中：C_{DN} 为中性条件下动量拖曳系数，表达式为：

$$C_{DN} = F_{veg} \times C_{DNV} + (1 - F_{veg}) \times C_{soil} \tag{13-14}$$

式中：F_{veg} 为植被覆盖度；C_{DNV} 为中性条件下植被拖曳系数，$C_{DNV} = \left[k/\ln\left(\dfrac{z_1 - d}{z_0}\right)\right]^2$；$k$ 为卡曼常数，模型中取 0.378；z_0 为粗糙度；d 为零平面位移；C_{soil} 为土壤拖曳系数，等于 0.01。

当地表有植被覆盖时，模型中 z_0=0.06，d=0，而实际上随着作物生育进程的不断改变，z_0 和 d 并非固定不变，使得 C_D 不断随之变化，因此模型中两个参数取常数是不合理的，该假设必将导致能量交换过程模拟误差的增大。图 13.9 为 2006 年和 2008 年玉米农田 C_D 的动态变化特征，其中 2006 年原模型值在整个时段比较平稳，随生长进度无明显变化，平均 C_D 约为 0.01，而改进后 C_D 整体上要大于原模型，在 6 月 20 日前二者差异不明显，随着玉米生育进度的发展改进后 C_D 值较原模型偏大幅度逐渐增大，时段平均值约为 0.03，可见，z_0 和 d 的动态化赋值对 C_D 值的影响明显，必然对陆气通量的模拟产生显著的影响。

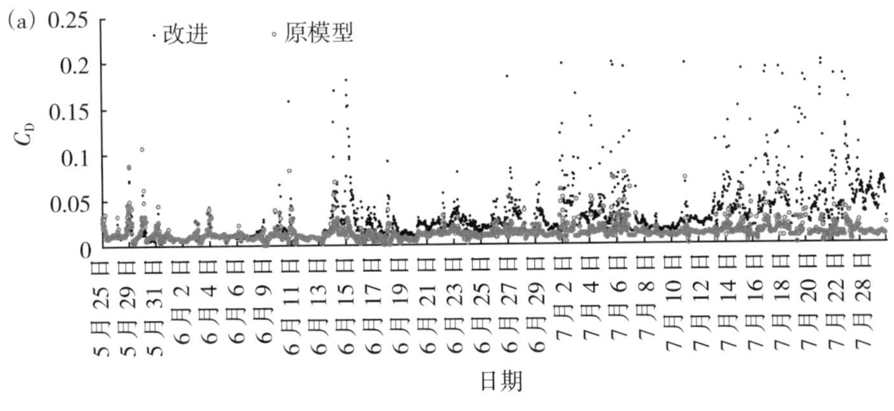

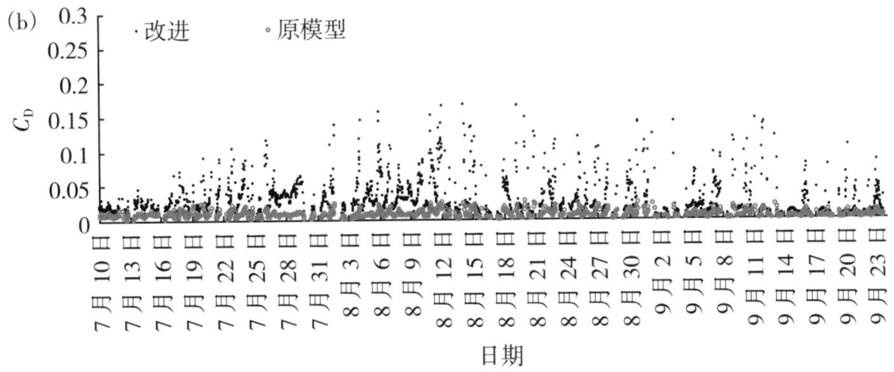

图13.9　2006年（a）和2008年（b）改进前后玉米农田 C_D 的比较

为了进一步验证这一论断，以受 z_0 和 d 影响最为明显的感热通量的模拟过程为例，引入所求得的 z_0 和 d 代入模型计算感热通量与原模型赋值感热通量模拟结果进行比较。原模型中有植被覆盖情况下感热通量（H_s）由式（13-15）表达：

$$H_s = \sigma_f \rho C_p C_D V_a (T_{af} - T_a) + (1 - \sigma_f) \rho C_p C_{soil} (T_g - T_a) \tag{13-15}$$

式中：σ_f 为冠层植被覆盖度，由前面研究获取；$\rho = P_a/(T_a \text{gascnt})$ 为空气密度（$kg \cdot m^{-3}$）；P_a 为大气压（Pa）；gascnt=287.04（$J \cdot kg^{-1} \cdot K^{-1}$），为干空气气体常数；$C_p$=3.5*gascnt（$J \cdot kg^{-1} \cdot K^{-1}$），$T_{af}$ 为冠层温度，因玉米植株高度一般在3 m以下，因此以2 m高度气温资料来代表该值；C_{soil} 为裸土表面拖曳系数，以裸土 z_0=0.01代入上述方程计算得到。把相应变量观测值和所求得 z_0、d、σ_f 代入方程可求出动态和静态 z_0 和 d 赋值后的感热通量。2006年和2008年分别有生长季之前和之后资料，因此这里以这两年数据用于比较。图13.10分别给出2006年和2008年利用动态 z_0 和 d 赋值改进前后求得感热与实测值的比较情况。由图13.10a可见，2006年前期（拔节前）由于植被覆盖度很小，冠层感热以裸土为主，因此改进前后感热差异较小，随着覆盖度逐渐增大，植被冠层 z_0 和 d 与原模型中差异增大，因此改进前后感热差异逐渐显现，且改进后模拟值更接近实测值，在7月末覆盖度达到最大，农田下垫面以植被为主，动态 z_0 和 d 赋值对感热模拟中的贡献达到最大，感热模拟值的改进作用最为明显。

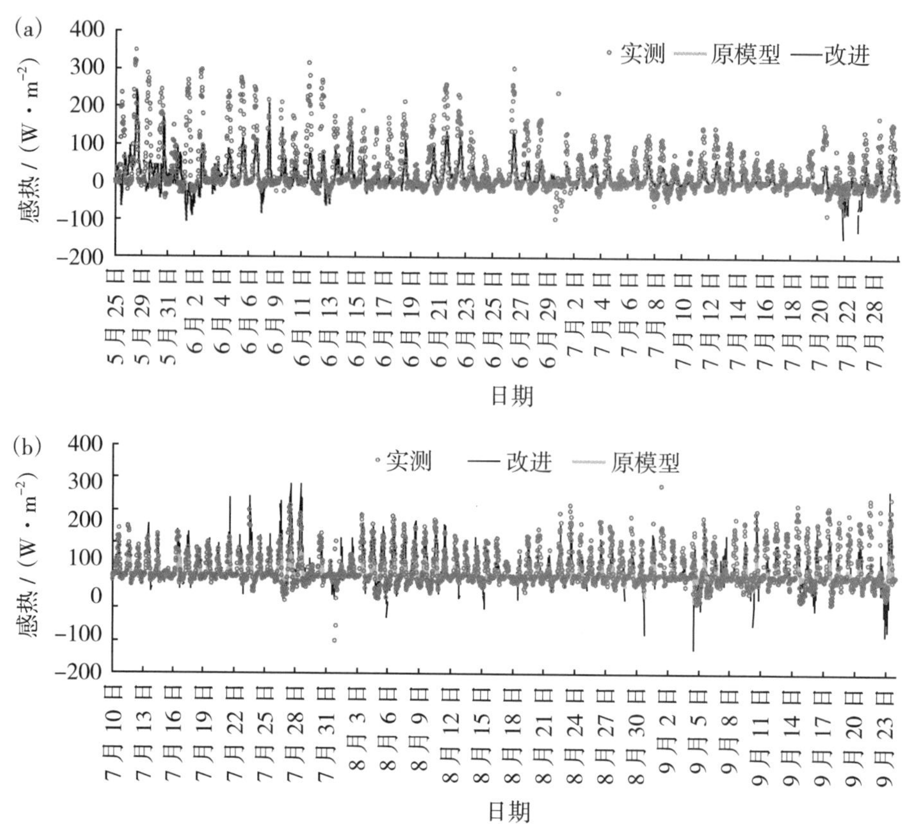

图 13.10　2006 年（a）和 2008 年（b）动态 z_0 和 d 赋值改进前后感热模拟值与实测值的比较

由图 13.10b 可以看到，2008 年玉米拔节后至收获，动态 z_0 和 d 对感热模拟的改进作用非常明显，改进值明显大于原模型模拟值且更接近实测值，说明玉米农田生长季当覆盖度较大，植被在陆气感热交换占主要作用后，z_0 和 d 明显大于原模型所给的常数，二者动态赋值对感热模拟改进作用非常明显。

为了更进一步反映这种改进作用，建立改进前后模拟值与实测值的线性关系（图 13.11），2006 年改进后感热模拟值与实测值相关系数和比例系数较原模型有所增大，截距

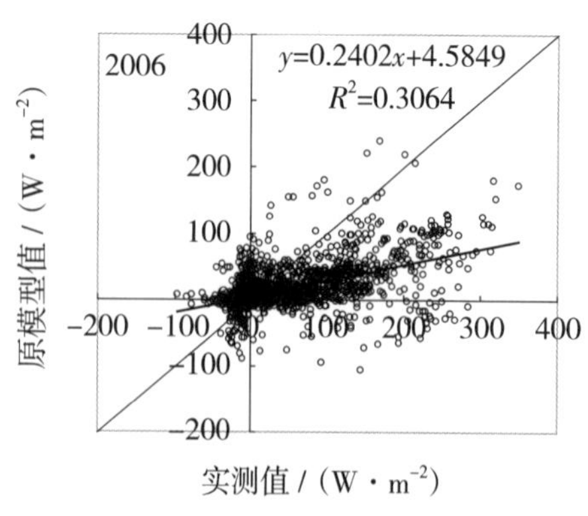

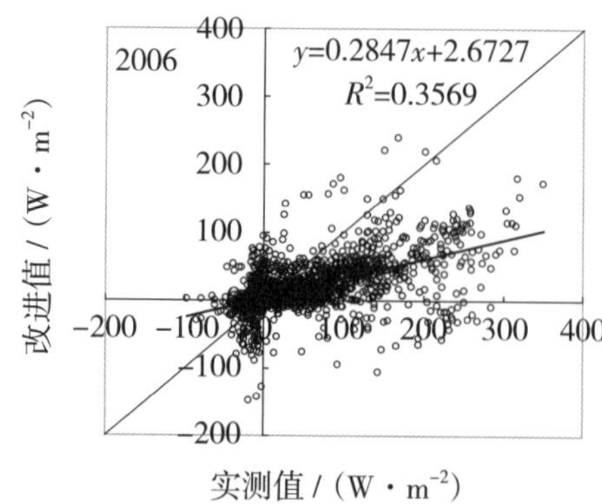

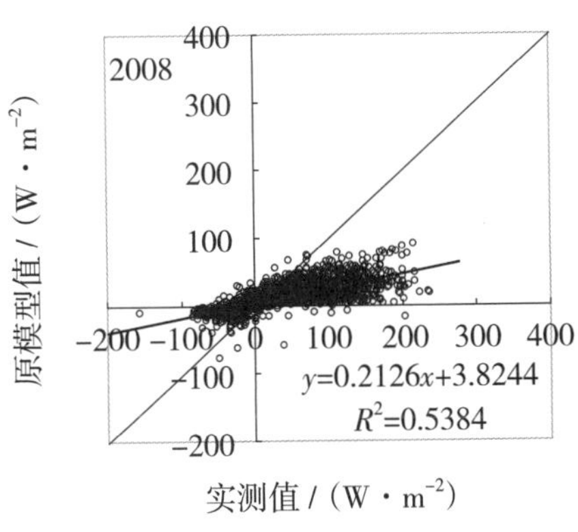

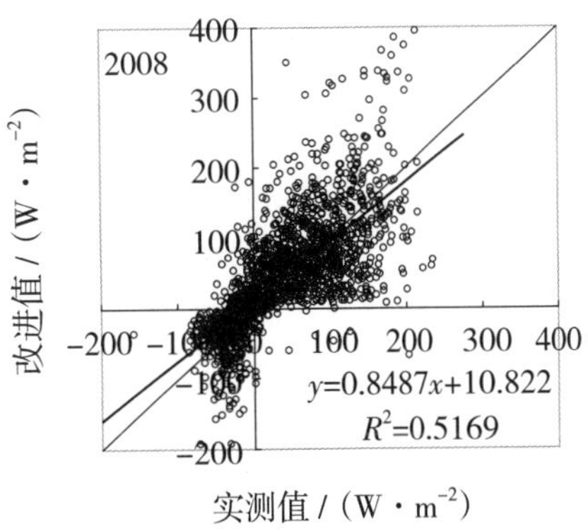

图 13.11　2006 年和 2008 年动态 z_0 和 d 赋值改进前后感热模拟值与实测值的线性关系

有所减小，虽然与实测值差异较大但基本可反映出动态 z_0 和 d 对模型的改进作用。2008 年改进后模拟值与实测值比例系数较原模型增大非常明显，说明玉米生长旺盛阶段动态 z_0 和 d 在感热模拟中的改进作用要比玉米生育前期更为显著。总的来看，z_0 和 d 动态且更为真实的赋值对模型感热通量模拟改进作用明显，将对其他能量交换过程如潜热交换、土壤热交换等模拟精度有不同程度的改善，在后面的研究中将进一步探讨。

13.4　空气动力学参数与相关影响因子的关系

13.4.1　z_0 与 R_i 的关系

图 13.12 给出 2006—2008 年生长季 z_0 与 R_i 的关系，一般认为平原地区大气中性条件时，$-0.275 \leq R_i \leq 0.089$，可以看出各年大气层结以中性或不稳定为主，$z_0$ 与 R_i 关系基本一致，都表现出随着 R_i 的逐渐增大 z_0 不断增大，大部分时刻 R_i 集中在 0 附近，表明 z_0 随着大气层结稳定性的增强而增大，分析原因认为，当大气层结不稳定时，湍流交换强，大气向地表传输动量较容易，导致 z_0 较小，而中性层结时湍流交换相对较弱，动量不容易下传，因此 z_0 较大。

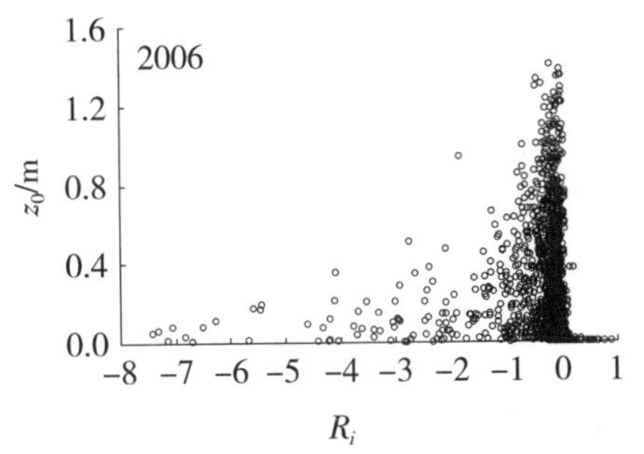

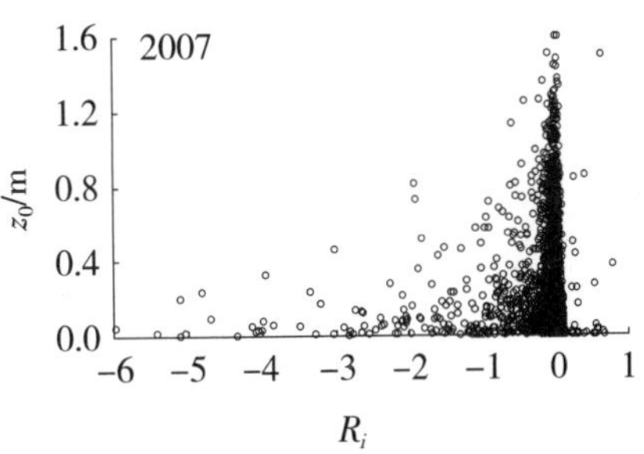

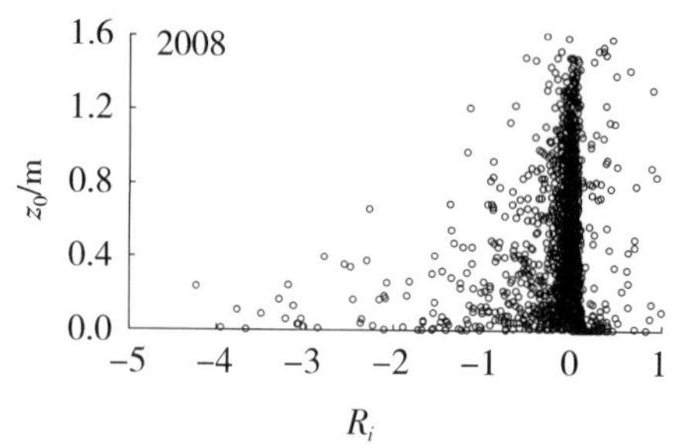

图 13.12　2006—2008 年生长季 z_0 与 R_i 关系

13.4.2　z_0 和 d 日均值与相关影响因子的关系

13.4.2.1　z_0 和 d 日均值与风速的关系

为了区分 d 值出现前后 z_0、d 及 z_0+d 与风速关系，以 d 值出现日期为界，分别建立它们与风速的关系。由图 13.13 可见，d 值出现前，z_0 与 2 m 高度风速（u_2）呈显著的负指数关系（样本数 n=36，R^2=0.6618，$P < 0.01$），但 d 值出现后二者负指数关系明显减弱（样本数 n=22，R^2=0.2105，$P < 0.05$），说明二者关系受 d 影响很大。d 与风速呈较显著的负指数关系（R^2=0.5512，$P < 0.05$），而 z_0+d 与风速负指数关系有所增强（R^2=0.5539，$P < 0.05$），表明风速对 z_0 和 d 分别影响要小于二者之和的影响。有研究表明，z_0 和 d 之间存在负相关关系，而本研究结果显示二者有正相关关系，但不显著，说明它们之间的

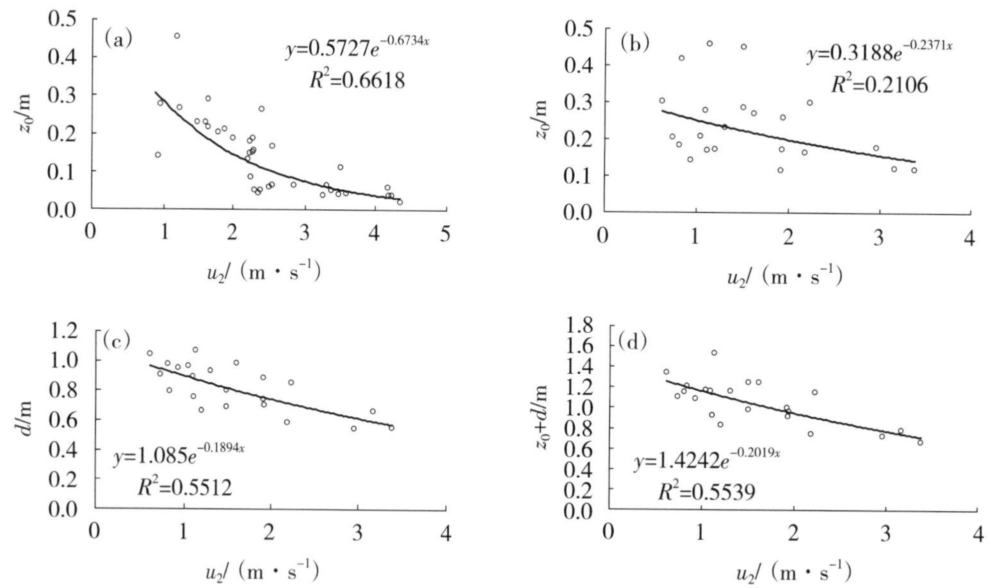

(a) d 值出现前 z_0 与 u_2 关系；(b) d 值出现后 z_0 与 u_2 关系；(c) d 值与 u_2 关系；(d) z_0+d 值与 u_2 关系

图 13.13　2006 年生长季 z_0 和 d 与风速关系

关系并不确定，受冠层生物因子如高度、LAI 和风速影响表现为随机变化。另外，由图 13.13a 和图 13.13b 还可以发现，因后者 LAI 大于前者，z_0 随风速增大而减小的速率要小于前者，表明随着 LAI 的增大，z_0 随风速增大而减小的速率有所下降。由图 13.14 可见，d 值出现前，z_0 与风速呈负指数关系（样本数 n=42，R^2=0.3890，$P < 0.01$），d 值出现后二者相关系数有所减小（样本数 n=54，R^2=0.2204，$P < 0.01$），d 与风速关系呈极显著负指数关系（R^2=0.4133，$P < 0.01$），而 z_0+d 与风速负指数关系的 R^2 为 0.5255，明显大于前者，表明风速对 z_0 和 d 的综合作用大于对各自的影响。通过图 13.14a 和图 13.14b 也可以发现，随着 LAI 的增大，z_0 随风速增大而减小的速率减小。2008 年大部分有观测资料时段出现 d 值，因此这里只对有 d 值存在的资料进行分析，由图 13.15 可见，z_0 与风速以及 d 与风速的关系都为负指数关系（样本数 n=76，R^2=0.3868 和 R^2=0.1273，$P < 0.01$），而 z_0+d 与风速的负指数关系更为显著（R^2=0.4697，$P < 0.01$），进一步表明风速对 z_0 和 d 的综合作用大于对各自的影响。总的来看，当 d 值不存在时，z_0 与风速负指数关系显著，而当 d 值出现后风速与 z_0+d 关系明显大于与它们各自的关系。

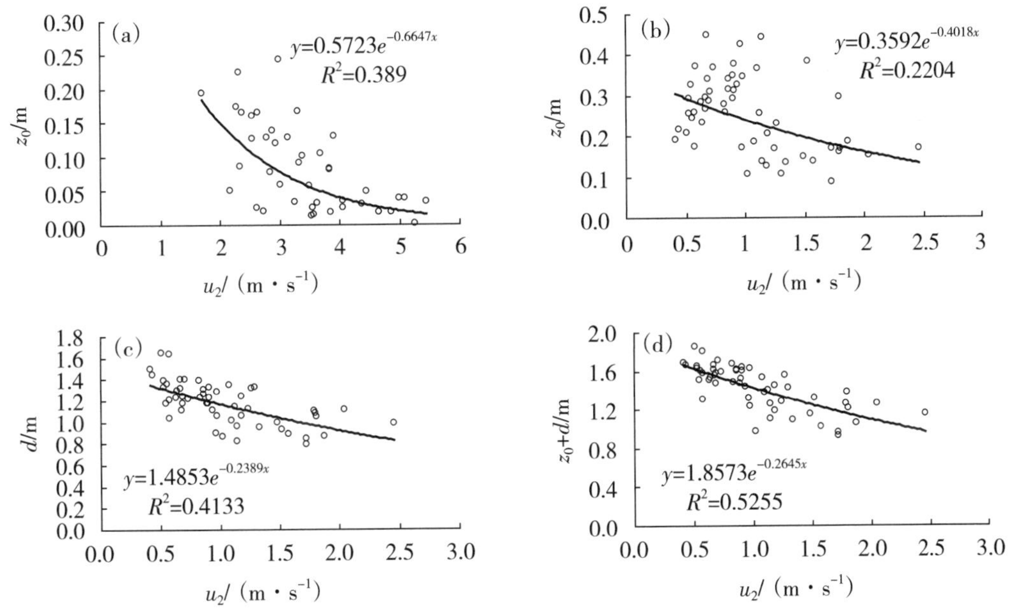

(a) d 值出现前 z_0 与 u_2 关系；(b) d 值出现后 z_0 与 u_2 关系；(c) d 值与 u_2 关系；(d) z_0+d 值与 u_2 关系

图 13.14　2007 年生长季 z_0 和 d 与风速关系

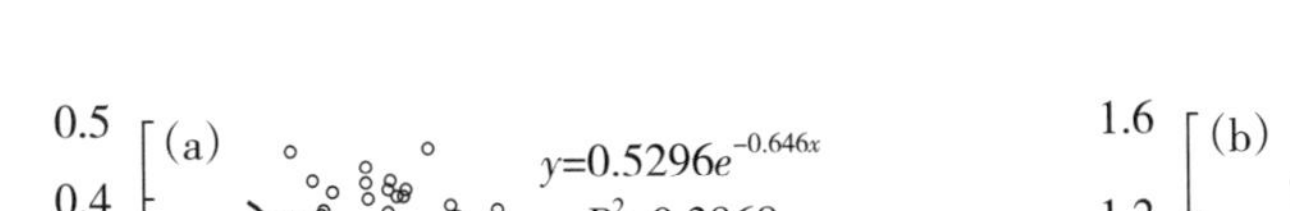
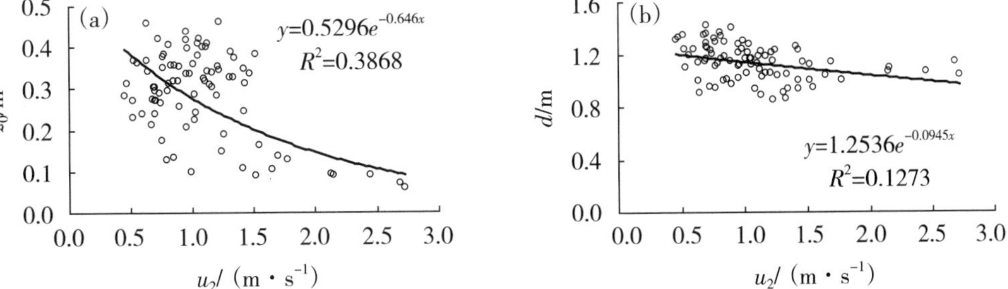

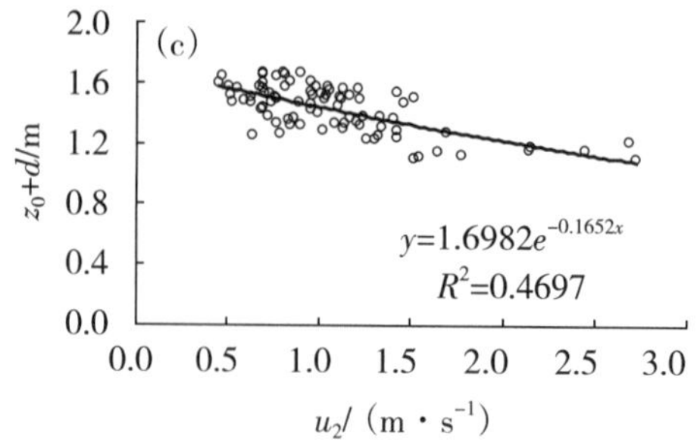

(a) z_0 与 u_2 关系；(b) d 与 u_2 关系；(c) z_0+d 与 u_2 关系

图 13.15　2008 年生长季 z_0 和 d 与风速关系

13.4.2.2　z_0 和 d 与 LAI 和 h 的关系

图 13.16 分别为 2006 年玉米不同生长阶段 z_0 和 d 与 LAI 和 h 的关系，其中 d 出现前 z_0 分别与 LAI（n=36，R^2=0.4353，$P < 0.01$）和 h（R^2=0.4891，$P < 0.01$）呈显著的对数和线性正相关关系，对数关系略显著。当 d 值出现以后，z_0 与 LAI 和 h 都呈极显著的指数关系（n=22，R^2=0.6115 和 R^2=0.6911，$P < 0.01$）；d 与 LAI 和 h 呈显著的线性和指数关系（R^2=0.1783 和 R^2=0.2254，$P < 0.05$），指数关系略显著；z_0+d 与 LAI 和 h 呈极显著的线性和指数关系（R^2=0.4082 和 R^2=0.4946，$P < 0.01$），相关性明显小于 z_0 与 LAI 和 h。通过对上述关系的比较发现，LAI 和 h 对 z_0 的影响要大于 d 和 z_0+d，h 对 z_0 和 d 影响的贡献大于 LAI。z_0 和 d 与 h 之比即 d/h 和 z_0/h 的平均值分别为 0.4006 和 0.1034。

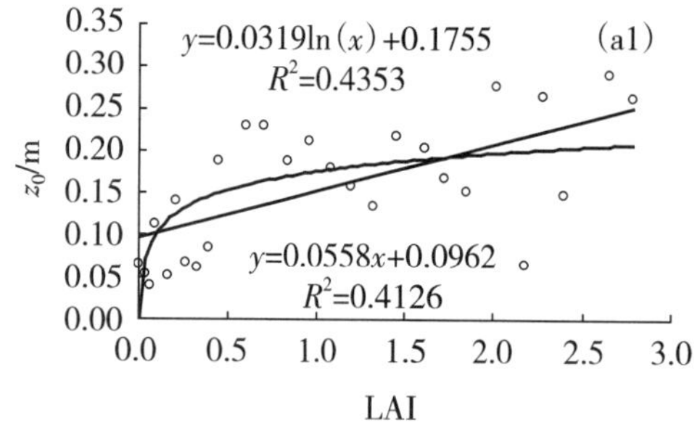

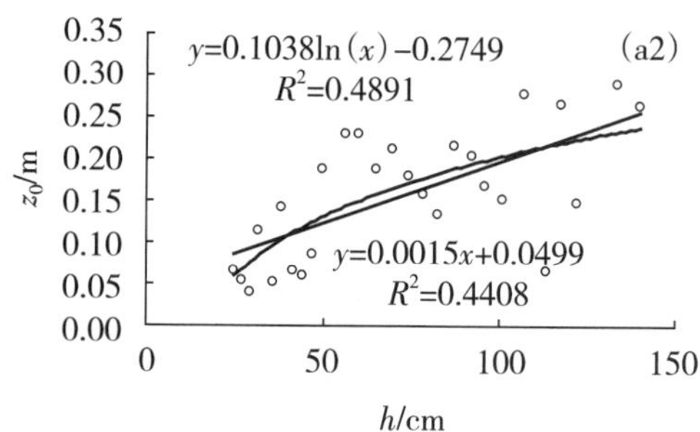

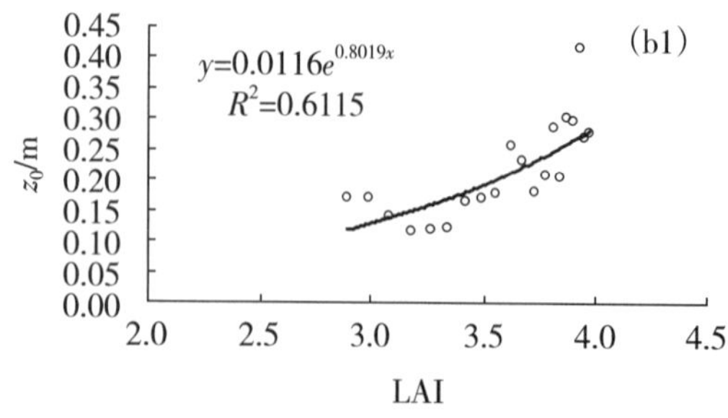

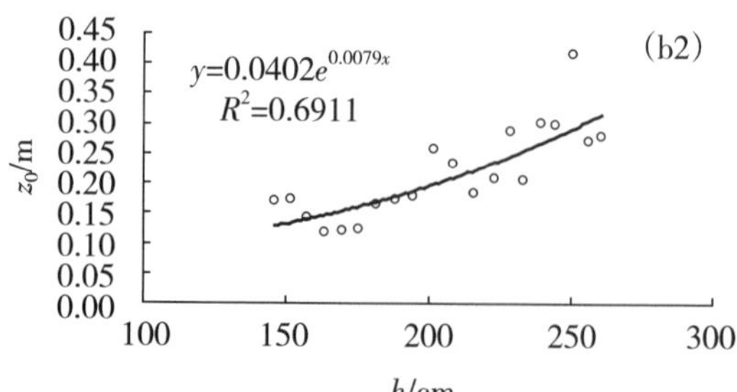

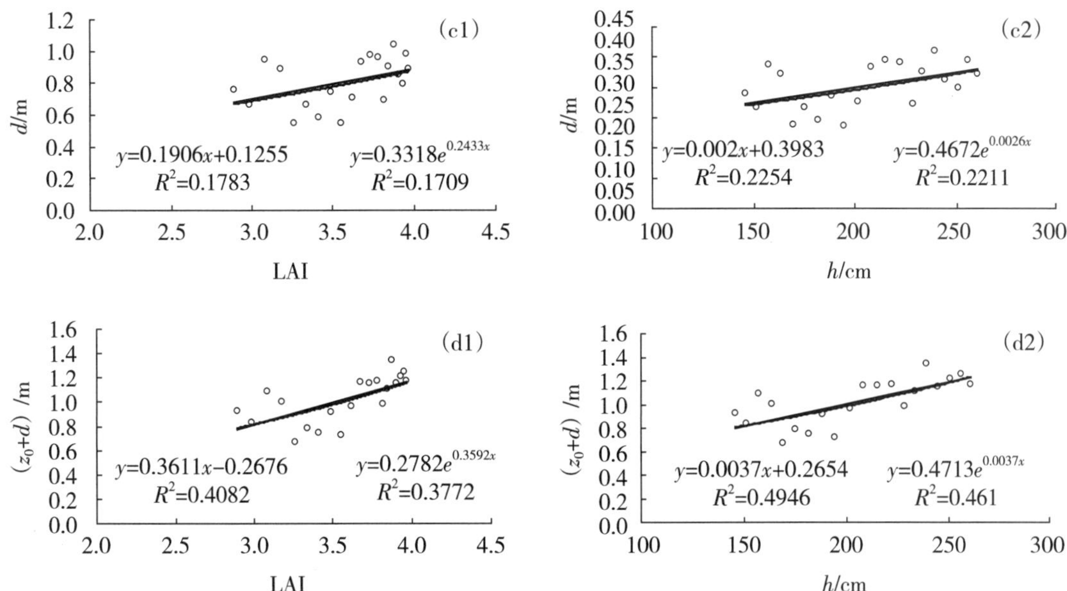

(a1) d 出现前 z_0 与 LAI;(a2) d 出现前 z_0 与 h;(b1) d 出现后 z_0 与 LAI;(b2) d 出现后 z_0 与 h/cm;(c1) d 与 LAI;(c2) d 与 h;(d1) z_0+d 与 LAI;(d2) z_0+d 与 h（下同）

图 13.16　2006 年生长季 z_0 和 d 与 LAI 和 h 关系

图 13.17 分别为 2007 年玉米不同生长阶段 z_0 和 d 与 LAI 和 h 的关系，其中在 d 值出现之前，z_0 与 LAI 和 h 都呈极显著线性正相关关系（n=42，R^2=0.8712 和 R^2=0.8856，$P < 0.01$）；d 值出现后，z_0 与 LAI 和 h 都呈极显著指数正相关关系（n=54，R^2=0.5220 和 R^2=0.6542，$P < 0.01$）；d 与 LAI 和 h 也都呈极显著指数正相关关系（R^2=0.2415 和

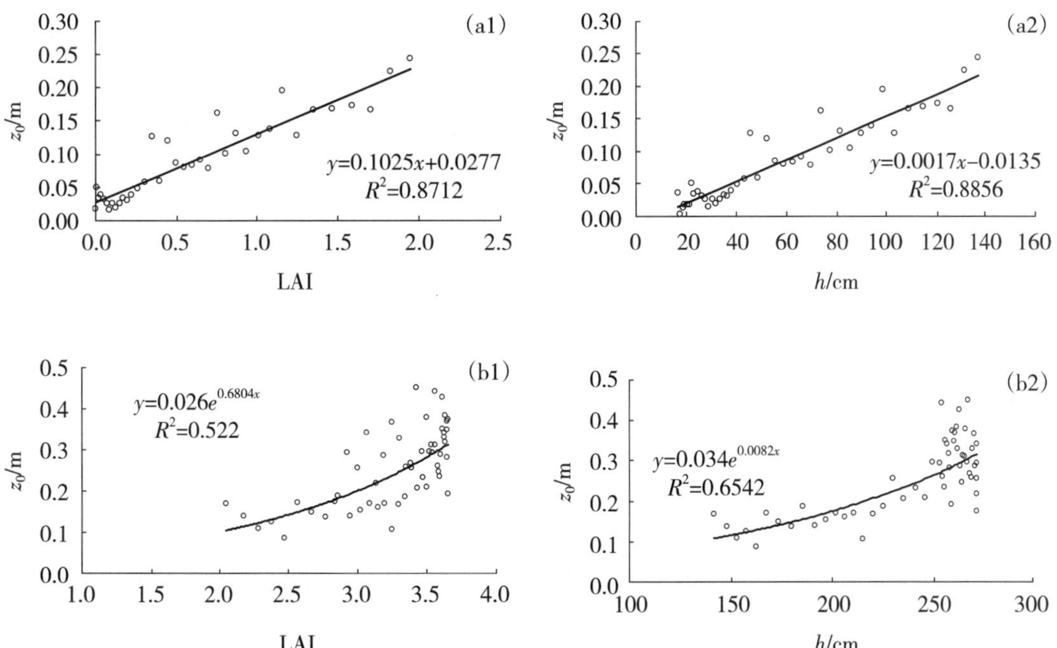

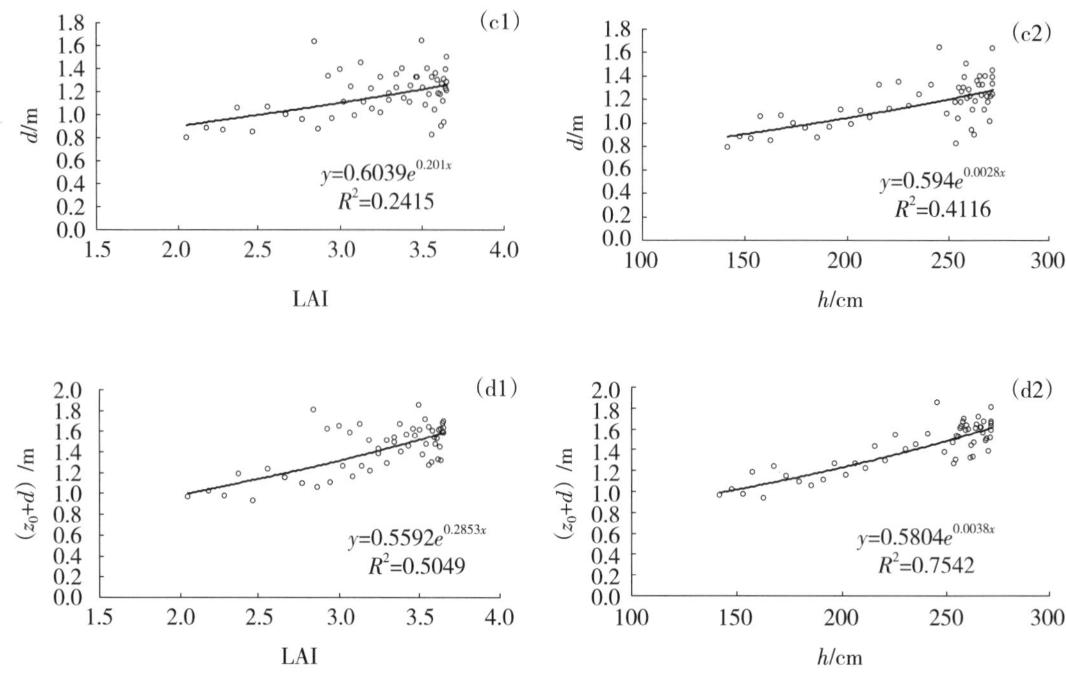

图 13.17　2007 年生长季 z_0 和 d 与 LAI 和株高 h 关系

R^2=0.4116，$P<0.01$）；z_0+d 与 LAI 和 h 也表现出极显著指数正相关关系（R^2=0.5049 和 R^2=0.7542，$P<0.01$）。d/h 和 z_0/h 的平均值分别为 0.5032 和 0.1177。通过对上述关系的比较发现，d 值出现后，LAI 和 h 对 z_0 的影响要大于 d，LAI 对 z_0 影响略大于 z_0+d，h 对 z_0 影响明显小于 z_0+d；h 对 z_0 和 d 影响的贡献大于 LAI。d 与 LAI 和 h 也都呈极显著指数正相关关系（R^2=0.2415 和 R^2=0.4116，$P<0.01$）；z_0+d 与 LAI 和 h 也表现出极显著指数正相关关系（R^2=0.5049 和 R^2=0.7542，$P<0.01$）。d/h 和 z_0/h 的平均值分别为 0.5032 和 0.1177。通过对上述关系的比较发现，d 值出现后，LAI 和 h 对 z_0 的影响要大于 d，LAI 对 z_0 影响略大于 z_0+d，h 对 z_0 影响明显小于 z_0+d；h 对 z_0 和 d 影响的贡献大于 LAI。

由于 2008 年资料时间序列较长，且主要为 d 值出现时段，为了进一步细化不同生育期 h 和 LAI 对 z_0 和 d 的影响，选择 h 和 LAI 达到最大时为分界点，分别研究 h 逐渐增大对 z_0 和 d 的影响以及 h 达到最大后处于稳定状态时对 z_0 和 d 的影响。有研究表明，玉米吐丝期 LAI 达到最大，在吐丝至乳熟期相对稳定，锦州地区多年观测结果显示，一般玉米抽雄后 7 ~ 10 d 进入吐丝期，因此本研究中 2008 年玉米吐丝期为 7 月 29 日。图 13.18 分别给出吐丝期前后 LAI 和 h 与 z_0 和 d 的相关关系。在玉米 LAI 达到最大前，z_0 随 LAI 和 h 的增大呈指数增大（n=29，R^2=0.8021 和 R^2=0.8294，$P<0.01$），与 2007 年 d 值出现后的整个时段（包括吐丝后一段时间）的 R^2 相比明显偏大，说明 z_0 与 LAI 和 h 的指数关系在吐丝前最为明显；d 值随 LAI 和 h 的增大而线性增大（R^2=0.1410 和 R^2=0.2005，$P<0.05$）；z_0+d 与 LAI 和 h 呈极显著指数正相关关系（R^2=0.5707 和 R^2=0.6966，$P<0.01$），其 R^2 明显小于 z_0 与 LAI 和 h 的 R^2，表明 z_0 是 LAI 和 h 的主要影响因子。在吐丝后，h 处于稳定，z_0 与 LAI 无明显关系，其变化可能受 LAI 和风速共同作用。d 值与 LAI 呈线性正相关关

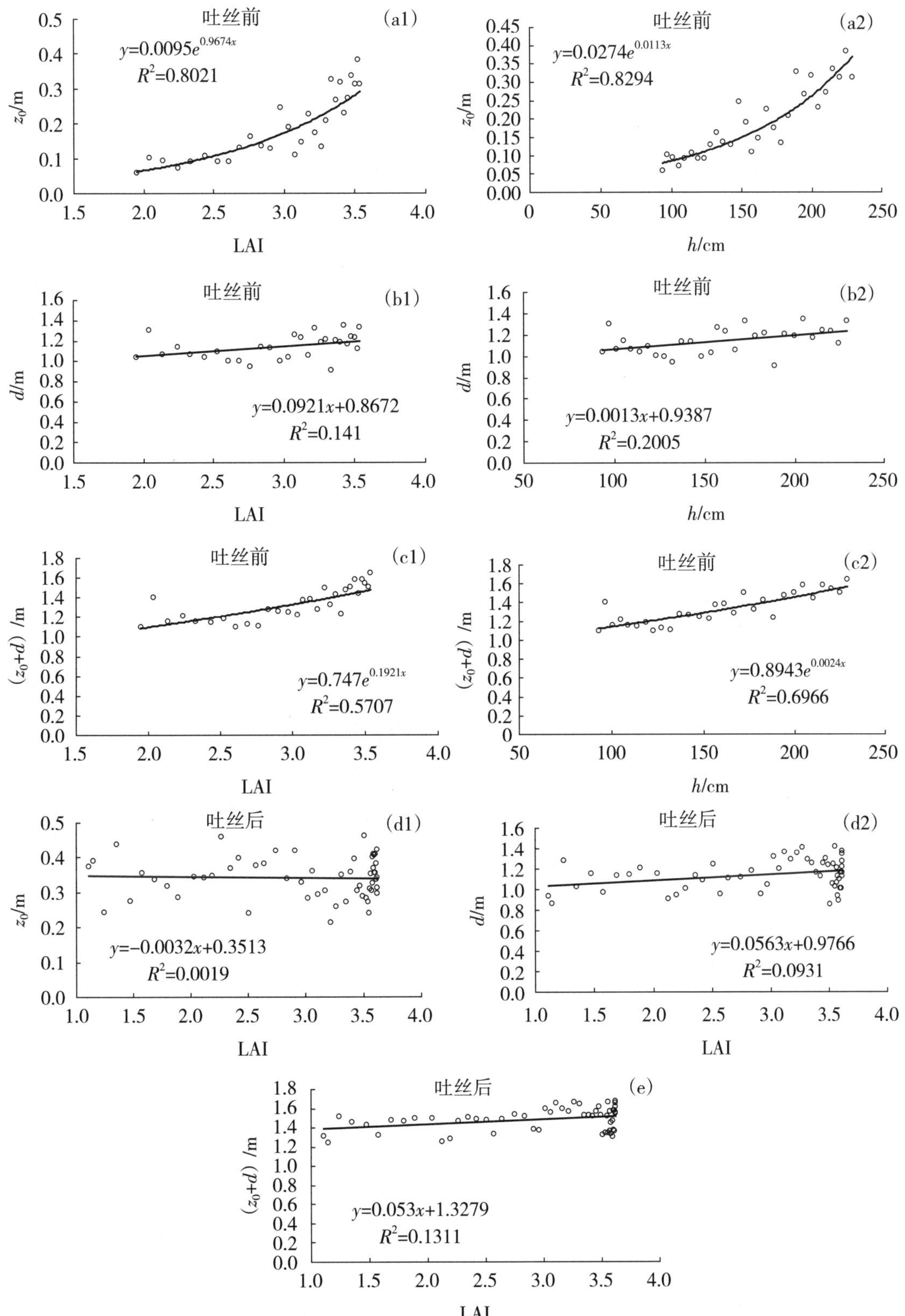

(a1) 吐丝前 z_0 与 LAI;(a2) 吐丝前 z_0 与 h;(b1) 吐丝前 d 与 LAI;(b2) 吐丝前 d 与 h;(c1) 吐丝前 z_0+d 与 LAI;(c2) 吐丝前 z_0+d 与 h;(d1) 吐丝后 z_0 与 LAI;(d2) 吐丝后 d 与 LAI;(e) 吐丝后 z_0+d 与 LAI

图 13.18　2008 年生长季 z_0 和 d 与 LAI 和 h 关系

系（n=56，R^2=0.0931，P < 0.05），而 z_0+d 与 LAI 线性正相关关系更为显著（R^2=0.1311，P < 0.01），总之当 h 达到稳定以后，z_0 和 d 与 LAI 相关性有所减弱，风速对它们的贡献作用增大。d/h 和 z_0/h 的平均值分别为 0.5367 和 0.1430。

由于 LAI 和 h 在玉米不同生育期关系不同，为了更明确 z_0 和 d 与它们的关系，用 h 达到最大值之前的 d/h 和 z_0/h 与 LAI 的关系来进一步说明。从图 13.19 可以看出，玉米农田随着 LAI 的增大 d/h 逐渐减小，说明 d 随 LAI 增大速度慢于 h，这与赵晓松等针对森林的研究结果正相反，分析原因认为，森林冠层高度是不变的，d/h 与 LAI 的关系实际上就是 d 与 LAI 的关系。而对玉米农田而言，冠层高度随 LAI 的增大而不断增大，d/h 与 LAI 的关系较前者更为复杂，这也反映出多年生的森林植被冠层与一年生玉米农田植被冠层下垫面性质的不同。z_0/h 随 LAI 的增大而增大，表明 z_0 随 LAI 增大速度快于 h，LAI 对 z_0 影响大于 h，这一结果与周艳莲针对冬小麦和红松阔叶林 LAI < 4 时的结论一致，说明 z_0/h

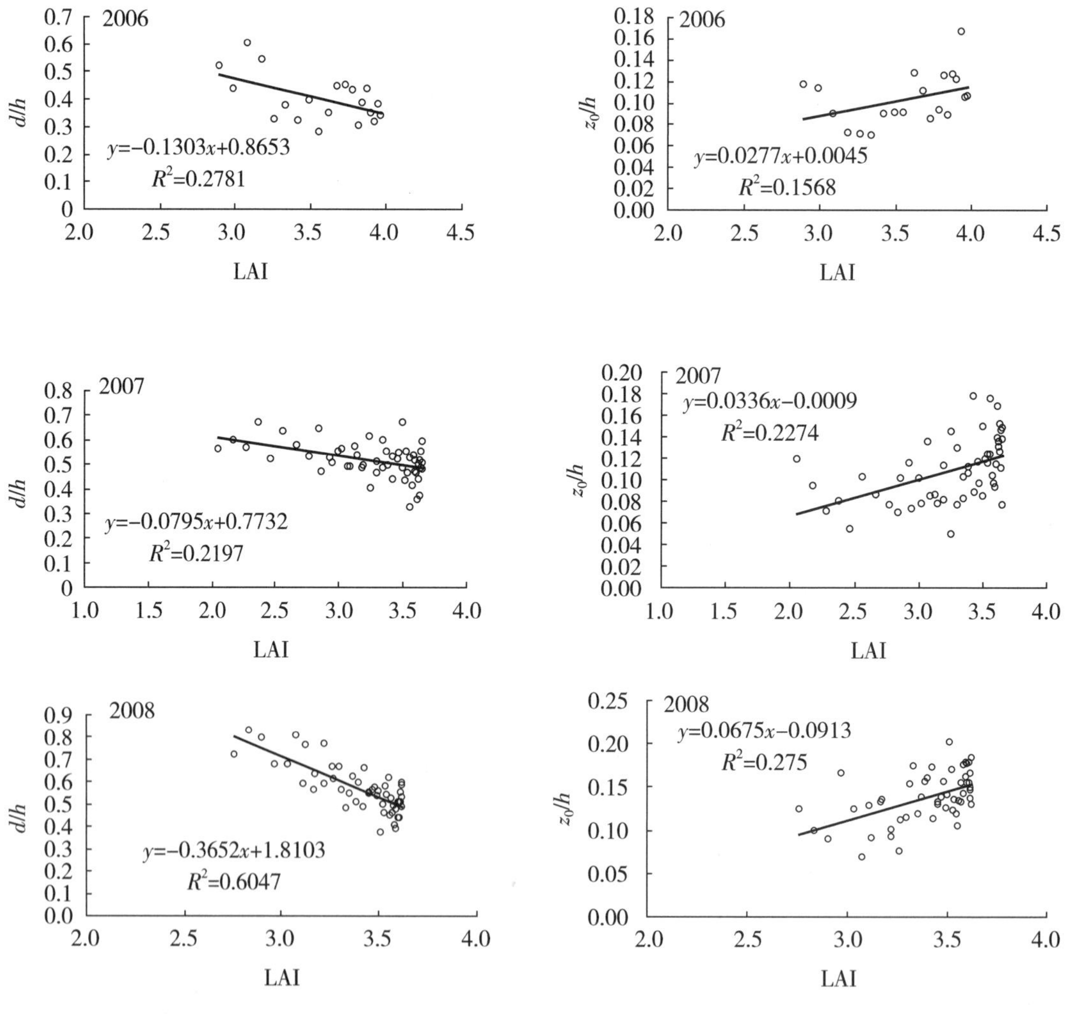

图 13.19　2006—2008 年当 h 达到最大值以前 z_0/h 和 d/h 与 LAI 的关系

与 LAI 的关系在不同下垫面具有一致性。图 13.19 也进一步表明 z_0 和 d 不仅仅与 h 呈固定的比例关系，而是随着 LAI 的改变而动态变化。

13.5 z_0 和 d 参数化模型的建立

通过以上研究发现，玉米生长季内 z_0 和 d 与 h 和 LAI 的关系可分成 3 个阶段，分别为 d 值出现之前、d 值出现至 h 达到最大、株高达到最大后至收获。

13.5.1 d 值出现之前

根据上面研究可知，z_0 与 h 和 LAI 都呈线性关系，而与风速为负指数关系，从理论上讲，LAI 可以反映出冠层密度特征，而下垫面高度和密度对 z_0 的影响是独立的，但对于玉米而言，当达到最大高度之前，其高度和 LAI 是具有显著相关性的，为了更为直接地比较 h 和 LAI 对 z_0 的影响，分别建立 h 与风速和 LAI 与风速双因子模型来对 z_0 进行模拟，根据前面研究所得关系，经整理可得以下 4 种形式模型：

模型 1：$z_0 = a_1 + a_2 \times h + a_3 \times e^{(a_4 \times u_2)}$；模型 2：$z_0 = (a_1 + a_2 \times h) \times e^{(a_3 \times u_2)}$；

模型 3：$z_0 = a_1 + a_2 \times \text{LAI} + a_3 \times e^{(a_4 \times u_2)}$；模型 4：$z_0 = (a_1 + a_2 \times \text{LAI}) \times e^{(a_3 \times u_2)}$。

其中 $a_1 \sim a_4$ 分别为待定系数，可由已求得或实测的 h、LAI、z_0 和 u_2 等参数采用非线性回归拟合来确定（h 和 z_0 单位：m；u_2 单位：$\text{m} \cdot \text{s}^{-1}$）。利用 2006—2007 年共 69 组资料拟合结果如下：

模型 1：$z_0 = -0.0267 + 0.1219 \times h + 0.3421 \times e^{(-0.6468 \times u_2)}$ （$n=69, R^2=0.8344, P < 0.01$）

模型 2：$z_0 = (0.1105 + 0.3061 \times h) \times e^{(-0.3809 \times u_2)}$ （$n=69, R^2=0.8285, P < 0.01$）

模型 3：$z_0 = -0.0020 + 0.0548 \times \text{LAI} + 0.3040 \times e^{(-0.5317 \times u_2)}$ （$n=69, R^2=0.8090, P < 0.01$）

模型 4：$z_0 = (0.1976 + 0.1201 \times \text{LAI}) \times e^{(-0.3577 \times u_2)}$ （$n=69, R^2=0.7912, P < 0.01$）

用上述模型模拟值与计算得到的 z_0 进行比较（图 13.20）发现，模型 1 模拟精度略高于其他模型，表明玉米株高对 z_0 贡献大于 LAI。

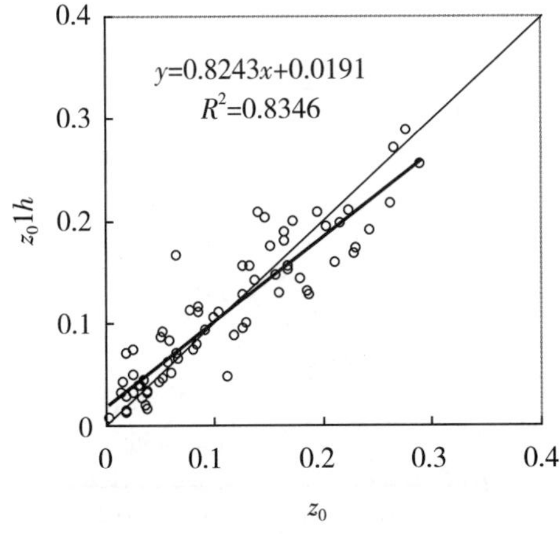

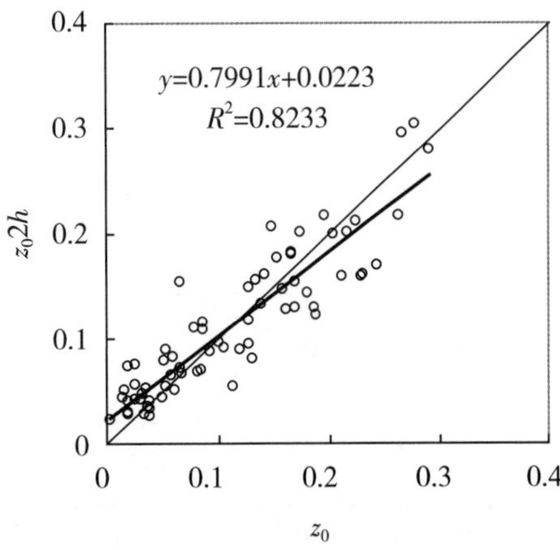

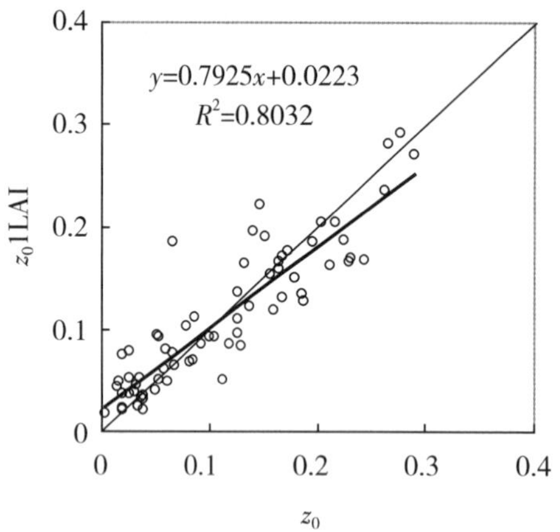

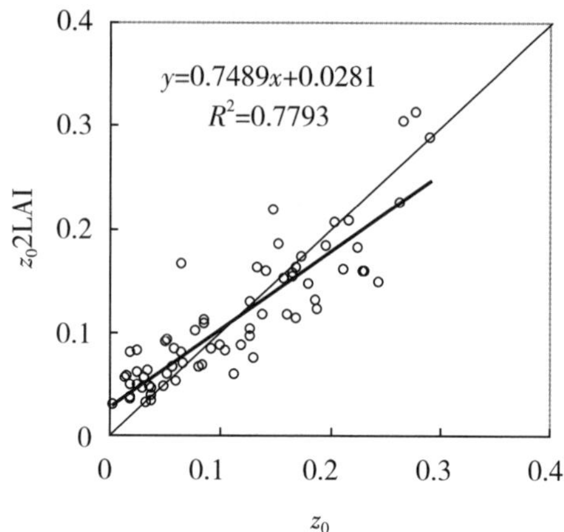

纵坐标中的 1 和 2 分别代表模型的累加和连乘形式，h 和 LAI 分别代表风速以外的另一参与模型拟合因子（下同）

图 13.20　d 值出现前 z_0 模拟值与计算值比较

13.5.2　d 值出现至 h 达到最大

根据前面分析结果可知，z_0 与 h 和 LAI 都呈指数关系，而与风速呈负指数关系，经整理可得以下 4 种形式模型：

模型 5：$z_0 = a_1 \times e^{(a_2 \times h)} + a_3 \times e^{(a_4 \times u_2)}$；模型 6：$z_0 = a_1 \times e^{(a_2 \times h + a_3 \times u_2)}$；

模型 7：$z_0 = a_1 \times e^{(a_2 \times \mathrm{LAI})} + a_3 \times e^{(a_4 \times u_2)}$；模型 8：$z_0 = a_1 \times e^{(a_2 \times \mathrm{LAI} + a_3 \times u_2)}$。

利用 2006—2008 年共 63 组资料拟合结果如下：

模型 5：$z_0 = 0.0234 \times e^{(0.9126 \times h)} + 0.0934 \times e^{(-0.3447 \times u_2)}$　　(n=63, R^2=0.4522, $P < 0.01$)

模型 6：$z_0 = 0.0638 \times e^{(0.6480 \times h - 0.0917 \times u_2)}$　　(n=63, R^2=0.4505, $P < 0.01$)

模型 7：$z_0 = 0.0041 \times e^{(1.012 \times \mathrm{LAI})} + 0.1266 \times e^{(-0.2788 \times u_2)}$　　(n=63, R^2=0.4772, $P < 0.01$)

模型 8：$z_0 = 0.0360 \times e^{(0.5753 \times \mathrm{LAI} - 0.117 \times u_2)}$　　(n=63, R^2=0.4777, $P < 0.01$)

各模型模拟值与计算得到的 z_0 值比较（图 13.21）表明，该阶段 LAI 对 z_0 影响较 h 更为直接，其中模型 8 中比例系数和相关系数都比模型 7 略大，模拟精度好于后者。同

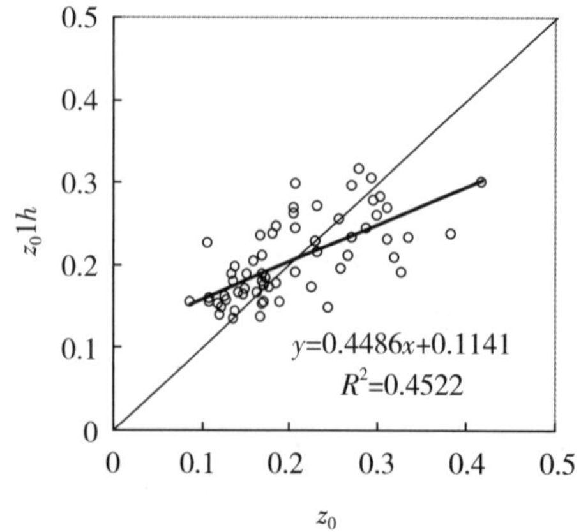

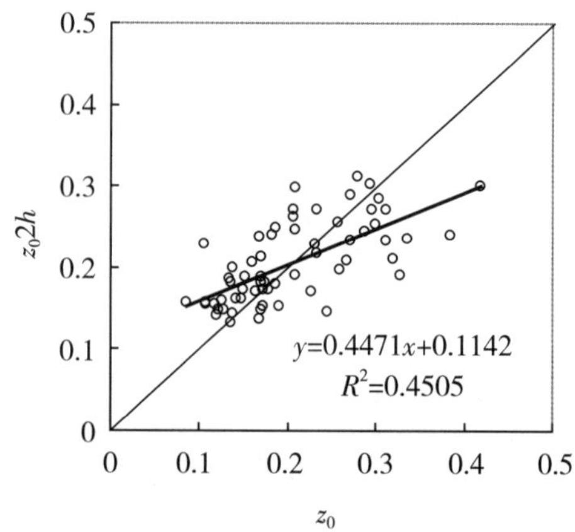

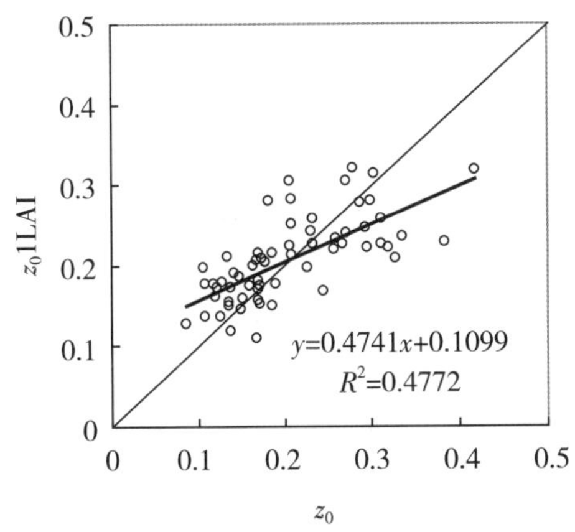

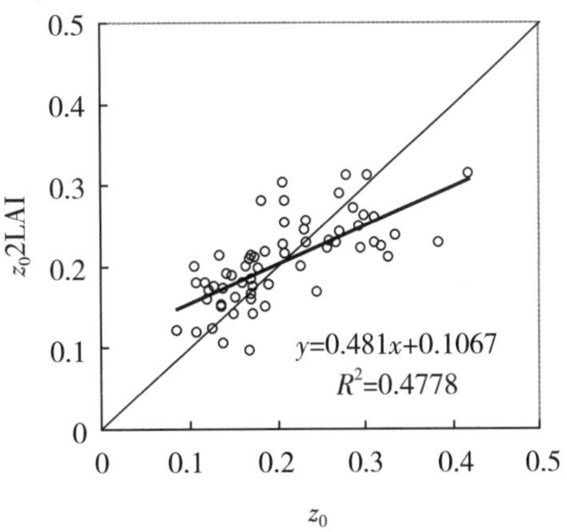

图 13.21　d 值出现至 h 达最大 z_0 模拟值与计算值比较

理，d 可与 h、LAI 和风速建立以下 4 种形式模型：

模型 9：$d = 0.0982 \times e^{(0.4249 \times h)} + 1.1934 \times e^{(-0.2873 \times u_2)}$　　(n=63, R^2=0.3978, $P < 0.01$)

模型 10：$d = 1.1591 \times e^{(0.0893 \times h - 0.2257 \times u_2)}$　　(n=63, R^2=0.3995, $P < 0.01$)

模型 11：$d = -2.09 \times e^{(0.00007 \times \mathrm{LAI})} + 3.4456 \times e^{(-0.0747 \times u_2)}$　　(n=63, R^2=0.3805, $P < 0.01$)

模型 12：$d = 1.425 \times e^{(-0.0043 \times \mathrm{LAI} - 0.2382 \times u_2)}$　　(n=63, R^2=0.3791, $P < 0.01$)

通过比较（图 13.22）发现，模型 9、模型 10 模拟精度高于模型 11、模型 12，表明 h 对 d 值影响要大于 LAI，其中模型 10 模拟精度略高于模型 9。

13.5.3　h 达到最大至收获

这一时期玉米株高已经达到最大，不再与 LAI 存在关系，农田下垫面性质中只有 LAI 对 z_0 和 d 产生影响，利用 2007—2008 年共 87 组资料拟合 z_0 和 d 分别得到以下模型：

模型 13：$z_0 = -0.291 \times e^{(-2.4895 \times \mathrm{LAI})} + 0.2539 \times e^{(0.3104 \times u_2)}$　　(n=87, R^2=0.1823, $P < 0.1$)

模型 14：$z_0 = 0.2457 \times e^{(0.0103 \times \mathrm{LAI} + 0.3073 \times u_2)}$　　(n=87, R^2=0.1813, $P < 0.1$)

模型 15：$d = 0.3138 \times e^{(0.0947 \times \mathrm{LAI})} + 1.1084 \times e^{(-0.4515 \times u_2)}$　　(n=87, R^2=0.3274, $P < 0.1$)

模型 16：$d = 1.3453 \times e^{(0.0363 \times \mathrm{LAI} - 0.289 \times u_2)}$　　(n=87, R^2=0.3314, $P < 0.1$)

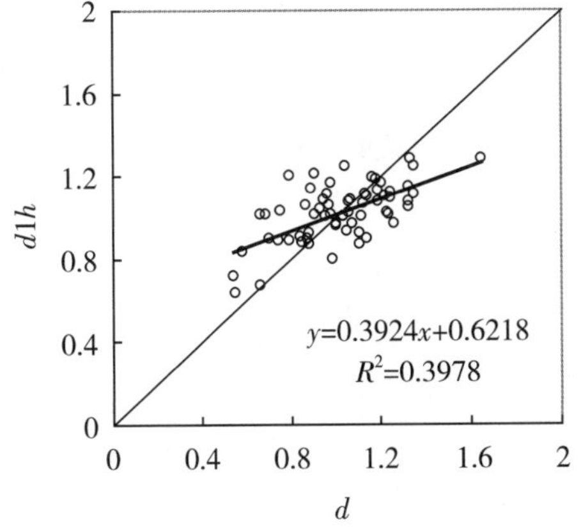

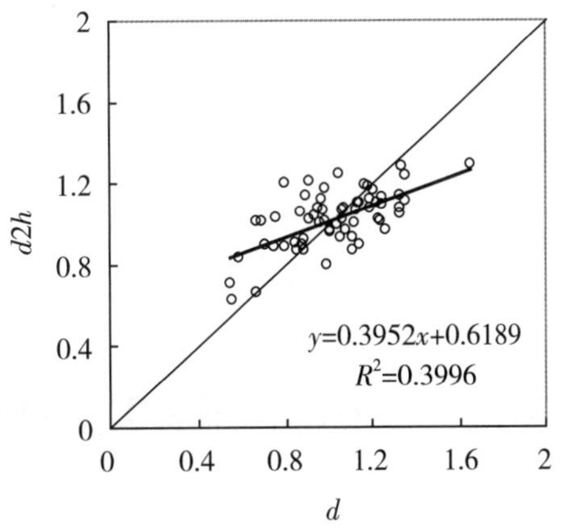

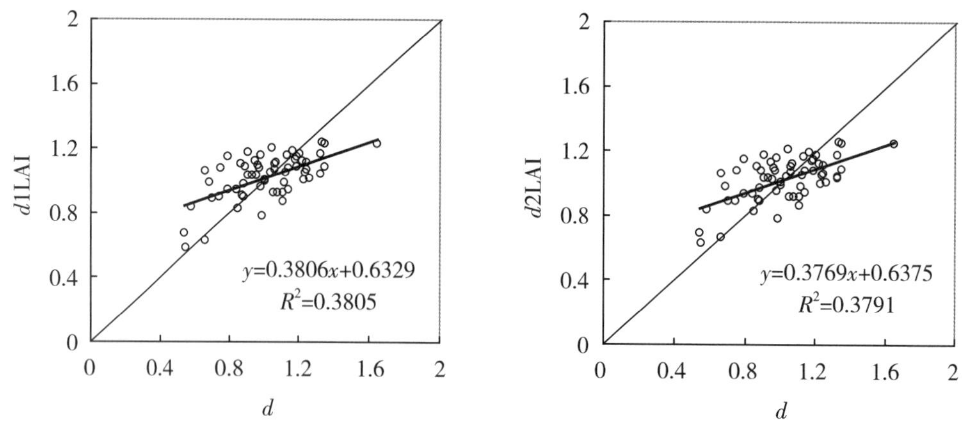

图 13.22 *d* 值出现至 *h* 达最大 *d* 模拟值与计算值比较

通过 z_0 和 d 的模拟值与计算值比较发现，z_0 的模拟精度很不理想，分析原因认为，当株高达到最大值以后，z_0 日均值变化幅度较小，且大多数日平均风速在 1 m · s^{-1} 以下，风速在该范围内测量误差较大，使得风速与 z_0 之间的关系变得不明确，同时 LAI 大部分时间在 2 以上，且变化幅度较小，也使得 z_0 与其关系不明显，综合以上因素最终导致非线性拟合结果较差。为了能够相对合理反映 z_0，考虑到 z_0/h 平均值约为 0.12，因此该时段 z_0 可简单地由 0.12 倍株高来确定。d 值的拟合结果相对比较理想，其中模型 16 模拟精度略高于模型 15，但比前一个时段模拟精度有所下降（图 13.23）。

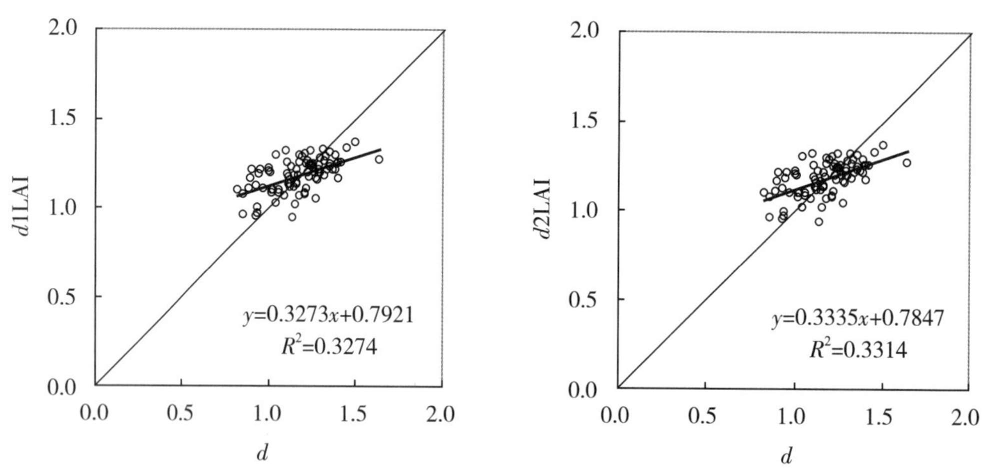

图 13.23 *h* 达最大至收获 *d* 模拟值与计算值比较

13.6 本章小结

13.6.1 z_0、d 与各相关因子的关系

通过对 2006—2008 年连续 3 a 生长季内 z_0、d、z_0+d 与风速、h 和 LAI 关系综合分

析认为：

(1) 不同高度组合求得 R_i 对 z_0 计算结果差异明显，随 R_i 增大 z_0 有所减小，针对玉米农田，选取 2 m 和 10 m 两层高度求取 R_i 更为合理。通过利用 u_* 实测资料与模拟值的比较结果表明，采用方法 1 对 z_0 和 d 计算更为合理。

(2) 在 d 值出现之前，z_0 与风速负指数关系显著，而当 d 值出现后风速与 z_0+d 关系明显大于与它们各自的关系。

(3) 在 d 值出现之前，z_0 与 LAI 和 h 呈极显著的线性正相关关系，当 d 值出现以后，z_0 与 LAI 和 h 都呈极显著的指数正相关关系，d 与 LAI 和 h 呈显著的指数正相关关系，LAI 和 h 对 z_0 的影响要大于 d 和 z_0+d，h 对 z_0、d 和 z_0+d 影响的贡献要大于 LAI。

(4) d 值出现后至 h 和 LAI 达到最大（吐丝期），上述各种关系最为显著，之后各种关系变得不明显。

(5) d/h 和 z_0/h 分别为 0.40 ~ 0.54 和 0.10 ~ 0.14，其中前者略小于已有研究的 0.70 和 0.68。分析原因认为，前人研究采用风洞试验，粗糙元采用刚性材质，不会因风的作用而弯曲，而本研究中玉米植株具有一定韧性，尤其是顶端比较纤细韧性更强，随着风速增大植株弯曲幅度增大，这将导致一定风速条件下冠层的基础高度要低于实际植株高度，进而导致 d/h 在数值上要小于风洞试验所得到的 0.70。而本研究中的 z_0/h 在数值上与 Saxton 和覃文汉等 0.10 和 0.08 的结果比较相近。在 h 达到最大值前，d/h 和 z_0/h 分别随 LAI 增大而减小和增大。当玉米吐丝期后，h 不再变化，这一阶段 z_0/h 约为 0.12，这与 CLM3 模型相一致。

13.6.2 模型确立

d 值出现之前，各类模型对 z_0 模拟精度都较高，其中 h 比 LAI 对 z_0 影响更为直接，以 h 和风速对 z_0 作用的累加形式所建立的模型 1 模拟精度最高。当 d 值出现至 h 达到最大这一时期，LAI 比 h 对 z_0 的影响更为直接，LAI 和风速与 z_0 都呈指数关系的模型 8 模拟精度更高；而 h 对 d 的影响更为直接，h 和风速与 d 都呈指数关系的模型 10 模拟精度更高。当 h 达到最大以后直至收获这一时期，因 h 的稳定，LAI 和风速是 z_0 和 d 的主要影响因子，由于 LAI 变化幅度较小且风速测量误差的增大导致该阶段模型模拟精度明显低于前两个时期，其中因 z_0 自身日际变动很小导致所建立模型无法对其模拟。

14 空气动力学参数动态对陆—气通量模拟的影响

利用第 13 章所建立的模型 1、模型 8、模型 10、模型 16 在 BATS1e 模型中对玉米不同生育期 z_0 和 d 进行动态参数化，实现对原模型的改进，利用 2008 年全年的气温、太阳短波和长波辐射、风速、降水、气压及空气比湿数据对 BATS1e 模型进行驱动，同时代入所计算的 LAI 和株高（h）动态资料用于驱动 z_0 和 d 的参数化模型。第 3 章研究结果表明，在原模型中引入动态 LAI 将在一定程度上改善模型模拟精度，而 z_0 和 d 的动态参数化是在引入动态 LAI 的前提下实现的。因此，为了分离出 z_0 和 d 的动态变化对原模型方案的改进作用，这里把在原模型基础上引入动态 LAI 的模拟作为对照试验，而在此基础上进行 z_0 和 d 动态参数化的模拟作为改进试验，通过对二者模拟结果的比较来研究 z_0 和 d 的动态参数化对陆—气通量模拟的影响。

14.1 z_0 和 d 的动态参数化对 C_D 模拟的影响

图 14.1 给出模型改进前后 C_D 的动态变化情况，由图可见，在玉米拔节（6 月 25 日）前模型改进前后的 C_D 差异很小，随着植被覆盖度的增大改进值逐渐大于原模型值，分析原因认为，拔节前植被覆盖度较小，下垫面以裸土为主，虽然玉米粗糙度比原模型值 0.06 有所增大，但根据式（13-13），C_D 差异很小。当植被覆盖度进一步增大，模型改进后 C_D 模拟值明显大于原模型值。

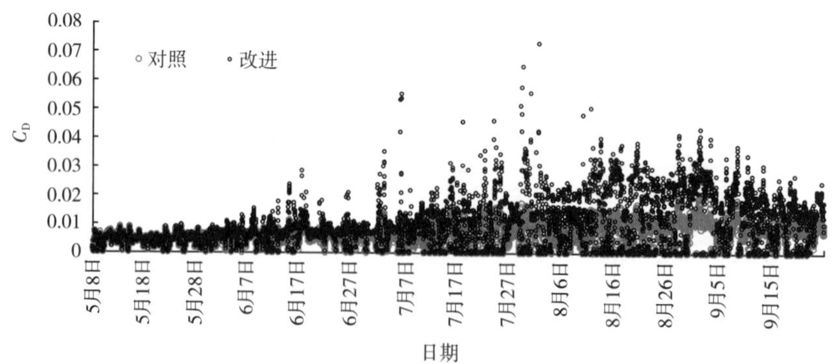

图 14.1　模型改进前后 C_D 模拟值比较

14.2 z_0 和 d 的动态参数化对模型改进前后陆—气通量的影响比较

图 14.2 给出模型改进前后陆—气热通量各分量（感热、潜热 λE 和土壤热通量 G）的模拟结果。拔节（6 月 25 日）前，改进前后感热模拟结果差异很小，与 C_D 变化基本一致，随着植被覆盖度的增大，z_0 和 d 的动态参数化对感热模拟改进作用逐渐明显。7 月 7 日至 8 月 7 日虽然植被覆盖度处于大值阶段，但感热改进量仍然较小，原因是该时段降水集中，地表热通量以潜热为主，感热通量原本很小，因此模型改进对其作用表现并不明显。整个生长季感热改进幅度最大的时段处于乳熟（8 月 6 日）以后，该时段植被覆盖度由最大逐渐减小，降水减少，感热占热通量比重逐渐增大，因此使感热改进情况更为明显。潜热的

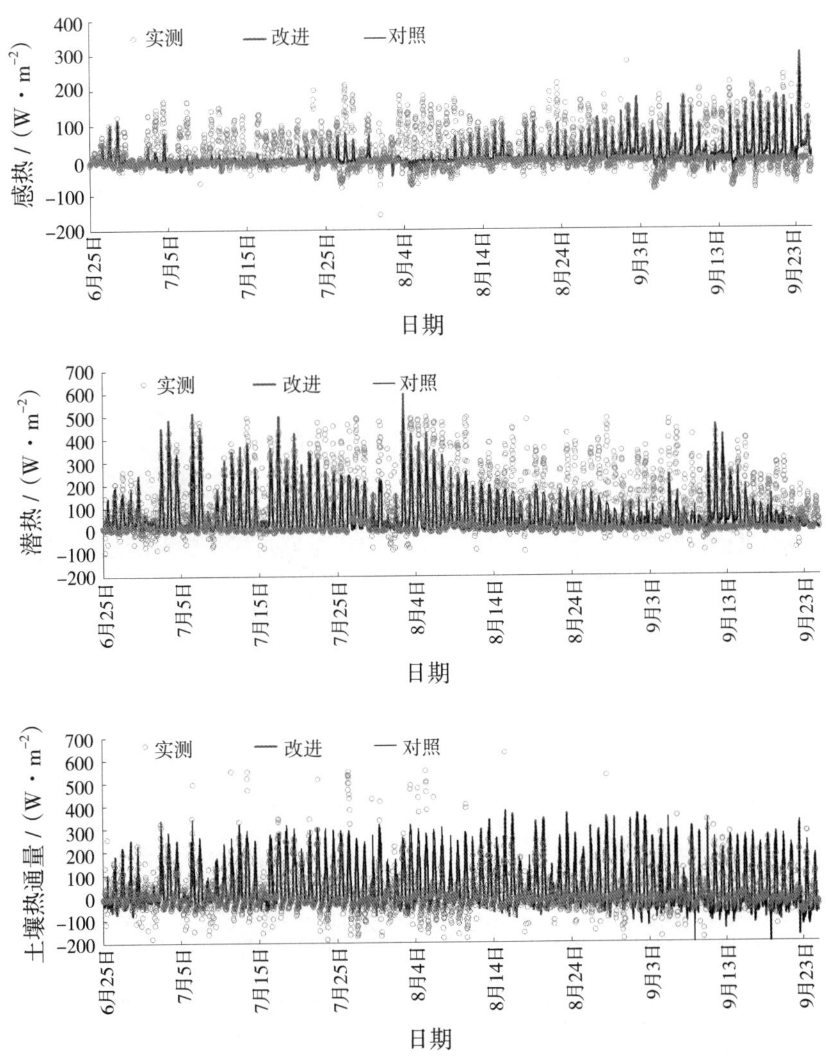

图 14.2 z_0 和 d 动态参数化对模型改进前后陆—气各分量模拟值与实测值对比

情况与感热有所不同，拔节前改进作用不明显，拔节后至乳熟阶段由于降水集中使该时段潜热为玉米生长季最大时期，z_0 和 d 的动态参数化使地表拖曳系数增大，潜热随之增大且更接近实测值。乳熟后，随着植被覆盖度的逐渐减小，降水量的减少，潜热在热通量中所占比重有所减小，模型改进作用减弱。同样，土壤热通量受感热和潜热的共同作用也是在拔节后至乳熟阶段改进相对明显，乳熟后改进作用较弱，拔节前改进最不明显。

为了在整体上评价 z_0 和 d 参数化对陆—气热通量的改进作用，图 14.3 给出模型改进前后各热分量与实测值的相关性对比情况。对感热而言，改进后相关系数大于对照试验，线性趋势系数更接近 1，说明模拟精度有了显著提高，改进作用非常明显。对潜热而言，相

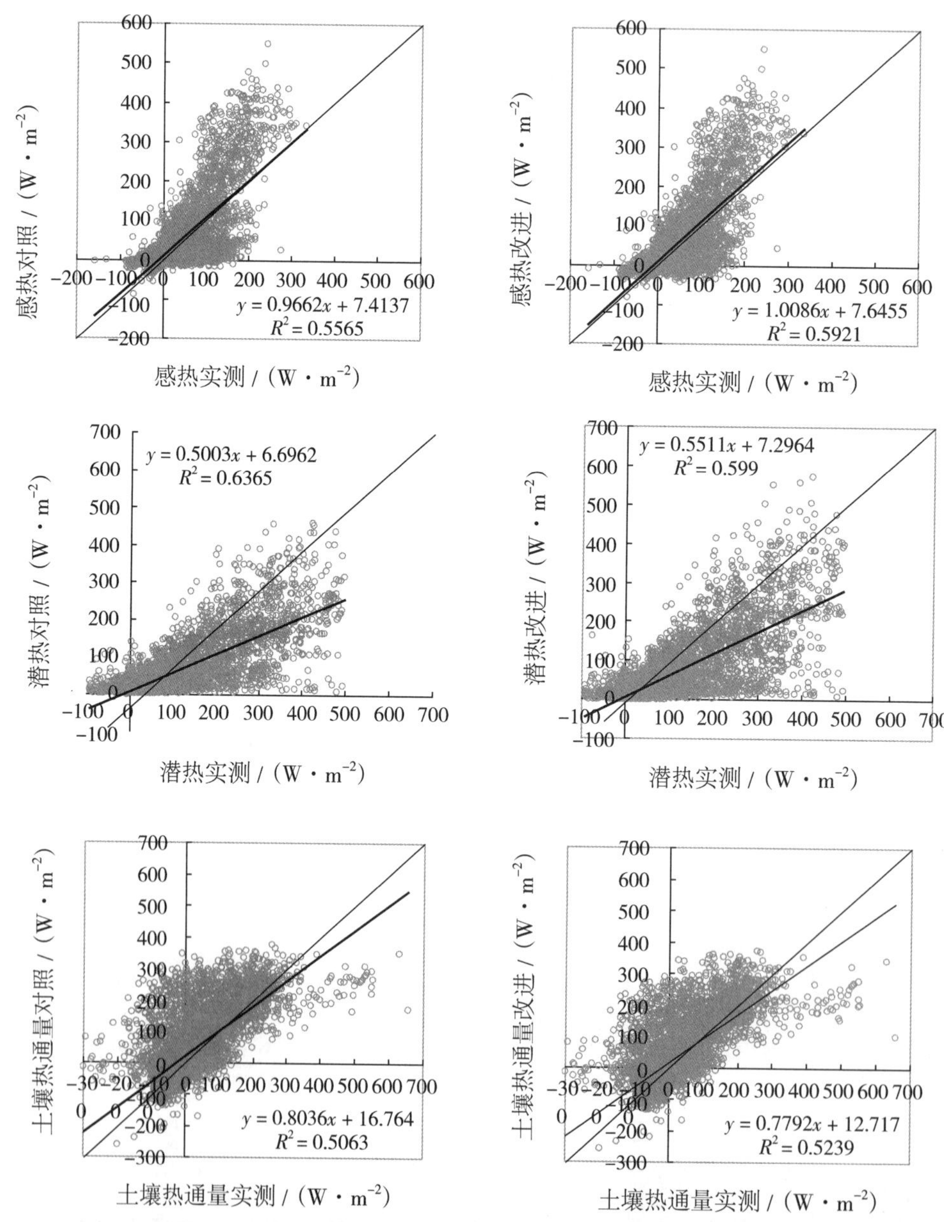

图 14.3　z_0 和 d 动态参数化对模型改进前后陆—气各热分量模拟值与实测值相关性对比

关系数略有减小，说明改进后潜热离散性增大，但线性趋势系数较对照有明显增大且更接近 1，总的来看潜热模拟有所改善。土壤热通量的情况较复杂，模型改进后其趋势系数略有减小，但相关系数增大，从图上看模型改进前后差异并不明显，需要进一步判定。

14.3 z_0 和 d 的动态参数化对陆—气通量模拟结果的影响评价

为直观评价 z_0 和 d 动态参数化对陆—气通量模拟的改进作用，进一步对模型改进后所输出的热通量各分量和表层土壤温度进行定量评价。由表 14.1 可见，感热、潜热、土壤热通量以及表层土壤温度的模型效率分别提高了 0.0569、0.0194、0.0384 和 0.0417，RRMSE 和 NSEE 都有不同程度减小，其中感热、土壤热通量和表层土壤温度改进较大，潜热改进较少，感热改进最明显的月份是 6 月、8 月、9 月，改进量分别为 1997、7158、2779 kJ · m^2，分别占当月总辐射的 0.4%、1.4% 和 0.6%，7 月误差略有增大（表 14.2)，可能是该时段感热在热通量中所占比重较小，且模型自身模拟精度不理想所致，从整个生长季来看，感热改进量为 12189 kJ · m^{-2}，占生长季总辐射的 0.9%。潜热改进量最明显的月份在 7 月、8 月，分别为 15470、17183 kJ · m^{-2}，分别占当月总辐射的 3.1% 和 3.5%，其他月份改进不明显，可能因潜热所占热通量比重较小所致，整个生长季潜热改进量为 26393 kJ · m^{-2}，占生长季总辐射的 1.1%。土壤热通量最大值出现在 7 月、8 月，分别为 11936、16736 kJ · m^{-2}，分别占当月总辐射的 2.4% 和 3.4%，其次是 9 月，改进量为 3666 kJ · m^{-2}，占总辐射的 0.8%，5 月的改进量最小，6 月的误差有所增大，可能是由于感热和潜热模拟不理想所致，生长季改进量为 31294 kJ · m^{-2}，占生长季总辐射的 1.2%。

表 14.1 对照和改进实验各输出变量模拟精度对比

变量	模型效率系数（NS）	相对均方差（RRMSE）	相对标准差（NSEE）
H_{s0}	−0.1483	1.1576	0.7864
H_{s1}	−0.0914	1.1285	0.7666
λE_0	0.3009	0.7241	0.5474
λE_1	0.3203	0.7140	0.5397
G_0	0.2418	1.4532	0.7962
G_1	0.2802	1.4160	0.7758
T_{g0}	0.7887	0.0049	0.0049
T_{g1}	0.8308	0.0044	0.0044

注：H_s、λE、G 分别代表感热、潜热和土壤热通量；0 和 1 代表对照和改进实验的模拟（下同）。

表 14.2　z_0 和 d 动态参数化对模型改进后各热分量改进量月总量

月份	H_s		λE		G	
	改进量 / (kJ · m^{-2})	占总辐射比例 / (%)	改进量 / (kJ · m^{-2})	占总辐射比例 / (%)	改进量 / (kJ · m^{-2})	占总辐射比例 / (%)
5	916	0.2	−126	−0.0	249	0.0
6	1997	0.4	−673	−0.1	−1288	−0.3
7	−661	−0.1	15470	3.1	11931	2.4
8	7158	1.4	17183	3.5	16736	3.4
9	2779	0.6	−5461	−1.2	3666	0.8
生长季	12190	0.9	26392	1.1	31296	1.2

14.4　z_0 和 d 不同动态参数化方法对陆—气通量模拟结果的影响

为了进一步说明本研究中 z_0 和 d 动态参数化模型的有效性，用 z_0=0.1h 和 d=0.7h 代入模型，定义其模拟结果为验证值，比较利用 z_0 和 d 不同动态参数化方法对模型改进后热通量模拟精度的差异。由图 14.4 可见，当简单以株高倍数来实现 z_0 和 d 动态变化，感

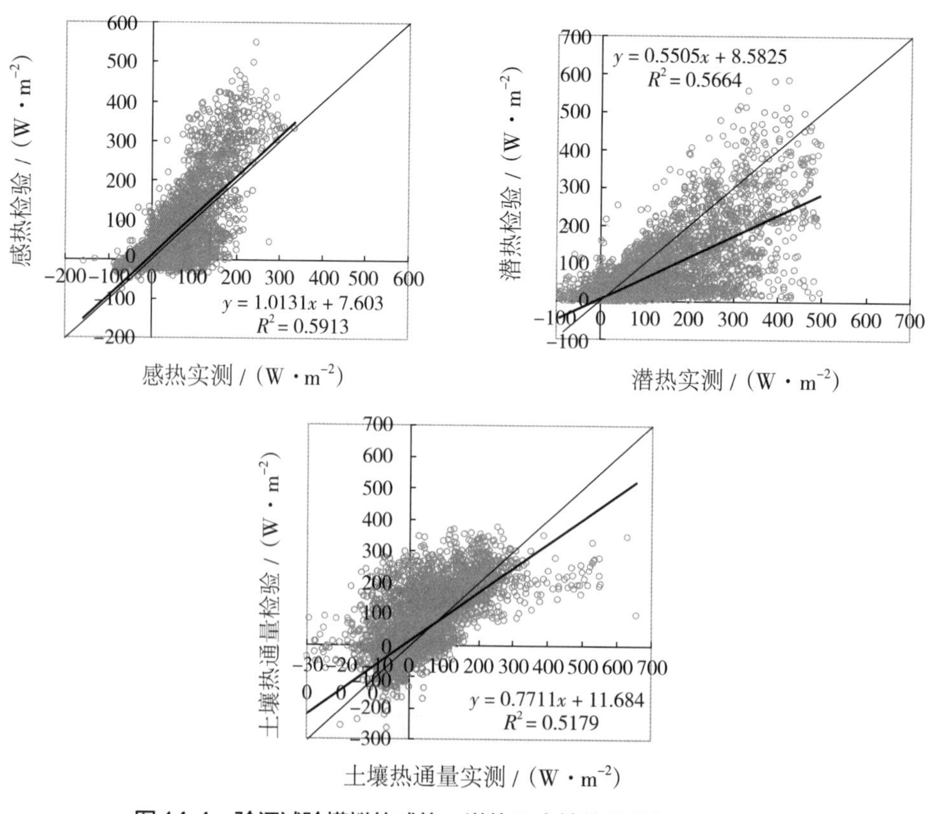

图 14.4　验证试验模拟的感热、潜热及土壤热通量与实测值比较

热模拟值与实测值的线性趋势系数比原模型更接近 1，但比动态参数化改进模型偏大，同样，相关系数也介于原模型与改进模型之间；而潜热模拟值与实测值的线性趋势系数比原模型更接近 1，但略小于改进模型，相关系数略小于后者；土壤热通量相关系数介于两者之间，线性趋势系数小于前两者。总的来看，此种参数化方法所得到的各热分量的模拟精度略小于动态参数化后的结果，但好于原模型，表明实现 z_0 和 d 的动态参数化对原模型具有一定改进作用，但更为合理的动态参数化方案的建立将进一步提高模型模拟精度。

14.5　BATS1e 模型对 d 的敏感性

Garratt 指出，当测量高度大于 10 倍冠层高度时，d 可以被忽略，郭建侠在其研究中已验证了这一论断。为了进一步验证此结论在东北玉米农田下垫面中的正确性，基于 2008 年资料，在 BATS1e 模型中分别用动态 d 值和 d=0 时两种情况进行模拟，通过比较热通量各参量差异情况来检验模型对 d 的敏感性。由图 14.5 可见，考虑 d 值与否，7 月 17 日以前感热模拟值几乎无差异，之后二者逐渐出现差异，从 8 月 6 日（乳熟）开始差异变得明显，总体来看，考虑 d 时的感热略大于不考虑 d 时，这一点符合 C_{DN} 的计算公式，即 d 增大将使拖曳系数增大进而增大感热通量；而潜热在 7 月 7 日前基本无差异，之后

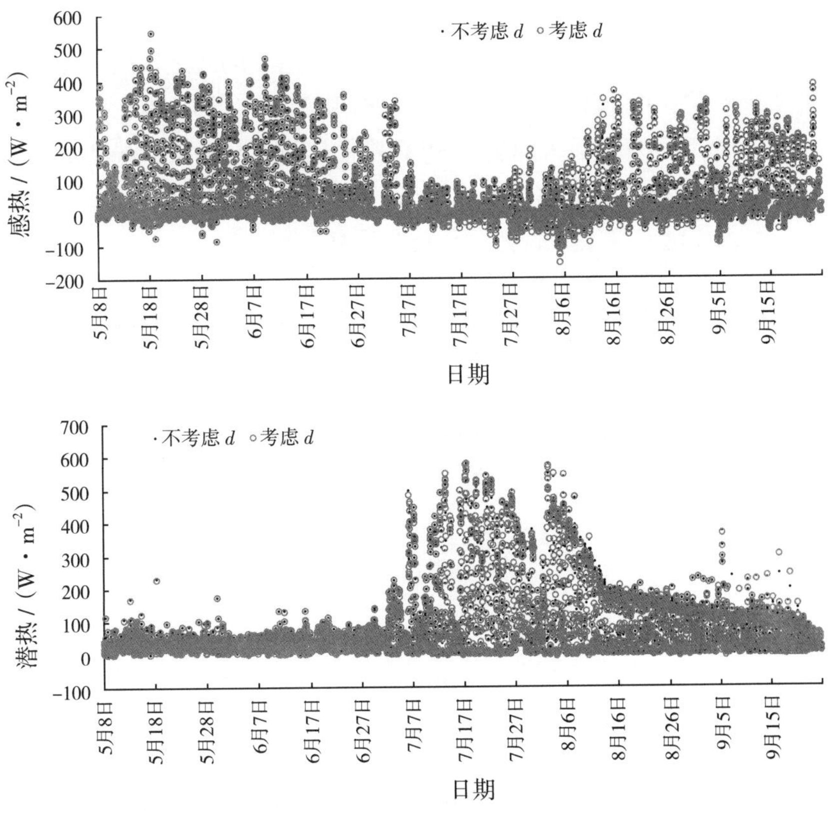

图 14.5　考虑与不考虑 d 前后感热通量、潜热通量比较

差异逐渐显现，其中7月7日至8月6日降水频繁且总量较大的时段二者差异最为明显；而土壤热通量差异较小，主要是由感热和潜热差异共同作用所引起。从感热和潜热在考虑和不考虑 d 前后差异及差异出现时段来看，潜热出现差异的7月7日前后，冠层株高在1.6 m左右，而感热差异落后于潜热，可能是由于落后时段降水频繁且雨量较大，使感热在热分量中的比重明显减小导致考虑 d 与否的差异变得不明显。总的来看，BATS1e模型对东北玉米农田陆面过程的模拟基本符合Garratt的论断。从理论上分析认为，文中模型参考高度（zr）为4.1 m，在7月7日之前考虑 d 与否 d 值的变化在0 ~ 1.6 m，$z1-d$ 相比 zr 仅变化0.6 ~ 1.0倍，而 z_0 由原来的0.06变为0.27（开始考虑 d 时的 z_0 值）则是约4倍的变化，可见，模型对 d 的敏感性远小于 z_0，因此 d 在一定范围内变化是可以忽略的。

14.6 真实土壤水分下 z_0 和 d 动态参数化对各变量模拟影响的定量评估

由于土壤水分（SWC）的不准确估计，使模型被 z_0、d 动态参数化改进后个别时段潜热模拟误差反而增大。为了对这一结论进行验证，引入实测SWC数据作为模型输入项，研究真实SWC情况下模型经 z_0、d 改进对各输出变量的改进作用。从各月情况看（表14.3），引入实测SWC后各要素改进量的分布格局发生变化，其中，感热在各月的改进量都显著增大，最大值出现在5月、6月、7月，分别占当月总辐射总量的4.0%以上，生长季总改进量为122081 kJ·m^{-2}，占总辐射量的4.8%；潜热的改进作用也有所增大，5月、7月、8月的改进量分别占总辐射量的2.0%、6.4%和2.4%；土壤热通量改进幅度在7月、8月明显减小，其原因主要是引入的实测SWC比模拟值明显增大，导致潜热模拟值随之增大，进而改变了原来各热通量模拟值的格局。引入真实SWC后，模型各热通量分配更接近于实际，z_0 和 d 动态参数化的改进作用更为明显。

表14.3 引入真实土壤水分（SWC）后各热通量在月、季的改进情况

月份	H_s		λE		G	
	改进量/(kJ·m^{-2})	占总辐射比例/(%)	改进量/(kJ·m^{-2})	占总辐射比例/(%)	改进量/(kJ·m^{-2})	占总辐射比例/(%)
5	41281	7.4	4568	2.0	1588	0.3
6	40225	8.3	3605	1.3	−1969	−0.4
7	23283	4.6	22419	6.4	258	0.1
8	3519	0.7	8193	2.4	1091	0.2
9	13773	2.9	4134	1.9	3359	0.7
生长季	122081	4.8	42919	1.7	4328	0.2

14.7 本章小结

通过上述分析可得到以下结论：实现 z_0 和 d 的动态化对原模型具有一定改进作用，而更为合理的动态参数化方案的建立将对提高模型模拟精度作用更明显，本研究所建立的 z_0 和 d 的动态参数化方法是实现提高模型模拟精度的有效方法；改进后的拖曳系数（C_D）随植被覆盖度增大而增大，更符合实际；感热、潜热和土壤热通量的模拟精度均有不同程度改进，效率系数分别提高 0.0569、0.0194 和 0.0384，生长季累计改进量分别占总辐射的 0.9%、1.1% 和 1.2%，当输入真实的表层土壤湿度后，z_0 和 d 动态参数化对感热和潜热的改进作用更大。合理的动态空气动力学参数化方案对陆面过程模拟具有明显改善作用。当株高小于 1.6 m 时，模型对 d 的敏感性较弱，此时 d 可以忽略。

随着玉米农田下垫面性质的改变，z_0 和 d 在一年中不断变化，利用玉米不同生育阶段 z_0 和 d 与风速、LAI 和 h 关系所建立的动态参数化模型对 BATS1e 模型进行改进后，C_D 随着植被覆盖度增大表现出明显的日变化特征，较原模型更符合实际；玉米农田陆—气热通量模拟具有不同程度的改进作用，且各热分量改进情况在不同生育阶段有所不同。表明现有陆面模型所采用的静态赋值或简单动态赋值方式是给模拟过程带来误差的重要原因之一，证明了空气动力学参数在陆面水热交换过程的敏感性及建立更为合理的空气动力学动态参数化方案的必要性。

原模型对 SWC 的不合理模拟使得当 z_0 和 d 得到改善时个别时段潜热模拟精度却有所下降，引入真实 SWC 后，z_0 和 d 动态参数化对感热和潜热的改进作用明显增强。表明陆面过程模拟过程中，某个参量的改进在提高某些输出量模拟精度的同时，会由于陆面过程的复杂性和各种反馈作用的存在使某些要素的模拟精度反而下降，一个很重要原因就是原模型对某些要素模拟过程中出现误差相互抵消现象，使模拟结果出现“虚假正确”，某个参量的改进恰恰打破了原有的“平衡”，进而导致所谓的误差增大，而实际上模型是向着更为合理的过程发展的，这可能是个别月份各热通量模拟精度反而下降的重要原因。因此，只有当模型每个输出变量模拟趋于合理时，参数的改进才能从整体上提高模型精度，现有陆面过程模型很多参数的表达仍不完善，需要不断加以改进。

由于本研究所用模型模拟能力以及研究资料等方面的限制，使空气动力学动态参数化对陆—气通量模拟的定量评价结果存在不确定性。但从整体趋势来看，模型改进对模拟精度的提高是显而易见的，表明所采用的动态参数化方案具有一定合理性。由于空气动力学参数与植被高度和密度关系密切，而同一类型植被 LAI 和 h 相关性极显著，使建立参数化模型时无法被同时考虑。因此，有必要开展多种植被类型冠层结构参数的观测和研究来实现二者真正意义上的相互独立。

15 地表动力与热力动态参数化对陆—气通量模拟结果的影响

前面的研究表明，反照率和 z_0 与 d 的动态参数化分别对原模型有一定的改进作用，为了进一步了解二者同时进行动态参数化对模型改进后模拟精度将如何变化或有多大的改变，在本章将进行深入探讨。采用以下方案进行比较。

首先，由于 z_0 和 d 的动态参数化改进是在 2008 年玉米生长季（5 月 8 日至 9 月 24 日）进行的，非生长季仍采用原模型值，而反照率则是在全年都进行了动态参数化改进，为了体现二者共同作用对模型的改进作用，选取生长季时段进行分析。

其次，为了体现反照率和 z_0 与 d 动态参数化对模型的改进，需要分离出 LAI 和 F_{veg} 动态变化对原模型的改进作用，因此，在原始模型参数基础上，代入模拟得到的 LAI 动态数据，利用所建立的 LAI 与 F_{veg} 的关系，实现 FVEG 的动态化，把此时的模拟过程定义为对照试验（TEST-CTL），在此基础上实现 z_0 和 d 的动态参数化对模型改进，这时的模拟过程定义为 Z_0d 改进试验（TEST-ZOD），而在此基础上再实现 α 动态参数化对模型改进，定义为综合改进试验（TEST-ZOD-ALBEDO）。

15.1 模型各输出变量动态变化比较

15.1.1 反照率（a）

由于 z_0d 改进试验中没有对 α 进行动态参数化改进，因此 α 模拟结果与对照试验是一样的，这里的比较主要针对实测值、对照试验和综合改进试验。为了更为清晰显示各试验 α 的差异，按月分别给出 α 的对比情况（图 15.1）。从各月来看，改进后 α 具有明显的日

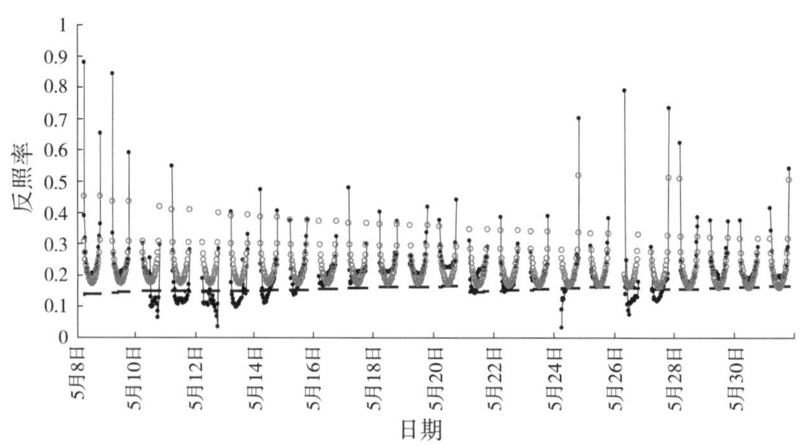

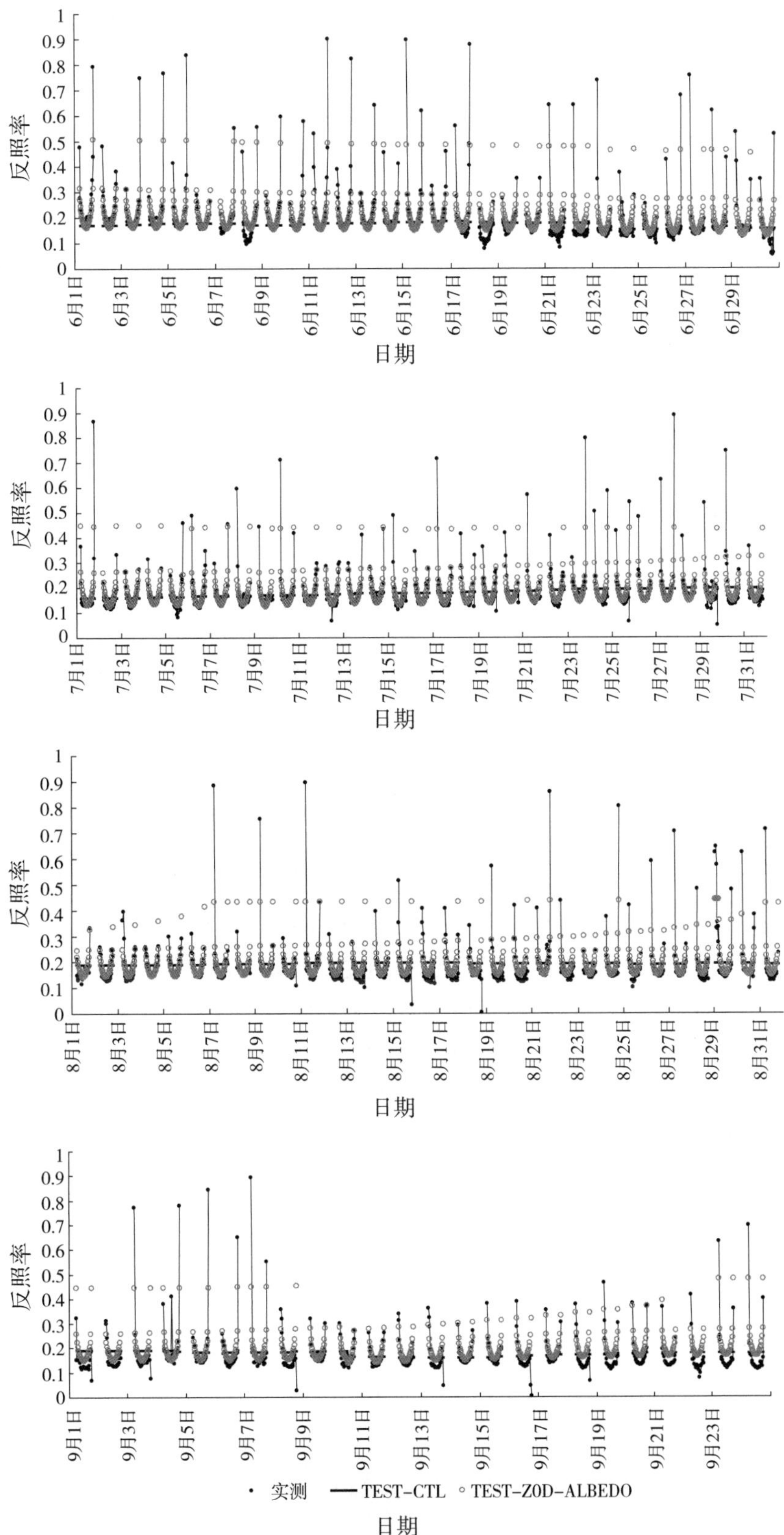

图 15.1 不同试验反照率模拟结果与实测值比较

变化动态特征，而对照试验在数值上各月 α 差异很小。其中 5 月对照试验和综合改进试验对 α 实测值都有不同程度的低估，前者误差很大，后者误差明显减小，6 月 1 日至 9 月 18 日综合改进试验绝大多数模拟结果与实测值都非常接近，只有 9 月 19—24 日误差较大，表明综合改进试验对 α 模拟的改进作用非常明显。

15.1.2 净辐射（nr）

从净辐射的动态比较来看（附图 11），绝大部分时间综合改进试验模拟值大于 z_0d 改进试验和对照试验且更接近实测值，z_0d 改进试验模拟精度略高于对照试验。由于 z_0d 改进试验和对照试验反射辐射相同，因此引起差异的因子只有 frl，而它直接受 T_g 影响，表明 z_0d 改进试验对 T_g 的模拟精度较对照试验有所提高。总的来看，α 参数化对净辐射的改进作用的贡献明显大于 z_0 和 d 的参数化。

15.1.3 感热（H_s）

5 月和 6 月初综合改进试验 α 模拟值大于 z_0d 改进试验，使地表获取太阳辐射能量略小于后者，9 月中旬后二者差异较小导致净辐射差异不大，其他时段综合改进试验 α 模拟值小于后者，使地表吸收太阳辐射能量多于后者，由此可见，α 的差异决定了地气热通量分配的差异。由附图 12 可见，5 月、7 月、8 月综合改进试验在 z_0d 改进试验基础上对感热有了进一步改进，其他时段改进不明显。

15.1.4 潜热（λE）

从附图 13 可以看出，z_0 和 d、α 的动态参数化对潜热模拟的改进作用比较有限，改善最明显的时段主要分布在降水较集中的 7 月初至 8 月上旬，而其他时段改进幅度很小，综合改进试验在 z_0d 改进试验基础上对潜热的改进主要出现在降水集中时段，其他时段改进很小，潜热的改进主要由 z_0 和 d 的动态参数化来实现，而 α 参数化对潜热模拟的改进作用非常小，表明地表因净辐射改进而引起能量的改变量很少分配给潜热。另外，在 8 月中下旬，对照试验比两种改进试验更接近实测值，这一现象发生的原因主要是由于模型对 SWC 的明显低估，加上此时地表传输系数的增大（附图 14），使表层土壤水分在约 09 时前后过早地被蒸发，到中午前后 SWC 急剧下降引起蒸发量下降，导致传输系数虽然大于对照值但所产生的蒸发却小于对照，因此造成潜热模拟值小于对照。

15.1.5 土壤热通量（G）

z_0d 改进试验和综合改进试验对土壤热通量模拟的改进作用最明显的时段主要是在 5—6 月，其他时段并不明显，二者模拟结果差异很小，说明土壤热通量的改进也主要由 z_0 和 d 的动态参数化来实现，地表因 α 参数化所引起能量的改变对土壤热通量影响较小（附图 15）。

15.1.6 表层土壤温度（T_g）

由于没有表层 0 cm 土壤温度 0.5 h 资料，这里对各试验模拟值求日平均，与实测值进行日尺度上的比较。由附图 16 可见，z_0d 改进试验和综合改进试验对 T_g 的改进作用比较明显，其中 5 月由于 α 参数化后比对照值增大且接近于实测值，使净辐射较对照减少，T_g 略小于 z_0d 改进试验，模拟误差有所减小。9 月中下旬个别时段误差有所增大，z_0d 改进试验模拟值最大，α 参数化后使其有所减小，但仍大于对照值，说明此处的误差主要是由于 z_0 和 d 的不准确模拟所引起。其他时段 α 参数化在 z_0d 改进试验基础上对 T_g 的改进作用很小，可能是由于这一时段植被已基本覆盖地面，α 的改进已不能影响 T_g。总的来看，z_0、d 的动态参数化在大部分时段对 T_g 有明显改善作用，在此基础上 α 参数化对 T_g 模拟改善作用比较有限。

15.2 α 动态参数化在 z_0 和 d 动态参数化基础上对各变量模拟效果的影响评估

为了更为定量化评估 α 参数化在 z_0 和 d 动态参数化基础上对陆面过程模拟的影响，表 15.1 给出 nr、T_g、各热分量不同试验模型效率系数和模拟误差的对比情况。

表 15.1 综合改进试验和 z_0d 改进试验各输出变量模拟精度对比

项目	$\alpha-z$	$\alpha-\alpha$	$nr-z$	$nr-\alpha$	T_g-z	$T_g-\alpha$	H_s-z	$H_s-\alpha$	$\lambda E-z$	$\lambda E-\alpha$	$G-z$	$G-\alpha$
模型效率系数（NS）	−0.0457	0.4924	0.9911	0.9943	0.8235	0.8286	0.2712	0.3311	0.5298	0.5244	0.3141	0.2510
相对均方差（RRMSE）	0.0020	0.0014	0.5315	0.4257	0.0055	0.0054	1.4248	1.3650	2.1108	2.1230	1.9848	2.0741
相对标准差（NSEE）	0.4486	0.3126	0.0813	0.0651	0.0045	0.0044	0.7806	0.7479	0.5605	0.5638	0.8172	0.8539

注：z 代表 z_0d 改进试验模拟结果，α 代表综合改进试验模拟结果。

从整个生育期来看，α 动态参数化使 α 的 NS 值明显增大，RRMSE 和 NSEE 有所减小，表明改进后的 α 参数化方案对其模拟精度的提高具有明显作用。由于 α 模拟精度的改进使模型对净辐射的模拟有所改善，其 NS 值增大了 0.0032，RRMSE 和 NSEE 都有所减小，T_g 的 NS 值增大 0.0051，可见，α 的动态参数化对辐射和 T_g 的模拟有一定改善作用。由于 nr 模拟的改善使得陆—气各热通量分量的格局发生变化，其中感热的模拟有了较明显改善，其 NS 值增大了 0.059，但潜热和地表热通量的模拟误差有所增大，一方面是 8 月中旬至 9 月初潜热模拟误差的增大导致地表热通量误差随之增大，原因是在无降水日 SWC 的显著低估造成了中午前后 SWC 急剧下降使蒸发量下降，导致虽然 *nr* 增大，但所产生的蒸发量却减小，这种效应通过累积使 SWC 进一步下降，导致一天中最大蒸发出现时刻不断提前，使潜热模拟误差逐渐增大；另一方面，在 7 月、8 月降水频繁时段，由于原模型在降水日对 SWC 过高估计，使得潜热模拟结果较实测值偏大，而在此阶段 z_0d 改进试验使拖曳系数大于原模型且更为合理，导致潜热模拟值进一步增大，反而使模拟误差比改进前有所增大，在此基础上，α 的动态参数化改进使净辐射增大且接近实测值，也使潜热模拟值有所增大，反映在模拟精度上则使模拟误差再次增大。因此，导致模型在改进情况下误差反而增大的最终原因是原模型对 SWC 的不合理模拟。

从表 15.2 的统计结果可进一步验证上述论断，对 *nr* 而言，各月改进量都为正值，其中 7 月、8 月改进幅度最大，改进量分别占总辐射的 1.55% 和 2.39%，表明 α 参数化改进作用在 FVEG 较大时期最为明显，从整个生长季来看，净辐射改进了 0.95%。感热在各月都有所改进，其中 5 月改进最为明显，改进量为 11569 $kJ \cdot m^{-2}$，占当月总辐射的 2.07%；其次是 6 月和 9 月，而 7 月和 8 月改进最小，其原因主要是 5 月、6 月、9 月 FVEG 和降水明显小于 7 月和 8 月，感热在热分量中比重较大，而 7 月和 8 月冠层蒸散较大，导致热通量以潜热为主。潜热在 5—7 月有所改进，但改进量都较小，而在 8 月和 9 月误差有所增大。土壤热通量仅在 5 月和 6 月有所改进，可能是由于此时热通量以感热为主，它的改进直接使土壤热通量随之改进，而 7—9 月土壤热通量误差明显增大，其原因主要是该时段热通量以潜热为主，而潜热模拟精度的下降可能会引起土壤热通量误差的增大。

表 15.2　综合改进试验对 z_0d 改进试验改进情况在各月比较

项目	5月	6月	7月	8月	9月	生长季
nr 改进量 / ($kJ \cdot m^{-2}$)	327	344	7872	11874	3450	23868
占总辐射比例 / (%)	0.06	0.07	1.55	2.39	0.72	0.95
H 改进量 / ($kJ \cdot m^{-2}$)	11569	2723	77	1398	1228	16994
占总辐射比例 / (%)	2.07	0.56	0.02	0.28	0.26	0.67
λE 改进量 / ($kJ \cdot m^{-2}$)	231	1201	590	−1847	−370	−196
占总辐射比例 / (%)	0.04	0.25	0.12	−0.37	−0.08	−0.01
G 改进量 / ($kJ \cdot m^{-2}$)	524	788	−7223	−9912	−3089	−18912
占总辐射比例 / (%)	0.09	0.16	−1.42	−1.99	−0.65	−0.75

15.3 真实 SWC 情况 α 动态参数化对各变量模拟影响的定量评估

前面研究中提到，降水频繁的 7 月、8 月以及之后降水较少的 9 月由于 SWC 的不准确估计使得当模型中 z_0、d 和 α 被改进后，模拟误差反而有所增大，为了对这一结论进行验证，引入 SWC 实测数据作为模型输入项，研究真实 SWC 情况下模型经 z_0、d 和 α 改进后对各输出变量改进作用。从表 15.3 可以看出，引入实测 SWC 后，除 α 和土壤热通量外，z_0d 改进试验多数要素的 NS 值都有所增大，RRMSE 和 NSEE 都有所减小，SWC 的准确模拟对提高模型模拟精度作用非常显著，在 z_0 和 d 动态参数化基础上进行 α 动态参数化改进使模型模拟精度提升幅度明显大于引入真实 SWC 之前，除土壤热通量和 T_g 以外，其他各要素的 NS 值都有所增大，其原因与引入真实 SWC 之前一致。

表 15.3 引入真实 SWC 综合改进试验和 z_0d 改进实验各输出变量模拟精度对比

项目	$\alpha-z$	$\alpha-\alpha$	$nr-z$	$nr-\alpha$	T_g-z	$T_g-\alpha$	H_s-z	$H_s-\alpha$	$\lambda E-z$	$\lambda E-\alpha$	$G-z$	$G-\alpha$
模型效率系数（NS）	−0.1919	0.5011	0.9912	0.9949	0.9257	0.9248	0.3168	0.4266	0.6067	0.6095	0.2997	0.2514
相对均方差（RRMSE）	0.0021	0.0014	0.5296	0.4047	0.0053	0.0054	1.3795	1.2638	1.9305	1.9238	2.0056	2.0736
相对标准差（NSEE）	0.4790	0.3099	0.0810	0.0619	0.0044	0.0044	0.7558	0.6924	0.5126	0.5109	0.8257	0.8537

从各月的改进情况（表 15.4）来看，各要素改进量的分布格局发生变化，其中 nr 改进幅度最大的月份是 5 月和 8 月，改进量分别占当月总辐射总量的 1.36% 和 1.64%，而在 9 月误差略增大，主要是由 α 的误差引起。从生长季来看，nr 改进量达 23404 kJ · m^{-2}，占总辐射的 0.93%。感热在各月的改进量都有所增大，改进量最大值出现在 5 月和 6 月，改进量分别占当月总辐射总量的 3.35% 和 2.60%，生长季总改进量为 36604 kJ · m^{-2}，占总辐射量的 1.45%。同样，潜热和地表热通量的改进作用都比引入真实表层土壤湿度前有所增大，潜热改进量由 −0.01% 提高至 0.04%；土壤热通量则由原来的 −0.75% 减小为 −0.67%。总之，引入真实 SWC 后，模型输出变量的模拟精度有所增大，α 动态参数化的改进作用更为明显。

表 15.4 引入真实 SWC 综合改进试验对 z_0d 改进试验改进情况在各月比较

项目	5 月	6 月	7 月	8 月	9 月	生长季
nr 项目改进量 /($kJ \cdot m^{-2}$)	7597	5206	3348	8171	−920	23403
占总辐射比例 / (%)	1.36	1.07	0.66	1.64	−0.19	0.93
H_s 项目改进量 /($kJ \cdot m^{-2}$)	18691	12637	183	1680	3414	36604
占总辐射比例 / (%)	3.35	2.60	0.04	0.34	0.72	1.45
λE 项目改进量 /($kJ \cdot m^{-2}$)	−364	575	1937	−86	−1155	908
占总辐射比例 / (%)	−0.07	0.12	0.38	−0.02	−0.24	0.04
G 项目改进量 / ($kJ \cdot m^{-2}$)	−175	242	−7090	−8048	−1874	−16945
占总辐射比例 / (%)	−0.03	0.05	−1.40	−1.62	−0.39	−0.67

15.4 α 和 z_0 同时改进对陆—气通量模拟的影响

为了评价在对照试验基础上动态 α 和 z_0 参数化对原模型的改进作用，对综合改进试验和对照试验各要素模拟结果进行定量化比较。从各要素模拟精度的改变情况（表 15.5）来看，α 和 z_0 动态改进后，nr 模型效率系数（NS）提高了 0.0061，模拟误差有较明显减小，这主要受 α 动态参数化改进的影响。感热 NS 值提高了 0.089，从与 z_0d 改进试验比较来看，热力参数改善对其贡献大于动力参数。T_g 的 NS 值提高了 0.039，潜热 NS 略有减小，土壤热通量 NS 值有所增大，三者受动力参数改进影响大于热力参数。

表 15.5 综合改进试验和对照试验各输出变量模拟精度对比

项目	nr_0	$nr-\alpha$	T_{g0}	$T_g-\alpha$	H_{s0}	$H_s-\alpha$	λE_0	$\lambda E-\alpha$	G_0	$G-\alpha$
模型效率系数（NS）	0.9882	0.9943	0.7887	0.8286	0.2418	0.3311	0.5283	0.5244	0.2071	0.2510
相对均方差（RRMSE）	0.6135	0.4257	0.0060	0.0054	1.4532	1.3650	2.1142	2.1230	2.1340	2.0741
相对标准差（NSEE）	0.0938	0.0651	0.0049	0.0044	0.7962	0.7479	0.5614	0.5638	0.8786	0.8539

从各月改进情况（表 15.6）来看，nr 在 7—9 月改进最为明显，而 5 月和 6 月相对较小，其改进量与 FVEG 具有较好的关系，整个生长季改进量为 41849 kJ · m^{-2}，占生长季总辐射的 1.66%。感热除 7 月改进量为负值外，其他各月都为正值，其中 5 月改进量最大，占当月总辐射的 2.05%，其次是 8 月，改进量占当月总辐射的 2.21%，生长季总改进量为 25493 kJ · m^{-2}，占生长季总辐射的 1.01%。潜热改进量最大值出现在 8 月，占当月总辐射的 1.99%，其次是 7 月，改进量占当月总辐射的 0.78%，而 6 月和 9 月改进量为负值，造成误差增大的主要原因是动力参数的不合理模拟以及模型对 SWC 的不准确估计。整个生长季改进量为 3683 kJ · m^{-2}，占生长季总辐射的 0.15%，可见潜热的改进相对较小。土壤热通量的改进比较明显，除 6 月改进量为负值外，其他各月都为正值，其中改进最明显时段出现在 7 月和 8 月，改进量分别占当月总辐射的 1.50% 和 1.65%，整个生长季改进总量为 16073 kJ · m^{-2}，占生长季总辐射的 0.64%。与图 15.1 和附图 11 相比，除感热外，α 参数化对潜热、土壤热通量和 T_g 的改进作用小于 z_0 和 d 参数化。

表 15.6　综合改进试验对对照试验改进情况在各月比较

项目	5 月	6 月	7 月	8 月	9 月	生长季
nr 项目改进量 / (kJ · m^{-2})	270	1275	11560	17914	10831	41849
占总辐射比例 / (%)	0.05	0.26	2.28	3.60	2.27	1.66
H_s 项目改进量 / (kJ · m^{-2})	11413	1078	−337	10969	2370	25493
占总辐射比例 / (%)	2.05	0.22	−0.07	2.21	0.50	1.01
λE 项目改进量 / (kJ · m^{-2})	431	−1486	3947	9895	−9104	3683
占总辐射比例 / (%)	0.08	−0.31	0.78	1.99	−1.91	0.15
G 项目改进量 / (kJ · m^{-2})	1218	−1057	7623	8185	104	16073
占总辐射比例 / (%)	0.22	−0.22	1.50	1.65	0.02	0.64

15.5　本章小结

通过以上分析发现，α 和 z_0 同时对模型进行改进后，α 模拟精度明显提高，使得 nr 在各月模拟精度得到不同程度改善，改进量随着 FVEG 的增大而增大；T_g 模拟精度也有所提高；陆—气热通量各分量中感热改进幅度最大，其次是土壤热通量，而潜热改进相对较小。各要素中，nr 和感热因 α 动态参数化而改进的幅度大于 z_0 动态参数化的改进量，T_g、潜热和土壤热通量则因 z_0 改进而模拟精度提高更为明显。当引入真实 SWC 后，除土壤热通量外，α 动态参数化在 z_0d 改进试验基础上的改进幅度明显增大，其中感热最为明显，其次是潜热。

从 α 和 z_0 同时进行动态参数化对模型模拟总的改进作用来看，nr 在 7—9 月改进最为明显，而 5 月、6 月相对较小，其改进量与 FVEG 具有较好的关系，整个生长季改进量为 41849 kJ · m^{-2}，占生长季总辐射的 1.66%。感热在 5 月和 8 月改进最为明显，改进量分别为 11413 kJ · m^{-2} 和 10969 kJ · m^{-2}，占当月总辐射的 2.05% 和 2.21%，生长季总改进量为 25493 kJ · m^{-2}，占生长季总辐射的 1.01%。潜热改进量最大值出现在 7 月和 8 月，为 3947 kJ · m^{-2} 和 9895kJ · m^{-2}，占当月总辐射的 0.78% 和 1.99%，整个生长季改进量为 3683 kJ · m^{-2}，占生长季总辐射的 0.15%。土壤热通量在 7 月和 8 月改进最为明显，改进量分别为 7623 kJ · m^{-2} 和 8185 kJ · m^{-2}，占当月总辐射的 1.50% 和 1.65%，整个生长季改进总量为 16073 kJ · m^{-2}，占生长季总辐射的 0.64%。

分析发现，在 α 和 z_0 同时改善的情况下，潜热模拟精度却有所下降，原因是原模型对 SWC 的不合理。这一结果表明，陆面过程模拟过程中，一个或几个参量模拟精度的改进可能会使一些输出量有所改进。但由于陆面过程的复杂性和各种反馈作用的存在使某些要素的模拟精度反而下降，一个很重要原因就是原模型对某些要素模拟过程中出现误差相互抵消的问题，使模拟结果出现“虚假正确”。而某些参量的改进恰恰打破了原有的“平衡”，使虚假正确出现偏离，进而导致所谓的误差增大，而实际上模型是有所改进的，是向着更为合理的过程发展的。因此，改进后模型模拟误差的增大并不代表改进过程的无效，也说明陆面过程模型很多参数仍不完善，需要不断加以改进。

16 陆面过程模型 CoLM 与 BATS1e 的模拟精度比较

从物理过程的描述及参数方案设计等方面 CoLM 模型较第二代模型都有了不同程度的完善，而这些完善究竟会在陆面过程模拟中体现多大优势，对各物理参量模拟精度提高幅度到底有多大，目前还缺少实例进行定量评价。东北玉米农田因其冠层高度、叶面积指数、植被覆盖度等下垫面结构和状态随生育期的不断改变使辐射、水分、热量的分配和传输等物理过程随之变化，加之种植范围广泛，对局地大气环流和区域气候都会产生影响，是非常典型的下垫面类型，在陆面过程研究中具有极其重要的代表性。采用 CoLM 模型对其进行模拟可进一步验证该模型在不同下垫面的适用性。利用 CoLM 模型与第二代陆面模型中具有代表性的 BATS1e 模型以东北玉米农田下垫面为例进行模拟精度比较，可为同类研究提供参考，同时为开展玉米农田下垫面陆—气相互作用规律研究提供依据。这部分研究利用 2008 年锦州玉米农田生态系统野外观测站资料对 CoLM 与 BATS1e 模型模拟能力进行定量评价。

16.1 资料与试验设计

利用 2008 年锦州玉米农田生态系统野外观测站气温、比湿、降水、风速、太阳总辐射、向下长波辐射、气压等气象要素对两个模型驱动，其中气温、比湿来自气象梯度观测塔 5 m 高度资料，风速和气压来自涡度相关观测。将通量观测系统测得的感热通量、经 WPL 校正后的潜热通量以及净辐射、土壤温湿度、土壤热通量资料用于模拟结果验证，上述资料均为通过质量控制后的 30 min 平均值。利用 2008 年全年资料对模型进行连续 10 次 spin-up，考虑玉米生育期在 5—9 月，因此本研究只针对该时段第 10 次模拟结果进行模型模拟精度比较，输出变量步长为 30 min。

16.2 模型模拟性能对比

16.2.1 净辐射

BATS1e 和 CoLM 模型中输出辐射分量有所不同，因此选择共有的净辐射用于比较。由图 16.1 可见，两个模型对净辐射模拟精度都较高，其中 BATS1e 模型拟合相关系数略高于 CoLM 模型，而从辐射传输物理过程看后者优于前者，表明复杂的物理过程表达不总是获得更好的模拟效果，有时因计算过程烦琐反而增大误差。从净辐射各月平均日变化（图

16.2）看，两模型对 5 月和 6 月净辐射模拟精度都很高，从 7 月开始模拟值略低于实测值，其中 9 月误差达到最大，但总的来看，两模型对净辐射模拟精度都较高且相差不大。

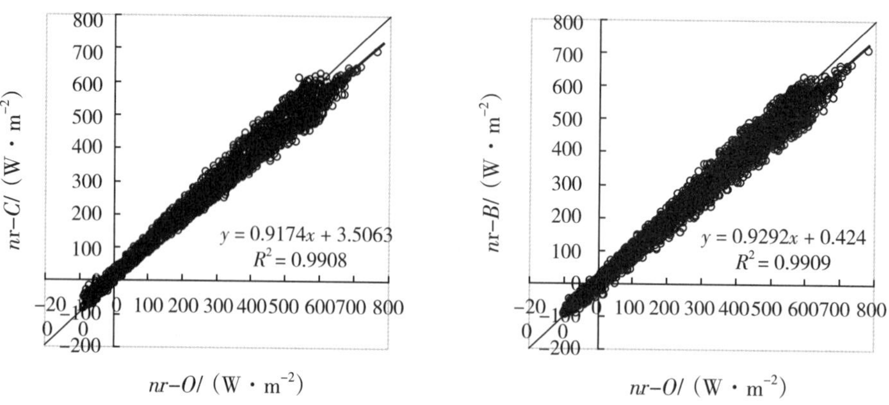

nr 代表净辐射；*C*、*B*、*O* 分别代表 CoLM、BATS1e 模拟值及实测值（下同）

图 16.1　生长季净辐射模拟值与实测值拟合精度比较

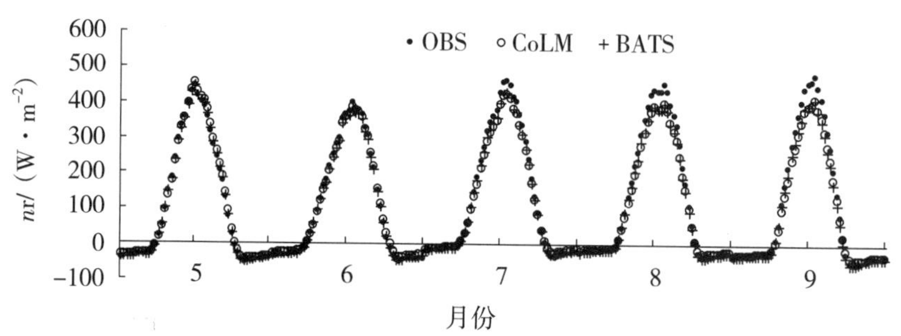

OBS、CoLM、BATS 分别代表实测值、CoLM 模型模拟值、BATS1e 模型模拟值（下同）

图 16.2　各月净辐射平均日变化模拟值与实测值比较

16.2.2　土壤温度

由于 BATS1e 模型中土壤分层只有 3 层，对农田下垫面而言，表层 10 cm，根层 100 cm，全层 1000 cm。CoLM 模型为不均匀土壤分层，其第 3 层下限约为 9 cm，因此把表层 3 层求平均与 BATS1e 模型的表层相对应，第 4 层处于 9 ~ 16 cm 深度，基本可与 BATS1e 模型的次表层（10 ~ 20 cm）相对应，实测资料中 5、10、20 cm 深度平均值分别用于土壤表层与次表层温度的模拟结果验证，而根层和全层由于没有实测资料，因此这里不进行比较。由图 16.3 可见，对于表层土壤温度，CoLM 模型拟合相关系数比 BATS1e 模型略高，但比例系数偏低且截距偏大，表明两模型模拟精度差异不大。对于次表层土壤温度，CoLM 模型模拟精度明显高于 BATS1e 模型，对实测值解释能力提高 10%，表明更为精细的土壤分层对土壤温度模拟改善作用十分明显。

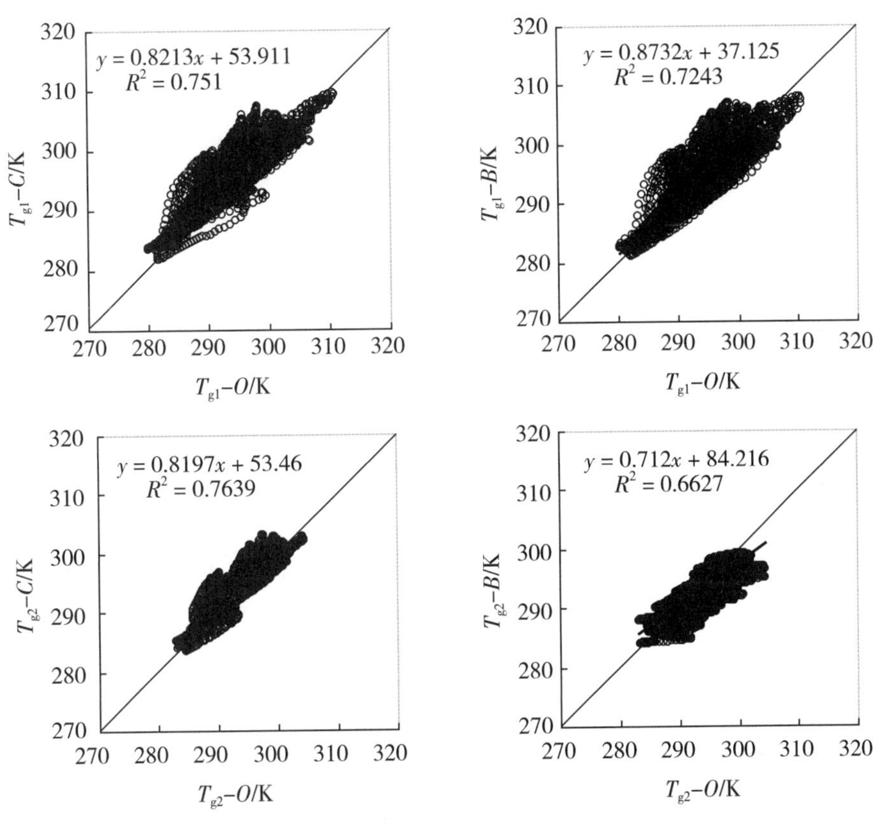

T_{g1} 和 T_{g2} 分别为 0 ~ 10cm 与 10 ~ 20cm 土壤温度

图 16.3　生长季 T_{g1} 和 T_{g2} 模拟值对实测值拟合精度的比较

从各月平均日变化（图 16.4）看，对于表层土壤温度，5—7 月两模型都能较好地拟合其日变化特征，CoLM 模型全天模拟精度都略高于 BATS1e 模型，从 8 月开始，两模型模拟误差都有所增大，9 月达到最大。与实测值相比，在白天都有所高估，在夜间，CoLM 模型表现为低估。虽然从数值上看 CoLM 模型对 9 月模拟精度小于 BATS1e 模型，但其日变化曲线形态与实测值非常接近，而后者日较差明显大于实测值。除 9 月外，CoLM 模型能够很好地模拟出各月次表层土壤温度的日变化特征，其中 5 月和 8 月拟合精度较高，而 BATS1e 模型不能模拟出次表层土壤温度的日变化。两模型在 6 月和 7 月低估明显，在 9 月 BATS1e 模型与实测值拟合较好，而 CoLM 模型在白天有所高估。总体上看，CoLM 模型对土壤温度的模拟还是略好于 BATS1e 模型，尤其是深层土壤更为明显。

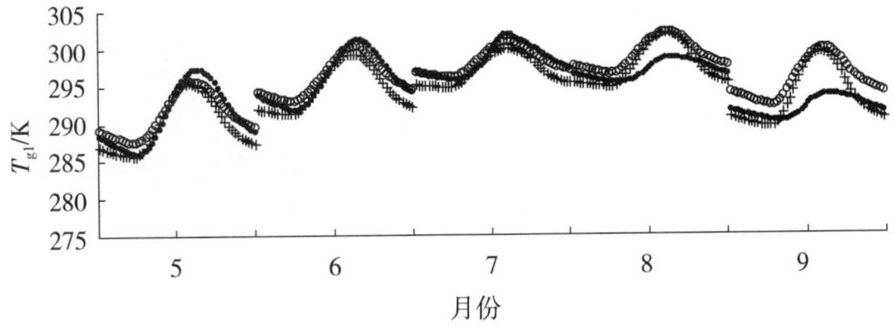

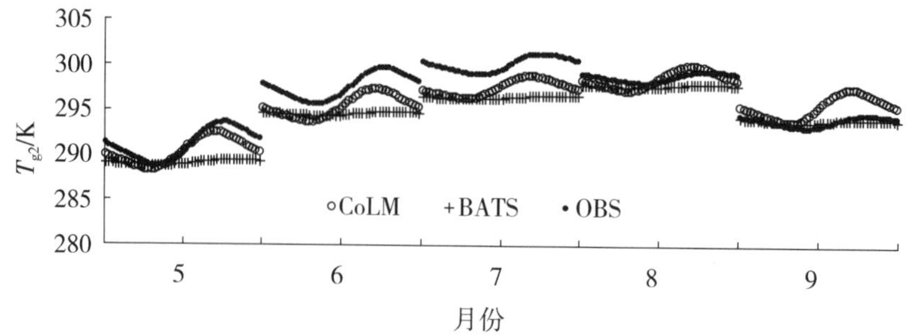

图 16.4　各月 T_{g1} 和 T_{g2} 平均日变化模拟值与实测值比较

16.2.3　热通量

图 16.5、图 16.6 分别给出感热、潜热、土壤热通量以及它们平均日变化模拟精度的比较情况。对于感热通量的模拟，CoLM 模型明显优于 BATS1e 模型，模拟值对实测值解释能力分别为 75% 和 71%，前者比例系数更接近于 1，且截距明显小于后者；从平均日变化的模拟情况看，CoLM 模型在 7 月、8 月、9 月都能对感热通量进行很高精度的模拟，在 5 月和 6 月模拟误差相对偏大；而对于 BATS1e 模型，除 7 月模拟精度较高外，其他各月模拟误差都不同程度大于 CoLM 模型，在 5 月和 6 月高估尤为明显。

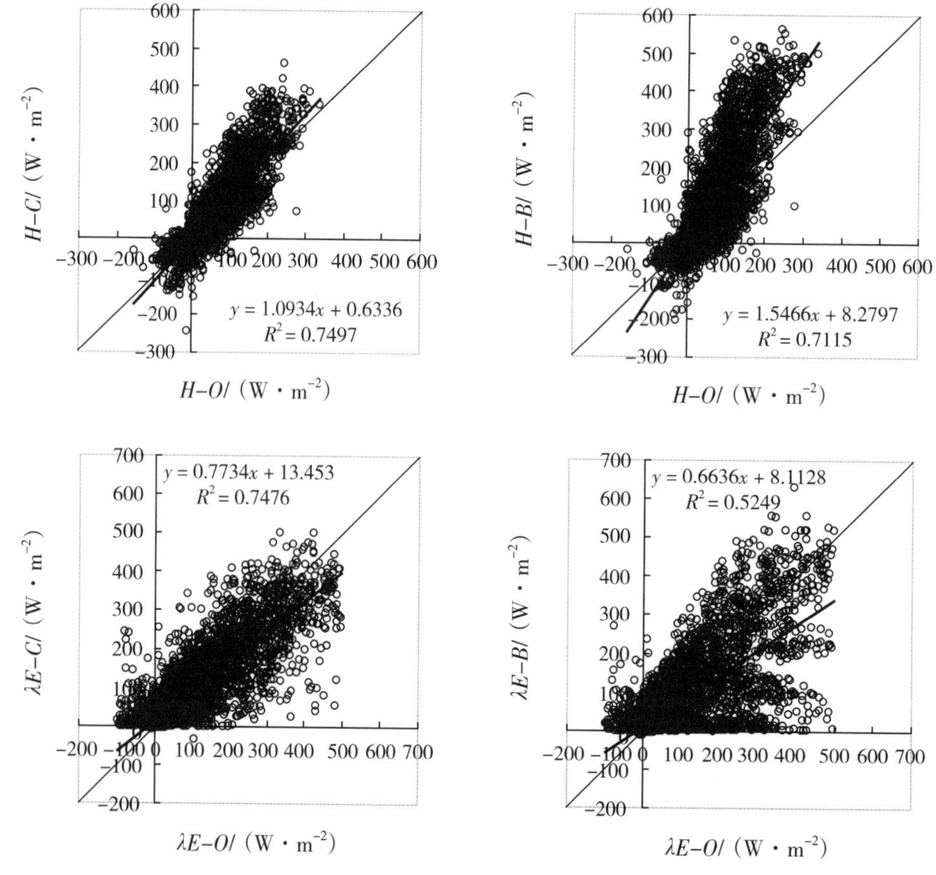

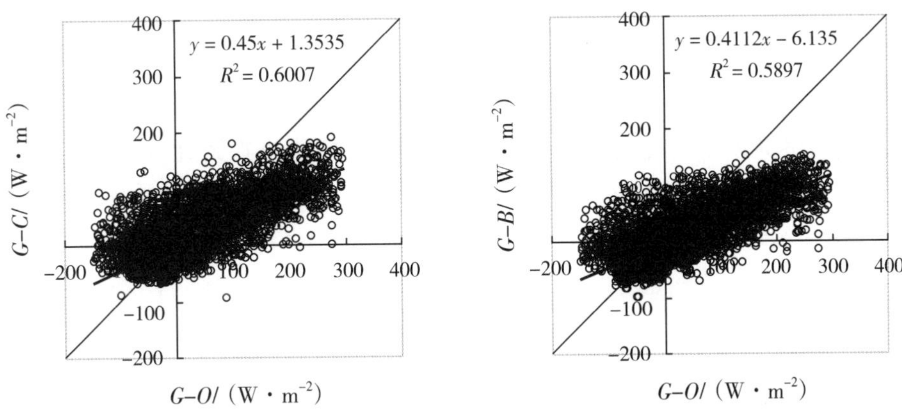

图 16.5　生长季感热、潜热及地表热通量模拟值与实测值拟合精度比较

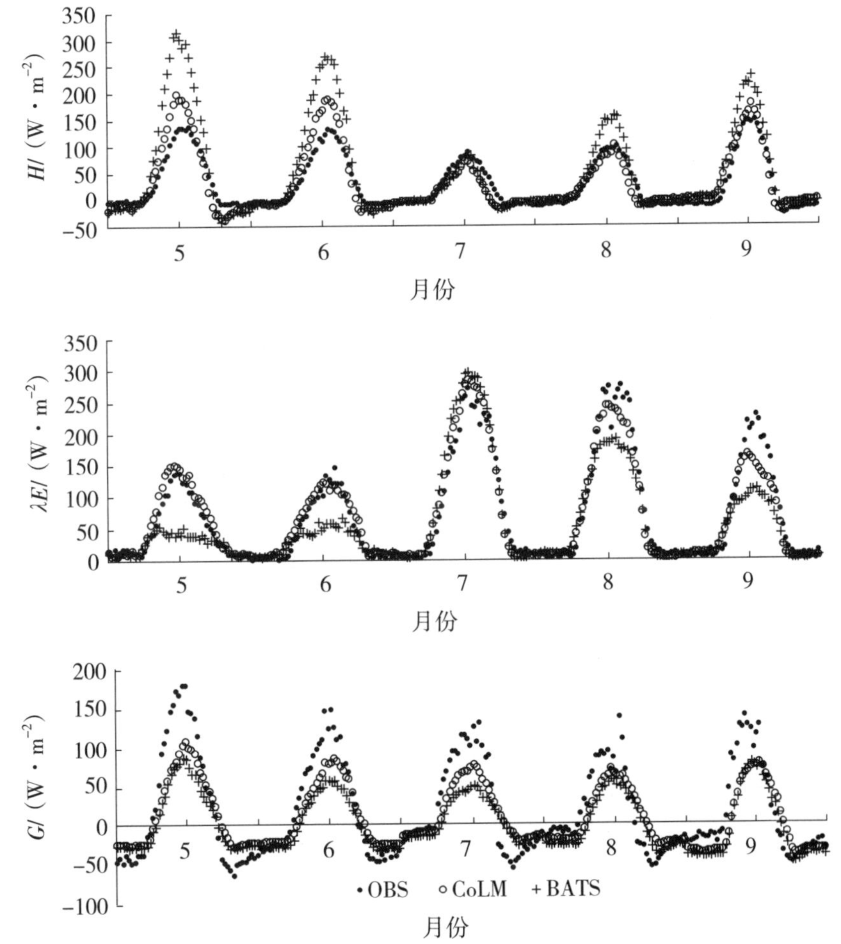

图 16.6　各月感热、潜热及地表热通量平均日变化模拟值与实测值比较

总的来看，CoLM 模型对感热通量模拟精度明显高于 BATS1e 模型。对于潜热通量，CoLM 模型模拟值对实测值解释能力约为 75.0%，高于 BATS1e 模型约 22%，拟合比例系

数更接近 1。从各月平均日变化的模拟情况看，CoLM 模型在 5—7 月模拟值与实测值非常接近，在 8 月和 9 月不同程度低估。而 BATS1e 模型除了 7 月拟合精度较高外，其他各月都存在较大幅度的低估，模拟精度明显低于 CoLM 模型。对土壤热通量的模拟，两模型都有较大误差，CoLM 模型精度稍高于 BATS1e 模型，模拟值与实测值的拟合相关系数分别为 60% 和 59%。从各月平均日变化模拟情况来看，在白天两模型都不同程度低估，夜间大部分时段有所高估，其中 5—7 月 CoLM 模型精度高于 BATS1e 模型，8 月和 9 月差异不明显。

16.2.4　土壤湿度

对于土壤湿度的比较，考虑到 CoLM 模型中土壤分层与 BATS1e 模型差异较大，因此在模拟比较时把 CoLM 模型第 1 至第 3 层土壤湿度进行加权平均得到约为 9 cm 以上土层的平均体积含水量，这与 BAST1e 模型表层土壤体积含水量（SSW）基本相对应。由于土壤湿度观测探头只能测得 10 cm 深处值，模型中是一个层次的平均值，而实测的则为某一深度值，因此，实测值无法与模拟值进行比较。这里只给出两模型模拟值的比较情况（图 16.7），CoLM 模型模拟值略大于 BATS1e 模型，从图 16.6 中潜热模拟情况看，BATS1e 模型对潜热的明显低估很大程度上与表层土壤湿度的低估有关，而 CoLM 模型潜热的更真实模拟也反映了土壤湿度模拟的合理性，基于此，可以证明 CoLM 模型对土壤湿度模拟要好于 BATS1e 模型。

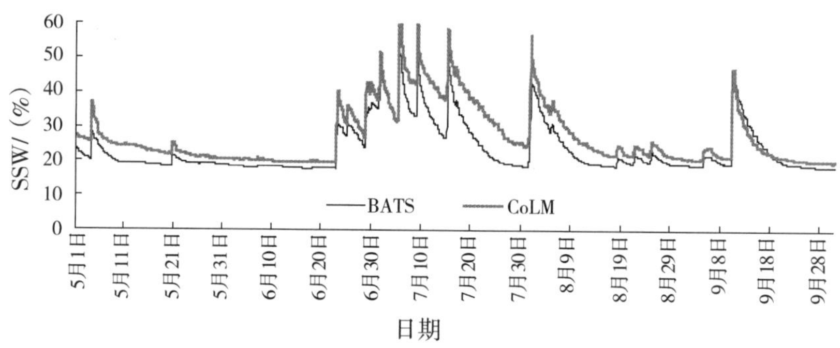

图 16.7　生长季两模型表层土壤湿度模拟值比较

16.2.5　模型模拟精度定量比较

通过 NS、RRMSE 及 NSEE 3 种判断模型精度的指标对两模型生长季内各要素模拟精度进行定量评价表明（表 16.1），从 NS 值来看，两模型对净辐射、次表层土壤温度、表层土壤温度、潜热通量模拟能力递减，模拟精度相对较高，NS 都为正值，但对土壤热通量模拟能力较差，而模型间感热通量模拟精度差异最为明显。从 RRMSE 和 NSEE 值上看，净辐射、表层和次表层土壤温度误差最小，土壤热通量误差最大。通过比较两模型模拟精度发现，对于 CoLM 模型，除净辐射和表层土壤温度模拟精度略低于 BATS1e 模型以外，其他要素模拟精度都不同程度高于后者，次表层土壤温度、感热通量、潜热通量和土壤热通量的 NS 值分别偏高 0.138、1.042、0.266、0.023，其中感热通量模拟精度提高最为明显。

表 16.1 模型模拟精度比较

项目	$nr-C$	$nr-B$	$T_{g1}-C$	$T_{g1}-B$	$T_{g2}-C$	$T_{g2}-B$	$H-C$	$H-B$	$\lambda E-C$	$\lambda E-B$	$G-C$	$G-B$
模型效率系数 NS	0.984	0.986	0.548	0.580	0.756	0.618	0.564	−0.478	0.673	0.407	−0.179	−0.202
相对均方差 RRMSE	0.215	0.208	0.009	0.009	0.007	0.008	1.480	2.724	0.816	1.098	5.299	5.352
相对标准差 NSEE	0.108	0.104	0.010	0.009	0.007	0.008	0.604	1.113	0.473	0.636	1.064	1.074

16.3 本章小结

利用 CoLM 模型与 BATS1e 模型对玉米农田生长季陆面辐射、地表温湿度及热通量等要素进行模拟，通过比较模拟值与实测值拟合相关系数、相对标准差（NSEE）、相对均方差（RRMSE）和模型效率系数（NS）等指标对两模型模拟精度进行评价，得出以下几点结论。

（1）两模型对辐射模拟能力差异不大，二者均能对净辐射进行较精确的模拟。从各月模拟情况看，8 月和 9 月模拟误差略大。

（2）两模型对表层土壤温度都能较好地模拟，模拟精度差异不大；CoLM 模型由于精细化的土壤分层使其对较深层土壤温度模拟精度明显高于 BATS1e 模型，模型解释能力较后者提高 10%，可很好地模拟出温度的日动态变化特征。

（3）CoLM 模型对感热和潜热通量模拟精度显著高于 BATS1e 模型，模拟值对实测值解释能力分别高于后者 3% 和 22%，NS 值较后者偏高 1.042 和 0.266。表现其优势最明显的月份分别是 5 月和 6 月。对于土壤热通量，CoLM 模型解释能力高于 BATS1e 模型 1%，其中 5—7 月精度提高最为明显。

对于表层土壤湿度的模拟，CoLM 模型模拟值略大于 BATS1e 模型，因前者对潜热较精确地模拟可证明其对土壤湿度模拟精度大于后者。

CoLM 模型中机理性更强的二流辐射传输方案，由于复杂的计算过程及过多的参数所引起更多的不确定性，可能是造成净辐射模拟精度改善不明显的重要原因。土壤不同深度温度和湿度的实测资料与模型分层的不一致将对模型模拟精度比较造成不确定性。从两模型对各变量模拟情况来看，CoLM 模型对陆面过程的模拟总体上要好于 BATS1e 模型，这是其对陆面过程更为合理的描述及更为优化的参数化方案共同作用的结果。通过本研究的开展实现了对 CoLM 模型在农田下垫面适应性的定量评价，可为同类研究提供重要的资料补充，同时进一步阐明不同模型在陆面过程模拟中的优缺点，为同类研究提供理论参考。

17 土壤水分条件对玉米根系生长的影响

植物根系通过从土壤中吸收水分来影响土壤蒸发、植物蒸腾及渗透过程，通过吸收各类养分保证植物的正常生长，是植物实现土壤与冠层与大气之间水分和能量交换的重要通道。大量研究表明，与根系净生物量相比，根系在土壤剖面中的分布对根系吸水和作物生长具有更重要的作用，具有较强的可塑性，与土壤水分的分布关系密切，对土壤干旱的响应敏感。不同灌溉制度会影响玉米根系的生长，例如，拔节期不灌溉时玉米根系在深层土壤中的分布比充分灌溉时范围大。虽然根系的分布非常重要，但由于全根系观测较困难导致数据非常缺乏，而干旱胁迫条件下作物根分布的相关研究较少。目前，植物根系动态监测方法主要为：田间直接取样方法，如挖掘法、土钻法及剖面法等；直接观察法，如装有玻璃壁的剖面、根系室及微根管观测等；间接观测方法，如染色技术法、放射性示踪法及同位素测定法等，其中微根管技术具有明显的优势，可以准确观测植物根系的生长动态，对真实反映玉米根系的分布具有较好的适用性。这部分研究基于锦州大型土壤水分控制试验场和大型根系观测系统通过在春玉米不同发育期开展干旱胁迫试验，采用微根管方法观测春玉米根系的生长动态，研究不同发育期干旱胁迫对 40、120、160 cm 土壤深度根系分布的影响，旨在为阐明东北地区春玉米不同土壤水分限制条件下耗水机制提供参考。

17.1 资料与方法

17.1.1 试验场介绍

土壤水分控制试验在锦州市农业气象试验站大型土壤水分控制试验场与大型根系观测系统内进行。试验场内建有 16 个面积为 2.0 m × 3.0 m 的试验小区，为了防止小区之间相互渗水，采用水泥层进行隔离，利用移动遮雨棚控制自然降水，通过人工控水和补水的方式控制土壤水分。地下根系观测系统安装有 12 个钢化玻璃观测窗，每个玻璃观测窗与相应的种植小区土壤紧密相连。在玻璃观测窗中安装根系微型观测管（长为 2.2 m，外径为 6 cm），在每个玻璃观测窗的垂直中线部位自上而下在 40、80、120、160、200 cm 土壤深度安装 5 根口径为 10 cm 的玻璃管，每个玻璃管向上倾斜 10° 29′ 插入作物种植小区土壤中。

17.1.2 试验设计

2014 年采用持续控水的方式模拟干旱，设置 4 个干旱胁迫处理和 1 个对照处理，每个处理设置 2 个重复试验。春玉米品种为丹玉 39，4 月 30 日播种，从玉米出苗开始，每隔一周进行一次适量补水（约为 10.0 mm），以确保玉米植株正常生长，对照处理（CK）从拔节开始每隔一周补水约为 20.0 mm，乳熟以后改为每周补水约为 10.0 mm。通过实际观测发现，春玉米不同发育期干旱胁迫对发育期未产生显著的影响，因此以对照试验的春玉米发育期代表不同干旱胁迫处理的发育期（表 17.1）。由表 17.1 可见，处理 1（D1）从春玉米拔节开始持续控水 40 d 后复水；处理 2（D2）从春玉米拔节后第 10 d 开始（7 月 1 日）持续控水 30 d 后复水（7 月 31 日），可以实现在同一日获得间隔为 10 d 的不同控水条件，以便对春玉米根分布进行比较；处理 3（D3）从 7 月 11 日开始持续控水 40 d 后复水；处理 4（D4）从 8 月 1 日开始控水至玉米收获。不同土壤水分处理在控水前和复水后与对照补水情况一致。

表 17.1　2014 年锦州地区春玉米各发育期日期

播种	出苗	三叶	七叶	拔节	抽雄	开花	吐丝	乳熟	成熟
4 月 30 日	5 月 10 日	5 月 16 日	5 月 30 日	6 月 20 日	7 月 16 日	7 月 18 日	7 月 20 日	8 月 22 日	9 月 24 日

17.1.3　观测项目及方法

17.1.3.1　根长密度观测

采用电子窥镜摄像头在玻璃管内观测小区不同土壤深度的玉米根系生长状况，摄像头长度为 20 cm，利用摄像头配套的植物根系获取软件进行图像处理，获得每张图片根系的总面积，利用摄像头长度与根管直径可以计算摄像头长度根管的总体积，每张图片的根系面积与根管体积的比值可以计算根长密度，每根玻璃根管观测 4 次。由于部分玻璃根管破裂漏水，导致 80、200 cm 土壤深度及 D2 处理 80 cm 以下土壤深度无法进行玉米根长密度的观测。部分时段由于地表灌水导致根管周围被泥水覆盖，使观测数据无法真实反映根系的特征。由于玉米根系观测数据有限，对同一土壤深度根管观测的根系数据剔除无效数据后平均，代表该层玉米的平均根长密度。将玉米根系观测有效数据依据不同根系直径分为 4 类，c1：0.0 ~ 0.5 mm；c2：0.5 ~ 1.0 mm；c3：1.0 ~ 2.0 mm；c4：2.0 mm 以上。

17.1.3.2　土壤相对湿度观测

为了准确了解土壤湿度的动态变化规律，从玉米控水开始每隔 7 d 采用土钻法观测 0 ~ 50 cm 土壤深度的平均土壤相对湿度（W_r），即土壤重量含水量与田间持水量的比值。

17.2　不同干旱胁迫条件下土壤湿度变化特征

图 17.1 为 2014 年锦州地区春玉米不同处理 0 ~ 50 cm 不同土壤湿度 W_r 的动态变化，由图 17.1a 可见，CK 处理在春玉米抽雄之前（7 月 16 日）土壤湿度随土壤深度的增加而增大，7 月 23 日至 8 月 15 日各层 W_r 明显下降，W_r 约为 50%；8 月 20 日之后，W_r 恢复

至 60% 的适宜水平。D1 处理从 6 月 20 日开始控水（图 17.1b），7 月 2 日 W_r 达 50%，至 7 月 10 日土壤湿度快速下降至 40%，7 月 31 日复水后 W_r 明显增大。D2 处理从 7 月 1 日开始控水（图 17.1c），7 月 10—31 日控水期间 W_r 由 60% 降至 40%，复水后 W_r 快速回升。D3 处理从 7 月 11 日开始控水（图 17.1d），7 月 23 日 W_r 降至 50% 左右，至 7 月 31 日 W_r 快速降至 40%，之后缓慢下降（8 月 7—20 日），8 月 21 日复水后 W_r 快速回升。D4 处理从 8 月 1 日开始控水（图 17.1e），15 d 后（8 月 15 日）W_r 降至 50%，之后土壤湿度维持在 40% 左右。

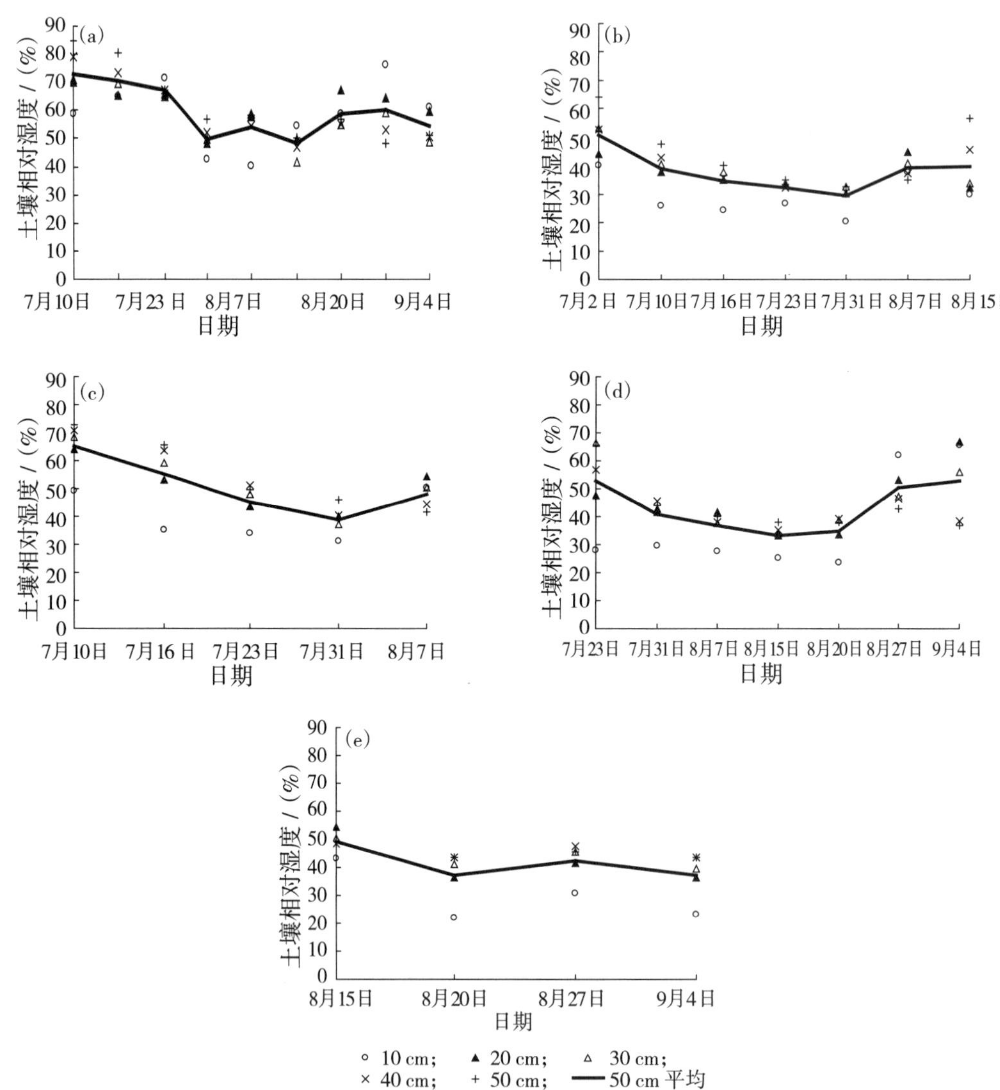

图 17.1 2014 年锦州地区春玉米 CK（a）、D1 处理（b）、D2 处理（c）、D3 处理（d）和 D4 处理（e）土壤相对湿度动态变化

17.3 根分布的干旱响应

17.3.1 不同直径根系分布对干旱胁迫的响应

由 40 cm 土壤深度根长密度（RLD）（图 17.2）可见，2014 年 7 月 17 日 CK、D3 和 D4 处理之间不同直径根系差异较小，而 D2 处理 1.0 ~ 2.0 mm 直径春玉米根系的 RLD 明显大于其他 3 个处理，D1 处理直径为 1.0 mm 以下玉米根系的 RLD 则明显大于以上 4 个处理，此时 D1 和 D2 处理分别控水 27 d 和 17 d，土壤相对湿度分别为 40% 和 55%，说明随着土壤湿度的减小 RLD 呈增大的趋势（图 17.2a）。7 月 30 日（图 17.2b），CK 处理的直径为 0.5 ~ 1.0 mm 根系增大明显，与 CK 处理相比，D3 处理的直径为 0.5 ~ 1.0 mm 的根系偏少，但直径为 2.0 mm 以上根系略有增多；D4 处理的直径为 0.0 ~ 0.5 mm 根系在相同控

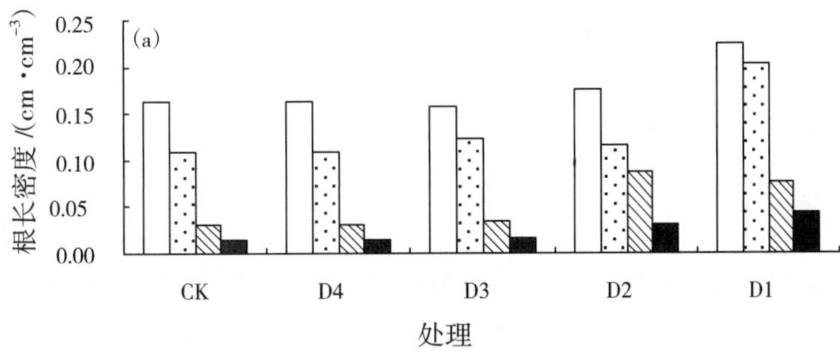

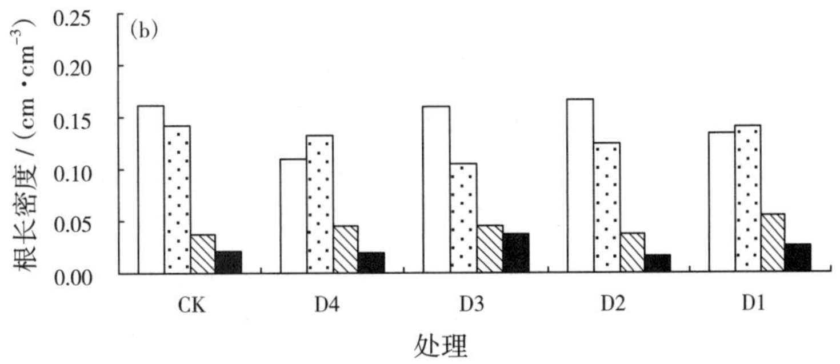

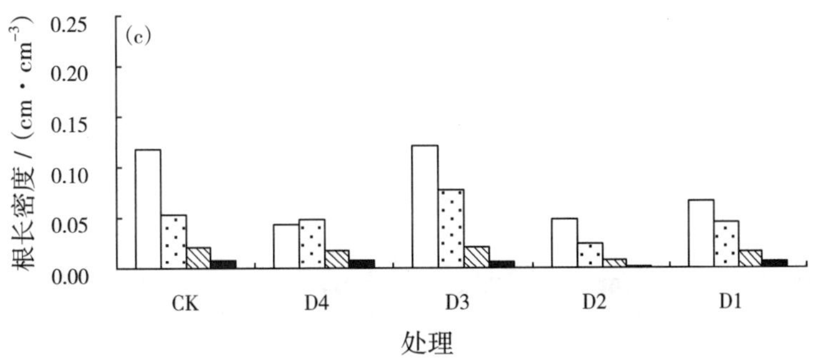

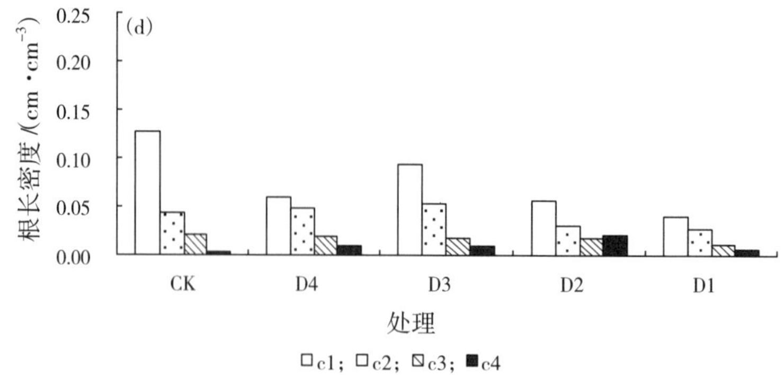

c1：0.0 ~ 0.5 mm；c2：0.5 ~ 1.0 mm；c3：1.0 ~ 2.0 mm；c4：2.0 mm 以上（下同）

图 17.2 2014 年 7 月 17 日（a）、7 月 30 日（b）、8 月 26 日（c）和 9 月 10 日（d）锦州地区不同水分处理 40 cm 土壤深度玉米根长密度变化

水条件下明显小于 CK 和 D3 处理，这种差别一方面可能是由于玉米植株生长的个体差异，另一方面可能是由于观测误差引起的。D2 处理的直径为 1.0 mm 以上根系和 D1 处理的不同直径根系均较 7 月 17 日减小，可能是由于部分细根在干旱条件下死亡造成的。至 8 月 26 日（图 17.2c），不同直径的根系 RLD 均减小，D1、D2 和 D4 处理不同直径根系的差异较小且比 CK 和 D3 处理偏小，其中 D1 和 D2 处理可能是由于前期干旱使其根系向更深处伸展，40 cm 深度根系比 CK 处理的根系老化偏快。D4 处理虽然与 D1 和 D2 处理根系直径差异较小，但导致其 RLD 较小的原因可能是其遭遇干旱较晚，植株更多的干物质向果穗转移而使根系加快老化。D3 处理的 RLD 明显比其他处理偏大，可能是由于其刚结束干旱胁迫复水不久，根系补偿性快速生长所致。9 月 10 日（图 17.2d），除 D3 处理的 RLD 因根系老化作用而略有减小外，其他处理根系密度变化较小。

2014 年 7 月 17 日锦州地区 120 cm 土壤深度玉米根系以直径为 1.0 mm 以下的细根为主（图 17.3a），CK、D3 和 D4 处理的 RLD 差异较小，而 D1 处理的 RLD 明显比其他处理偏大。7 月 23 日 D1 处理的 RLD 仍大于其他处理（图 17.3b），同时玉米粗根开始明显增多。7 月 30 日直径为 1.0 mm 以下的细根几乎没有（图 17.3c），以直径为 1.0 mm 以上的粗根为主，且 D1 处理的 RLD 仍比其他处理明显偏大，其中细根几乎没有，可能存在试验误差。

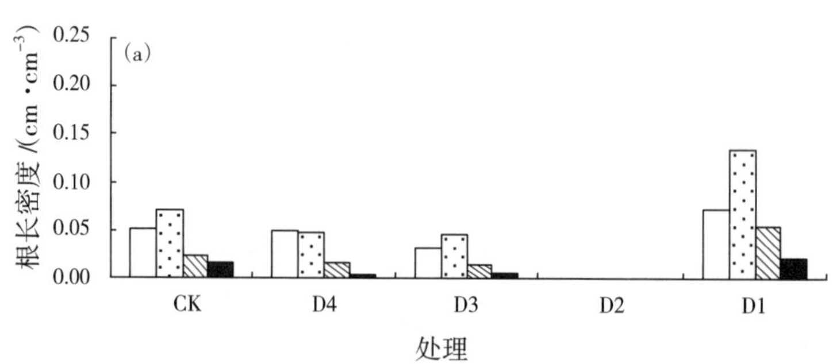

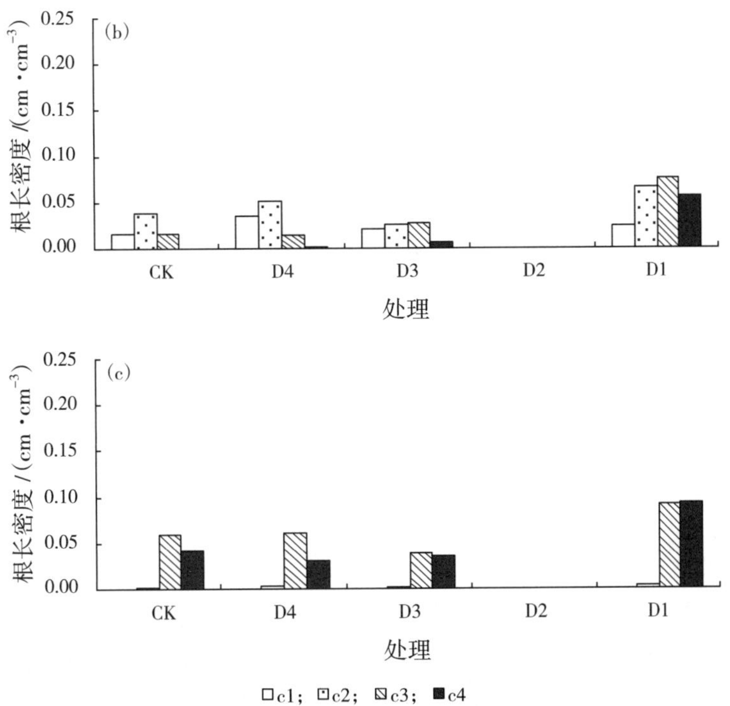

图17.3　2014年7月17日（a)、23日（b）和30日（c）锦州地区春玉米不同水分处理120 cm土壤深度玉米根长密度变化

160 cm 土壤深度的玉米根系主要以直径为 1.0 mm 以上的粗根为主，不同处理之间 RLD 的差异较小，其中 D1 处理的根长密度比其他处理偏小略明显，可能是由于观测误差所致。9 月 10 日各干旱处理的玉米 RLD 明显比 CK 处理偏大，其中 D1 和 D3 处理根长密度偏大最明显（图 17.4b)。

由玉米不同直径根系的分布和变化可见，40 cm 土壤深度玉米根系直径为 1.0 mm 以下细根明显多于粗根，120 cm 和 160 cm 土壤深度玉米根系直径为 1.0 mm 以上粗根所占比例增大，其中 7 月 30 日和 8 月 6 日以粗根为主，可能是由于此阶段玉米根系刚生长到深层土壤，细根还未开始生长。

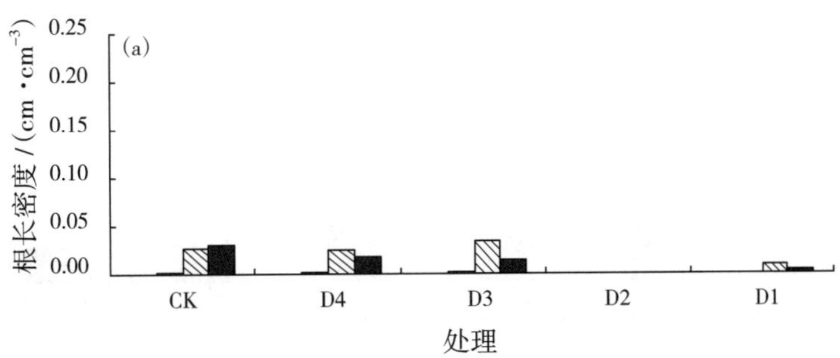

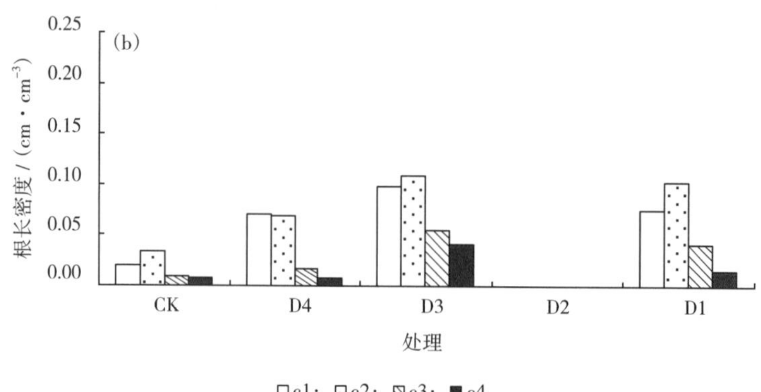

图 17.4　2014 年 8 月 26 日（a）和 9 月 10 日（b）锦州地区不同水分处理 160 cm 土壤深度玉米根长密度变化

17.3.2　总根长密度对干旱胁迫的响应

对春玉米不同直径的根系累加，比较各水分处理不同土壤深度总根长密度（SRLD）的变化（图 17.5）。由 40 cm 土壤深度根系的变化可见（图 17.5a），CK、D3 和 D4 处理的 SRLD 在春玉米乳熟期之前（2014 年 7 月 17—23 日）总体呈增大或基本持平的趋势，而在乳熟期以后 SRLD 则明显减小；D1 和 D2 处理的 SRLD 则持续减小。由 7 月 17 日各处理 RLD 的对比可见，D1 和 D2 处理 SRLD 明显大于其他处理，且前者大于后者。8 月 26 日和 9 月 10 日 CK 与 D3 处理的 RLD 略大于其他处理，对于 CK 处理而言，供水条件较好可以保持土壤中 SRLD 大于干旱时，即更多的根系分布在浅层土壤中，而 D3 处理则可能由于复水的补偿作用促进根系快速生长所致。D1 和 D2 处理 SRLD 偏小可能是由于春玉米拔节期干旱对浅层根系影响具有持续性，即使恢复供水这种影响也无法恢复，更多的根系向深层土壤生长；D4 处理的 RLD 偏小则是由于玉米处于干旱状态导致大量根系衰老死亡。综上可见，乳熟期后玉米上层根系均由于衰老而减少，但拔节期干旱时，根系衰老时间提前且加速。120 cm 土壤深度不同时期 D1 处理的春玉米 SRLD 明显大于其他处理（图 17.5b），进一步说明春玉米干旱胁迫可以明显促进根系生长，使 RLD 增大。除 CK 处理外，其他处理 RLD 均随发育进程的推进而减小，这种现象可能是由于根系不断向下伸展所致。

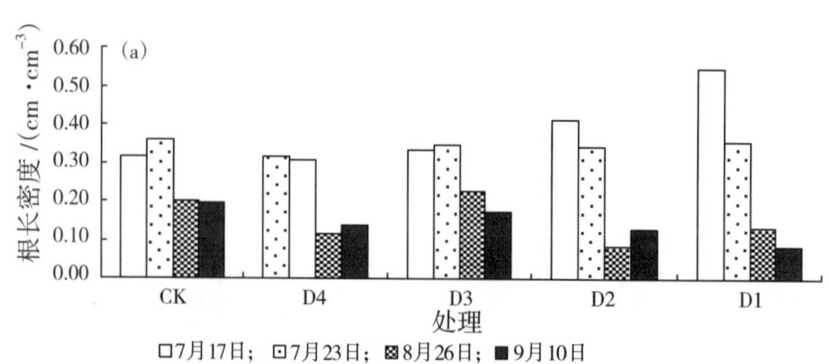

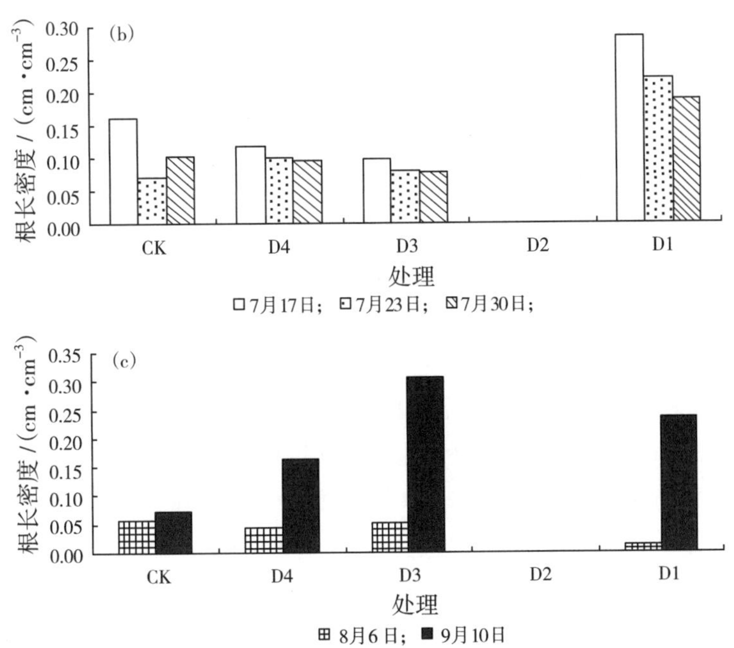

图 17.5　2014 年锦州地区不同处理 40 cm（a）、120 cm（b）和 160 cm（c）土壤深度春玉米总根长密度变化

160 cm 土壤深度 CK、D3 和 D4 处理根系均比 D1 处理先出现（图 17.5c），但从 9 月 10 日的对比可知，干旱处理的 SRLD 明显大于 CK 处理，其中 D3 处理的 SRLD 大于 D1 处理，说明春玉米抽雄期干旱将促进根系向深层土壤生长，复水后又会产生补偿性效应，进一步促进其向深层土壤伸展，D4 处理由于遭遇干旱较晚，根系最佳生长阶段已过，导致其在深层土壤中 SRLD 较小。

17.4　本章小结

有研究表明，一定程度干旱将促进根系的生长，本研究春玉米拔节期分别控水 27 d 和 17 d，50 cm 深度土壤相对湿度分别为 40% 和 55%，CK 处理为 70%，对应 40 cm 土壤深度玉米根系直径为 1.0 mm 以下的根长密度分别为 0.43、0.29、0.27 $cm^3 \cdot cm^{-3}$，表明随着土壤湿度的减小 RLD 呈增大的趋势，在 120 cm 土壤深度的深层土壤中春玉米拔节期干旱处理的根长密度明显大于其他处理，可以进一步说明干旱促进根系向深层土壤中生长。随着玉米进入生育中后期，根系老化作用使 40 cm 土壤深度不同水分处理的 RLD 均减少，供水条件较好可以保持更多的根系分布在浅层土壤中；而春玉米不同时期干旱均将加快根系的老化，但原因有所不同，其中拔节期是由于干旱使更多的根系向深层土壤中生长，使更多的干物质向深层转移导致根系加速老化；而抽雄期则由于植株遭遇干旱较晚，干物质向果穗转移加速根系老化。但干旱刚结束后复水的补偿性生长作用也可以抑制根长密度的减少，由春玉米生育末期深层土壤中的根系的分布可知，拔节期和抽雄期干旱均将促进深层根长密度的增大，且随着干旱持续时间的延长深层根系呈增多的趋势，相同持续时间干旱条件下，抽雄期干旱对深层土壤根系生长的促进作用略大于拔节期，而在浅层土壤则小于后者。

由于本研究各层根系观测资料有限，拔节期和抽雄期干旱对根系生长的动态影响特征未能充分反映，已有结论仍需要更多的观测资料进行验证，但干旱促进根长的增大这一结论与已有研究一致。此外，由于本研究中土壤湿度仅观测了 0 ~ 50 cm 深度，而某层土壤中的根系分布不但与所在土层湿度有关，且与其上层和下层土壤湿度均密切联系，因此，本研究不能定量给出根系分布与土壤湿度的关系，只能定性阐述。可见，准确给出根系分布与土壤湿度的响应关系将需要更多且更密集的土壤分层观测资料。

各土壤层次春玉米根系直径为 1.0 mm 以下的细根明显多于粗根，120 cm 和 160 cm 土壤深度直径为 1.0 mm 以上粗根所占比例比上层土壤增大；在拔节期干旱初期，40 cm 土壤深度 RLD 随干旱的加重而增大，120 cm 土壤深度玉米根系的 RLD 也明显大于不受水分胁迫的处理；随着干旱的持续，干旱胁迫可以促进根系向深处生长；乳熟期后玉米上层根系均由于衰老而减少，但拔节期干旱时，衰老时间提前且加速，相反，供水条件较好可以使更多的根系分布在浅层土壤中；抽雄后干旱也将使根系向更深层土壤伸展，但当干旱出现过晚时根系最佳生长阶段已过，会导致干旱促进根系生长的作用减弱；玉米遭遇长期干旱后复水，可能在短时间内出现根系补偿性生长的现象。

18 根分布的模拟方法及其对玉米农田陆—气水热交换的影响

根分布包括根深和根垂直廓线两个因子，它们共同作用影响不同土壤深度根系吸水的分布，根深及分布的预测是全球生物地理化学模型以及生态水文、陆面过程模型的重要输入。由于全根观测的困难使得可用数据非常缺乏，进而导致陆面模型中的根分布函数常被简化或忽略，模型间的参数化方案也差异较大。现有主流陆面过程模型中根分布主要是指根的垂直分布，但并不随植物生长发育而改变，对于一年生农作物而言并不合理，对陆—气水热通量模拟影响如何、幅度多大都有待深入探讨。因此，开展根分布对下垫面水热通量模拟的敏感性研究十分必要，而确立对不同生长阶段根分布模拟都适合的方案则是重要前提。基于已有研究中玉米根系观测资料对主流陆面模型根分布方案在玉米不同发育期根分布模拟中的适用性进行比较和评价，以期确定适用于玉米根分布动态模拟的最优方案。在此基础上基于 CoLM 模型研究根分布不同设置对玉米农田陆—气水热过程模拟的影响，进而评价根分布对陆面过程模拟的敏感性，为进一步完善根系吸水过程的参数方案提供依据。

18.1 根分布的模拟方法

18.1.1 研究资料

用于模型比较及验证的根分布资料引自管建慧等研究中根干物重资料，试验于 2006 年在北京市农林科学院试验农场进行，土壤为黑土，肥力中上等水平，以行距为 60 cm 的等行距，分为低 3.75（D1）、中 6.00（D2） 和高 8.25 万株 · hm^{-2}（D3）3 种密度方式种植，采用根钻挖掘法分别在拔节期（BJ）、小喇叭口期（XK）、大喇叭口期（DK）、吐丝期（TS）、灌浆期（GJ）和成熟期（CHS）分 6 次在 1/4 行距、1/2 株距和 1/2 行距处进行采样，进行 5 次重复，每个样点取样深度为 100 cm，以 10 cm 为间隔。在本研究中对 3 个取样位置求平均后计算不同土层根干物重的累积根比例。考虑到玉米植株分布均匀，可近似认为在水平方向上植株间根的水平分布是一致的，因此，以下只针对垂直分布进行讨论。

18.1.2 研究方法

分别定义 Schenk、Jackon 和 Zeng 提出的根分布参数方案为 M1、M2 和 M3。

M1 表达式为：

$$F_{\text{root}}(z)=\frac{1}{1+\left(\dfrac{z}{d_{50}}\right)^{c}} \tag{18-1}$$

$$c=\frac{-1.27875}{(\lg d_{95}-\lg d_{50})} \tag{18-2}$$

式中：z 为土壤深度（m）；$F_{\text{root}}(z)$ 为 z 深度以上的累积根比例；c 为决定根分布廓线形态的参数，由式（18-2）求得，这里的廓线是指某层土壤深度以上累积根干物质质量占总根干重比例随土壤深度变化的曲线；d_{50} 和 d_{95} 分别是累积根比例为 50% 和 95% 时的土壤深度（m），分别反映根在土层中的集中位置和最大根深这两个根结构特征。

M2 表达式为：

$$F_{\text{root}}(z)=1-\frac{e^{-az}+e^{-bz}}{2} \tag{18-3}$$

式中：a 和 b 为由植被类型决定的形态参数，被赋为定值。

M3 表达式为：

$$F_{\text{root}}(z)=1-\beta^{z} \tag{18-4}$$

式中：β 为由植被类型决定的形态参数。

18.1.3　模型参数的确定

在统计软件 Origin8.0 中利用不同发育期 D1 和 D2 不同土壤深度累积根比例 2 组数据对 3 个模型进行非线性拟合，得到各模型参数和拟合相关系数（表 18.1），对于 M1 而言，在 DK 时期以前 d_{50} 随植株生长而逐渐增大，但在 TS 时期明显减小，之后到成熟变化不大，说明玉米根系结构不断变化，发育期间差异明显。M2 中两个参数在 XK 期以前略有变化，之后几乎保持不变，这与 Zeng 在农田中设置的 5.558 和 2.614 差异较大，其原因可能是其研究中的农田是混合作物，与均匀玉米农田根系结构差异较大的缘故，且随发育

表 18.1　不同模型参数拟合及精度

发育期	M1			M2			M3	
	d_{50}	c	R^2	a	b	R^2	β	R^2
BJ	0.1407	−2.7100	0.9742	5.7544	5.7544	0.8712	0.0032	0.8855
XK	0.1694	−2.5353	0.9813	4.7190	4.7188	0.9052	0.0089	0.9138
DK	0.1730	−2.2760	0.9822	4.4557	4.4555	0.9498	0.0116	0.9531
TS	0.1524	−1.9507	0.9776	4.7250	4.7250	0.9889	0.0089	0.9895
GJ	0.1605	−1.9165	0.9761	4.4389	4.4389	0.9896	0.0118	0.9902
CHS	0.1554	−1.8709	0.9811	4.5171	4.5171	0.9943	0.0109	0.9946

期变化而明显不同，说明根分布在发育期间的廓线结构不断变化。M3 中的 β 与 Jackson 等设置的 0.0187 差异较大，在不同发育期间也明显不同，进一步证明玉米根分布随植株生长而不断变化，用静态参数表达是非常不合理的。从拟合相关系数来看，在 DK 以前，M1 明显大于 M2 和 M3，M3 大于 M2，但在 TS 以后 M2 和 M3 略大于 M1，M3 大于 M2。为了更为直观地对不同模型精度进行比较，图 18.1 给出不同发育期拟合曲线与实测值的对比情况，图中 M2 和 M3 拟合曲线几乎重合，表明二者拟合能力基本一致。在 BJ、XK 和 DK 时期 M1 拟合曲线对实测值拟合度最高，M2 和 M3 拟合精度明显偏差，从 TS 以后，3 个模型拟合精度差异不大，都能较好地对实测值进行拟合。

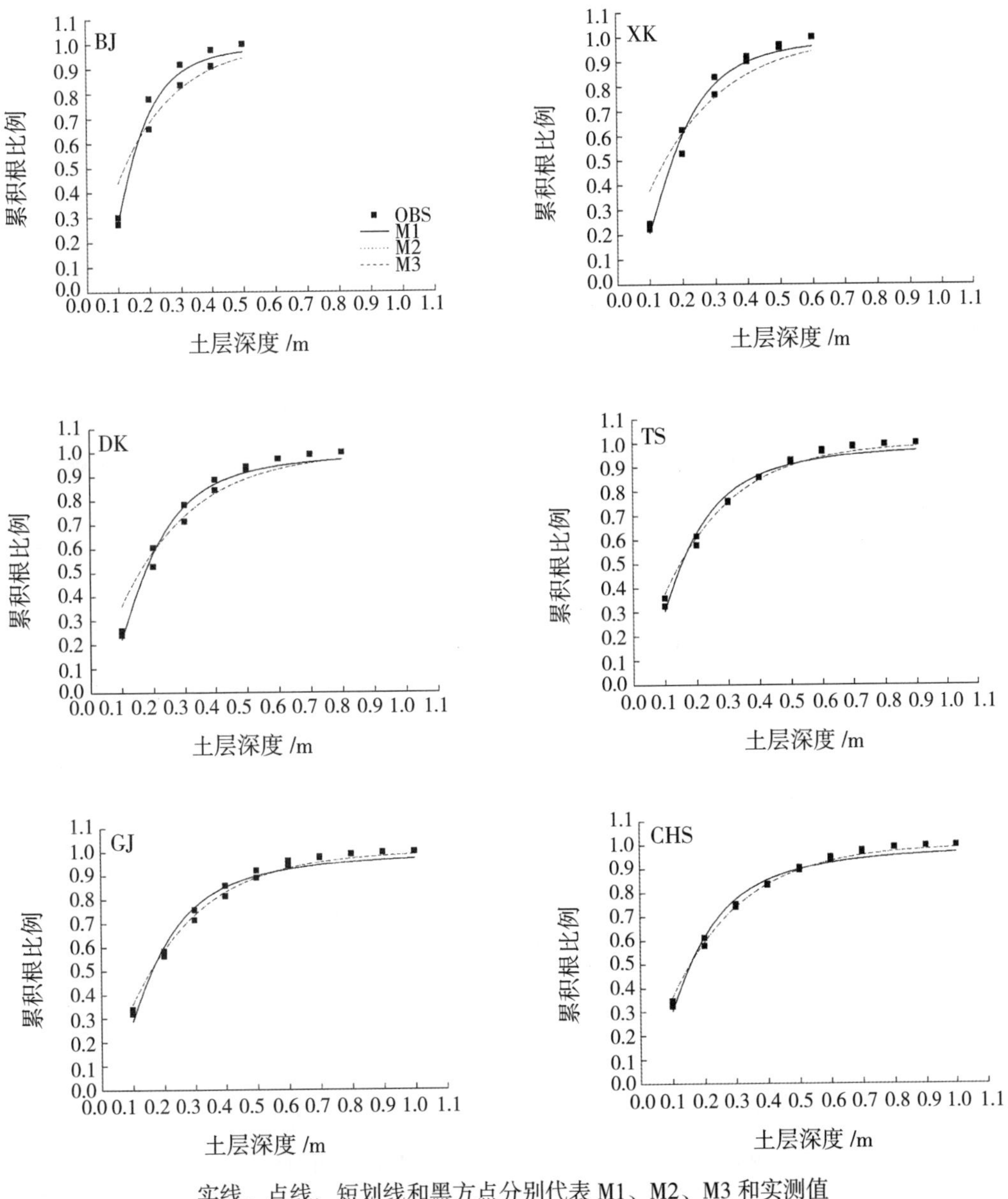

实线、点线、短划线和黑方点分别代表 M1、M2、M3 和实测值

图 18.1　3 个模型对玉米不同发育期根分布廓线拟合精度比较

18.1.4 模型精度验证

为了进一步检验参数拟合后 3 模型模拟精度，利用 D3 资料对模型进行检验，对不同发育期累积根比例实测值与 3 个模型模拟值进行相关性分析，b_0、b_s 和 R^2 分别代表截距、斜率和拟合相关系数（表 18.2），对于 BJ、XK、DK 3 个时期，M1 的 b_0、b_s 和 R^2 较 M2 和 M3 分别都更接近 0、1 和 1，这些时期为玉米株高逐渐增长至最大的生长阶段，与之相对应，地下的根也处在由小到大增长时期，根分布不断变化，表明 M1 对根动态生长过程的模拟明显好于 M2 和 M3。TS、GJ 和 CHS 期 M1 的 R^2 较 M2 和 M3 略偏小，而 b_0、b_s 都更接近 0、1，总的来看，M1 拟合精度仍略高于 M2 和 M3。从不同发育期的拟合相关系数来看，M2 和 M3 的拟合精度完全一致，说明对于玉米农田而言，这两种根分布模型模拟精度没有差异（图 18.2）。

表 18.2 不同模型对玉米根分布模拟精度比较

发育期	方案	b_0	b_s	R^2
BJ	M1	0.010	0.957	0.995
	M2	0.227	0.676	0.942
	M3	0.227	0.676	0.942
XK	M1	−0.083	1.054	0.997
	M2	0.143	0.768	0.965
	M3	0.142	0.768	0.965
DK	M1	−0.065	1.044	0.999
	M2	0.092	0.854	0.984
	M3	0.092	0.854	0.984
TS	M1	0.063	0.922	0.981
	M2	0.108	0.873	1.000
	M3	0.108	0.873	1.000
GJ	M1	0.032	0.961	0.973
	M2	0.069	0.923	0.999
	M3	0.069	0.923	0.999
CHS	M1	0.073	0.931	0.960
	M2	0.091	0.916	0.991
	M3	0.091	0.916	0.991

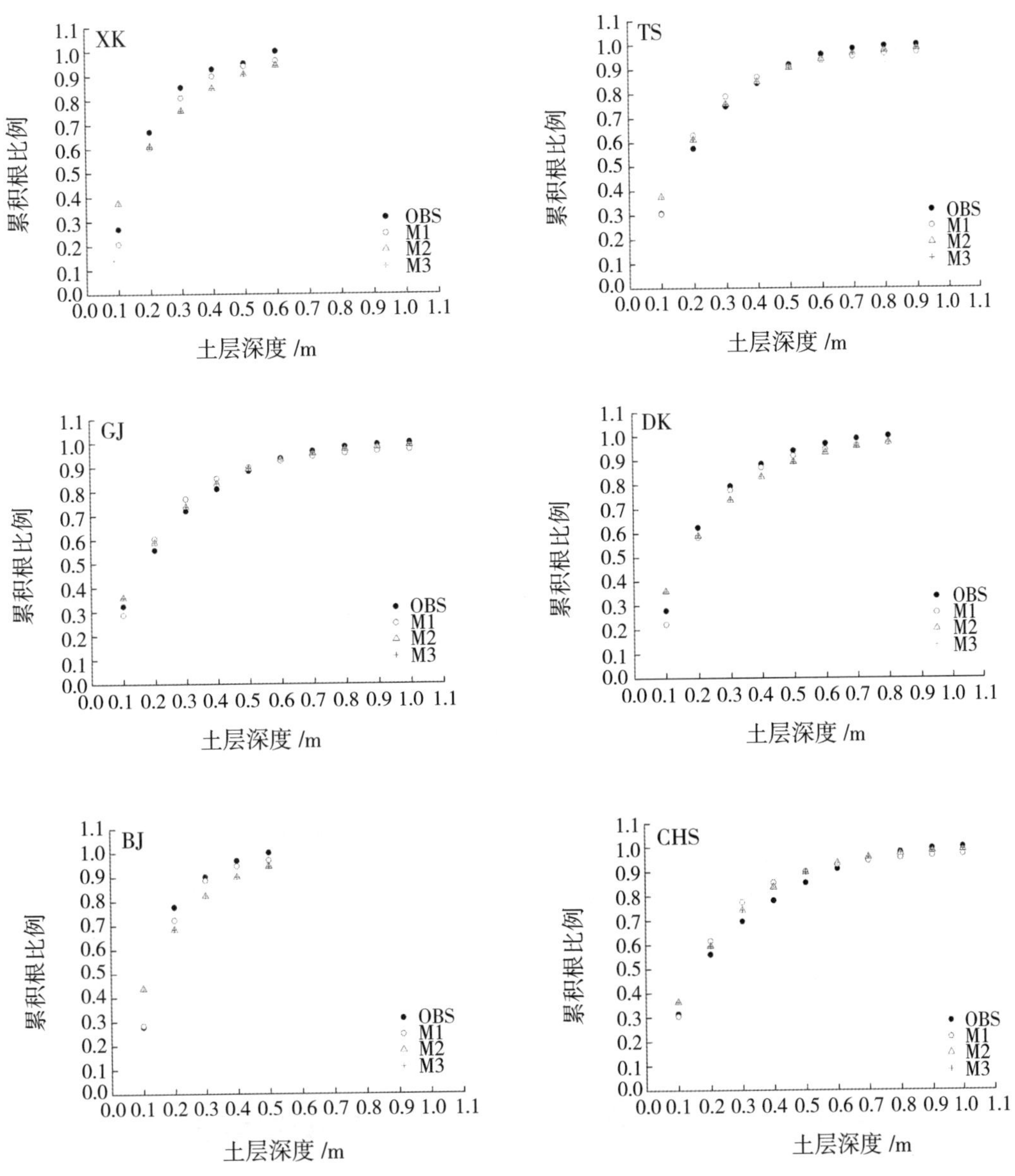

图 18.2　3 个模型在不同发育期模拟精度对比

从各发育期不同土层深度累积根比例的不同模型模拟值对实测值拟合情况（图 18.3）看，BJ 和 XK 时期，M1 对实测值拟合度都明显高于 M2 和 M3，进入 DK 期，M2 和 M3 的拟合度有所提升，从 TS 期开始，3 个模型拟合精度都达到较高水平，到 CHS 期，M2 和 M3 精度已略高于 M1，从以上拟合结果来看，M1 模型基本可以实现在玉米不同发育期都能进行高精度拟合，而 M2 和 M3 则仅在玉米 DK 期以后有较高精度拟合。从不同土壤深度的根分布拟合情况看，M2 和 M3 在各个发育期拟合结果存在一个共同的特点，即对下层根分布模拟能力明显强于上层，而 M1 则恰恰相反，在大多数发育期其拟合优势表现在上层分布的模拟上。综合分析认为，对于玉米整个发育期根分布模拟而言，M1 模型更为合理。利用 M1 模型对 D1、D2、D3 3 组资料拟合，可以得到玉米不同发育期 d_{50} 和 d_{95} 值及变化范围，由图 18.3 可见，d_{95} 值随玉米生育进程而逐渐增大，在 TS 期变化范围最小，最大变化范围出现在 BJ 和 CHS 期，不同种植密度相差约 0.20 m。d_{50} 值随生育期并未表现出线性增大趋势，在 DK 期以前随生育进程增大，而在 TS 期以后有所减小且基本趋于稳定，从原始资料分析发现，TS 期以后，表层根系干重明显增大，是表层根系水平分布范围扩大的结果，因此导致这一时期 d_{50} 值有所减小。此外，XK 和 DK 两个生育期变异性最大，可达 0.03 m，而在 GJ 期变异性最小，在 0.02 m 以内。从 d_{50} 和 d_{95} 值的动态变化情况可以看出根分布形态是不断变化的，并非简单的线性增大，与现有陆面模型中二者在整个生育期分别被赋值为 0.157 m 和 0.808 m 相比，DK 期以前差异较大，其中 BJ 期 d_{95} 值最大可相差 0.50 m，BJ、XK 和 DK 期 d_{50} 值最大可相差约 0.02 m，这种尺度的差异很可能对陆面过程中水热通量模拟造成影响。

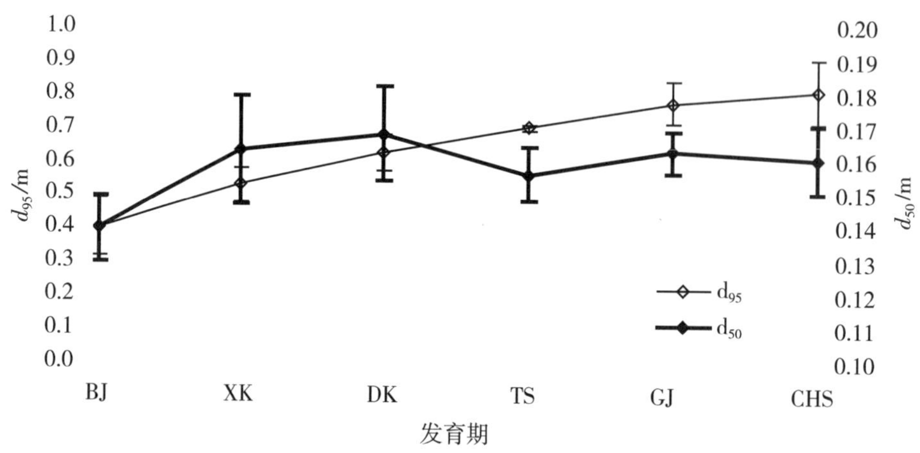

图 18.3　玉米不同发育期 d_{50} 和 d_{95} 动态特征

18.2　根分布对玉米农田陆—气水热交换的影响

18.2.1　研究资料

CoLM 模型驱动资料为 2007 年和 2008 年气温、比湿、降水、风速、太阳总辐射、向下长波辐射、气压以及叶面积指数和植被覆盖度数据。叶面积指数基于相对积温法，即利用玉米各生育期叶面积指数实测数据和日平均气温资料求得，根据叶面积指数和植被覆盖度之间的关系，利用所求得的 2007 年和 2008 年逐日叶面积指数可计算得到逐日植被覆盖度（图 18.4）。模型验证资料包括 30 min 平均的土壤湿度、感热通量、潜热通量，其中感热与潜热进行了高频衰减修正和水热校正等质量控制。另外，利用土钻法每 5 d 间隔测得的 50 cm 深土壤湿度也用于模型验证。

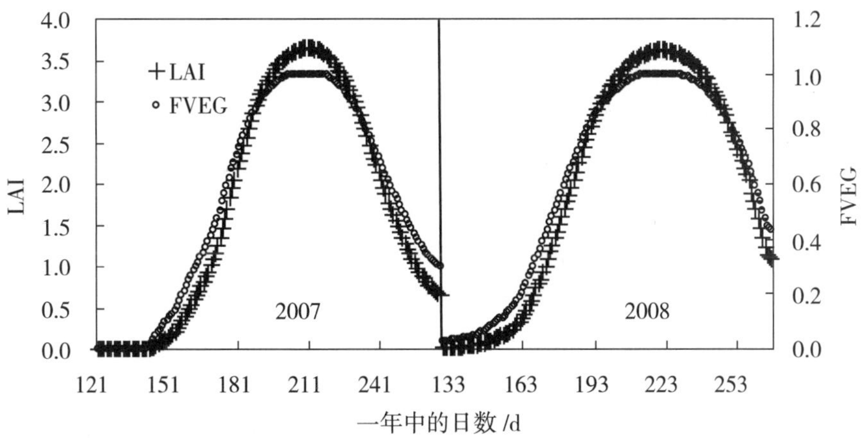

图 18.4 2007 年和 2008 年叶面积指数和植被覆盖度动态特征

18.2.2 试验设计

由式（18-1）、式（18-2）可以看出，决定根廓线的参数主要为 d_{50} 和 d_{95}，通过对它们进行调整可以改变根廓线形态，进而改变根分布特征，在原模型中二者分别被设定为 15.7 cm 和 80.8 cm，为了更清晰反映根分布对陆面过程水热通量模拟的影响，本研究在原模型设置基础上分别对两参数进行加倍和减半处理，如此可以得到 9 种组合（表 18.3），各种处理分别被定义为 T1 ~ T9，其中 T5 为原模型参数，为对照试验。拟合相关性比较以玉米生长季 6—9 月 30 min 资料共 4416 数据作为样本。利用以上参数代入根分布函数可得到不同根分布廓线（附图 17），能够更直观地给出累积根比例随土壤深度的变化情况。

表 18.3 根分布函数 9 种参数配置及对感热和潜热模拟精度的影响

模拟序号	d_{50}	d_{95}	潜热 / (W · m^{-2})				感热 / (W · m^{-2})			
			2007		2008		2007		2008	
			b_s	R^2	b_s	R^2	b_s	R^2	b_s	R^2
T1	7.85	40.4	0.7115	0.6253	0.8781	0.7496	1.1409	0.6699	0.8799	0.7222
T2	15.7	40.4	0.7584	0.6627	0.9116	0.7702	1.0912	0.6801	0.8508	0.7177
T3	31.4	40.4	0.7855	0.6850	0.9260	0.7799	1.0616	0.6923	0.8314	0.7101
T4	7.85	80.8	0.7201	0.6327	0.8829	0.7542	1.1317	0.6725	0.8746	0.7223
T5	15.7	80.8	0.7601	0.6619	0.9129	0.7709	1.0888	0.6792	0.8473	0.7165
T6	31.4	80.8	0.7892	0.6859	0.9284	0.7805	1.0575	0.6908	0.8276	0.7080
T7	7.85	161.6	0.7264	0.6382	0.8875	0.7592	1.1252	0.6743	0.8695	0.7231
T8	15.7	161.6	0.7618	0.6626	0.9145	0.7728	1.0869	0.6793	0.8436	0.7155
T9	31.4	161.6	0.7913	0.6856	0.9299	0.7808	1.0553	0.6885	0.8233	0.7058

18.2.3 不同试验方案模拟精度对比

研究站点内玉米生育期主要为每年 5—9 月，其中 5 月时玉米处于出苗至幼苗期，由于叶面积指数和植被覆盖度非常小，地表以裸土为主，根深很小，因此本研究从 6 月开始研究根分布的影响。对 T1 ~ T9 9 种试验模型模拟得到的感热和潜热模拟值与实测值进行相关性分析（表 18.3），b_s 和 R^2 分别代表斜率和拟合相关系数。从感热与潜热模拟精度比较情况看，2007 年感热模拟精度普遍高于潜热，2008 年潜热模拟精度高于感热。从年际模拟精度对比来看，无论是感热还是潜热，2008 年模拟精度明显高于 2007 年，说明模型模拟性能存在明显的年际差异，可能与年际气象条件有关，即 2008 年生长季内降水明显多于 2007 年。从 d_{50} 和 d_{95} 参数设置的影响来看，不同年份感热、潜热的模拟精度都有一个共同规律，即当 d_{50} 不变，R^2 随着 d_{95} 的增大而增大，各模拟试验间差异较小；当 d_{95} 不变，R^2 随着 d_{50} 的增大而增大，模拟试验间差异较大。从这一规律可以看出，水热通量模拟对 d_{95} 的敏感性很弱，而对 d_{50} 的敏感性很强，表明最大根深对模拟影响较小，这一点在 Li 等（2013）研究中得到印证。基于此结果，为了便于分析，以下忽略 d_{95} 动态变化的设置方案，令其为定值，只针对 d_{50} 动态变化的设置方案，即试验 T4 ~ T6 的模拟结果展开分析。

18.2.4 不同根分布对土壤湿度的影响

由不同根分布对不同深度土壤湿度模拟的影响（图 18.5）可见，模型模拟值不同程度地低于实测值。从根分布差异的影响情况看，在 6 月中旬以前土壤湿度并未受到影响，分析原因认为，这时玉米植株很小，根系吸水过程较弱，主要的影响时段在 7 月和 8 月；从与降水的关系来看，随着无降水日数的增多，土壤湿度受到的影响增大，而在降水日土

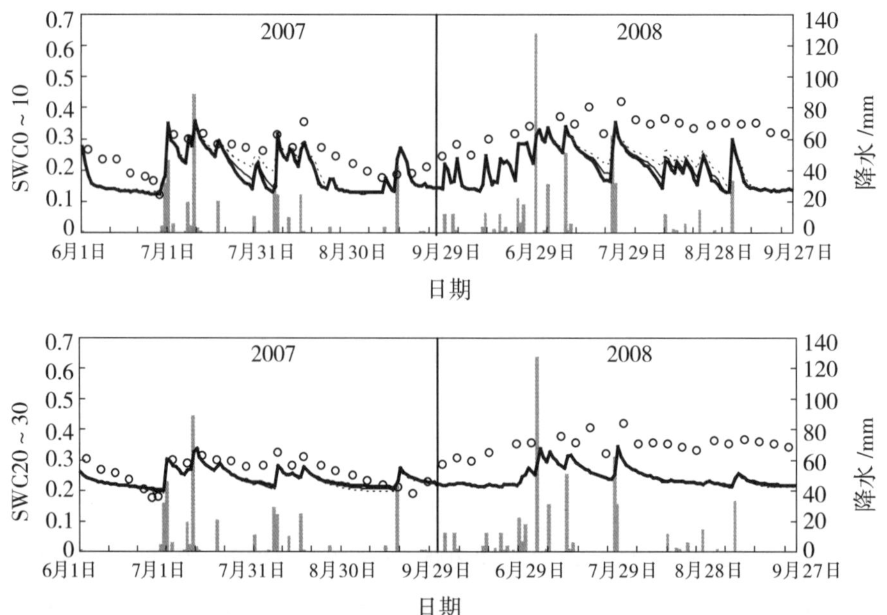

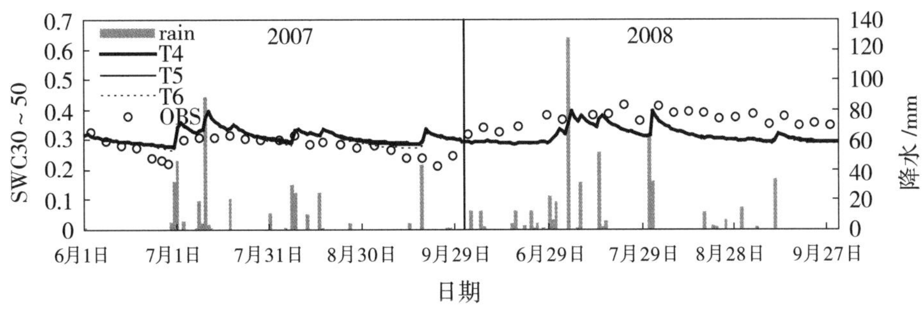

图 18.5　不同根分布对土壤湿度动态的影响

壤湿度没有受到影响；从不同土壤深度受影响情况看，随着土壤深度的增加，根分布影响逐渐减小，其中 0 ~ 10 cm 土壤湿度（SWC0 ~ 10）随 d_{50} 的增大而增大，与实测值更为接近，而 20 cm 以下深度情况正好相反，其原因是 0 ~ 10 cm 深度土层处，随着 d_{50} 的减小，主要根量分布区与该层越近，相应的根系吸水较多，进而使土壤湿度降低幅度越大。相同的道理，d_{50} 距 20 ~ 30 cm 和 30 ~ 50 cm 深度越近，根吸水量越多，土壤湿度下降幅度越大，进而导致 20 ~ 30 cm（SWC20 ~ 30）和 30 ~ 50 cm（SWC30 ~ 50）这两个层次的土壤湿度随其深度与 d_{50} 的接近而减小。

从不同月份土壤湿度垂直变化情况（图 18.6）看，2007 年 6 月，不同深度土壤湿度受根分布影响很小，主要原因仍是此时玉米植株小，根系吸水量很小所致。7 月和 8 月第 5 层以上土壤湿度受根分布影响较大，且随深度增大而减小，其中 7 月由于降水量最大，使得深层土壤的水分饱和度很大，因此第 5 层以下土壤湿度几乎不因根分布差异而变化，8 月由于植株需水量最大，但降水量较小，导致深层土壤饱和度较小，因此深层土壤湿度受根分布影响增大。9 月表层湿度极小，明显低于 7 月和 8 月，这种湿度已不足以受到根分布差异的影响，这可能是表层湿度差异小的主要原因，同样，由于降水少引起的深层土壤水分饱和度低导致根分布差异的影响变得明显。2008 年情况与 2007 年基本一致，所不同的是 8 月第 5 层土壤以下没有因根分布不同而不同，这里主要原因可能是该月的降水明显大于 2007 年同期，深层土壤水分饱和度较大，进而导致其受根分布的影响较小。9 月第 1 层土壤湿度的较大差异可能是该湿度大于 2007 年同期且达到受根分布影响水平的原因。总体上看，因 2008 年降水多于 2007 年，导致根分布差异对土壤湿度的影响明显小于后者。

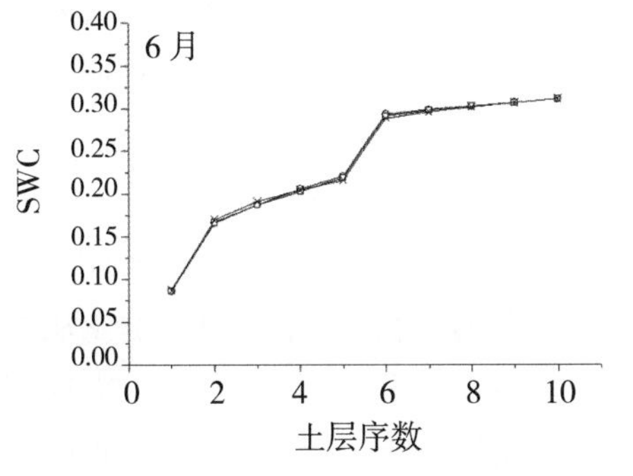

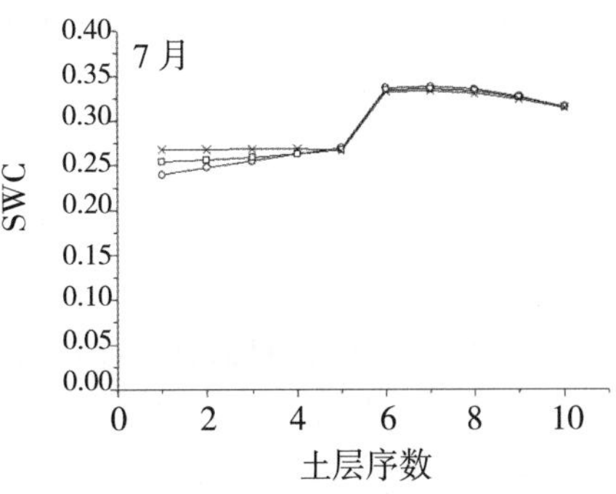

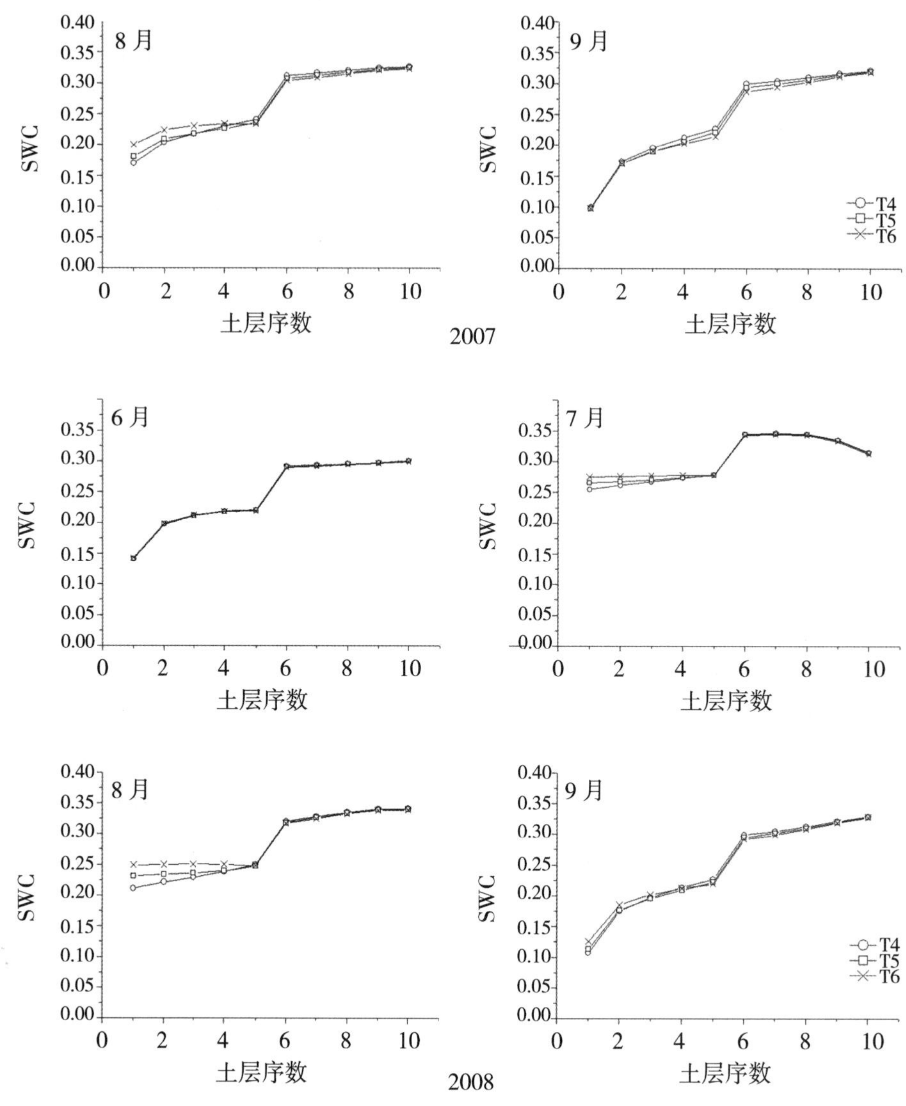

图 18.6　不同根分布对不同深度土壤湿度的影响

18.2.5　不同根分布对冠层蒸散及各分量的影响

在 CoLM 模型中，植被冠层蒸散量（E_c）为地表蒸发量（E_g）、叶片蒸腾（E_{tr}）和叶片蒸发（E_l）之和，图 18.7 给出根分布差异对冠层蒸散量及其各分量日总量的影响情况。从图 18.7a 可以看出，冠层蒸散量受根分布差异影响时段在 2007 年主要分布在 6 月中下旬、7 月下旬至 9 月上旬，在 2008 年则在 6 月中旬、8 月中旬和 9 月上中旬，这些时段共同特点是持续无降水，其中 2008 年由于降水明显多于 2007 年，导致根分布影响明显小于 2007 年，在降水日及其之后的临近时段根分布差异对冠层蒸散几乎没有影响。从土壤蒸发的情况（图 18.7b）来看，2007 年 6 月中下旬、8 月中旬至 9 月上旬以及 2008 年 9 月上中旬因根分布的不同其模拟结果存在较小差异，说明根分布对持续无降水日期间的土壤蒸发有微弱影响。从图 18.7c 可以看出，叶片蒸发对根分布差异没有响应。叶片蒸腾模拟值（图 18.7d）随 d_{50} 的增大而增大，对根分布差异的响应在 2007 年比 2008 年更为明显，且随无降水日数增多各模拟值间差异增大。总的来看，决定冠层蒸散的各分量中叶片蒸腾对根分布差异响应最明显。

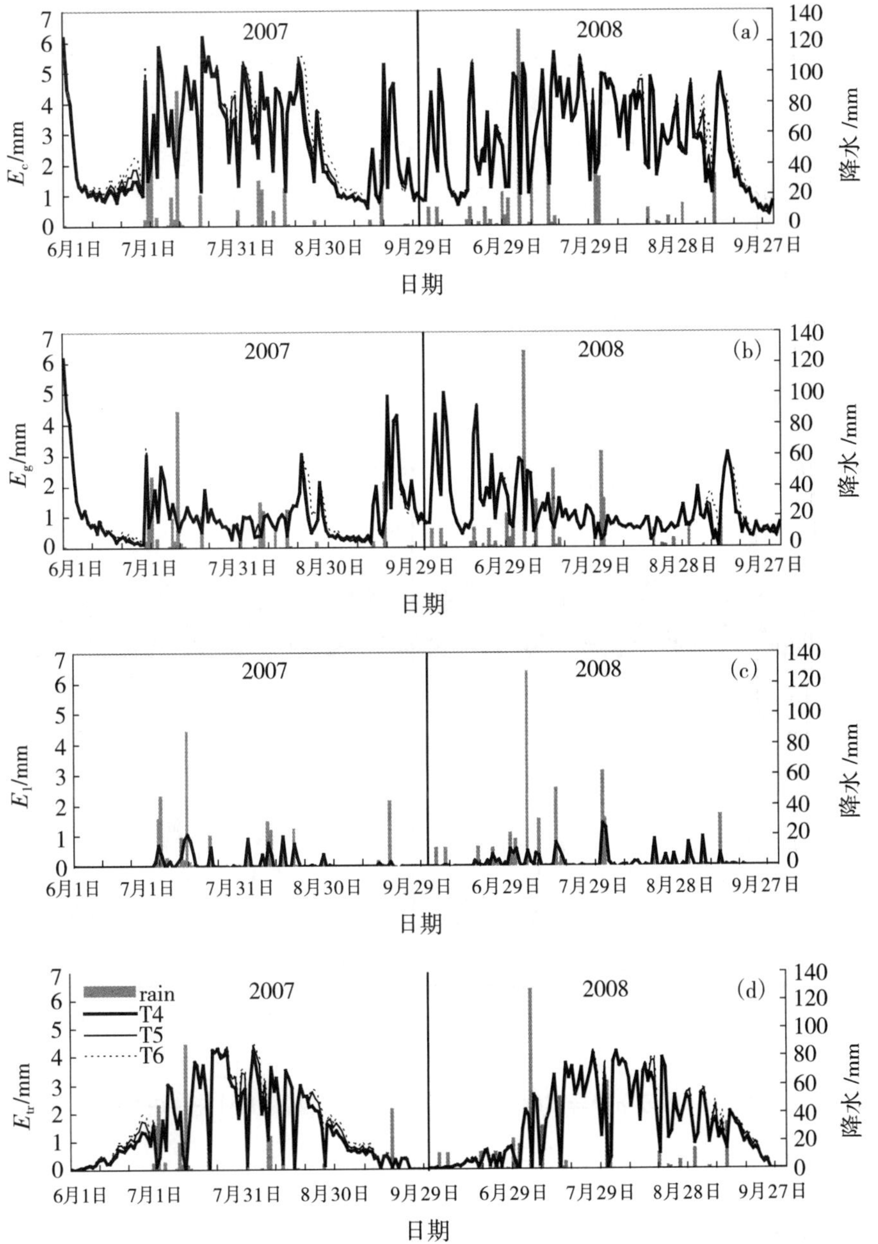

(a) 冠层蒸散量（E_c）；(b) 地表蒸发量（E_g）；(c) 叶片蒸发（E_l）；(d) 叶片蒸腾（E_{tr}）

图 18.7 植被冠层蒸散量及各分量受根分布的影响情况

18.2.6 根分布差异对水热通量模拟的影响

通过以上研究了解到根分布差异对土壤湿度及冠层蒸散各分量都产生不同程度影响，考虑到它们与水热通量的内在联系，根分布差异很可能对热通量产生影响。由图 18.8a 可以看出，2007 年感热仅在 7 月和 8 月受到根分布差异的影响，随着 d_{50} 的增大模拟值更接近实测值，2008 年各月感热几乎没有受根分布差异的影响。2007 年潜热通量在 6 月、7 月、8 月受到影响（图 18.8b），其中 6 月大部分时段虽然降水少但需水量也少，导致根的作用体现不明显，7 月虽然植株需水量较大，但降水充沛，掩盖了根分布差异的影响，而 8 月植物需水量大但降水量少导致水分亏缺量较大，使根分布差异的影响最为明显，9 月中后期蒸散量的下降导致对根分布差异响应并不明显。2008 年潜热通量在 6 月、7 月、8 月受根分布差异影响都不明显，主要是由于降水充沛使土壤湿度处于较高水平的原因，而 9 月不同根分布处理间潜热通量差异却更为明显，其原因可能是不同根分布所导致的表层土壤湿度不同引起的土壤蒸发量差异与叶片蒸腾的差异相叠加所造成。总的来看，2008 年感热通量和潜热通量受根分布差异的影响明显弱于 2007 年。

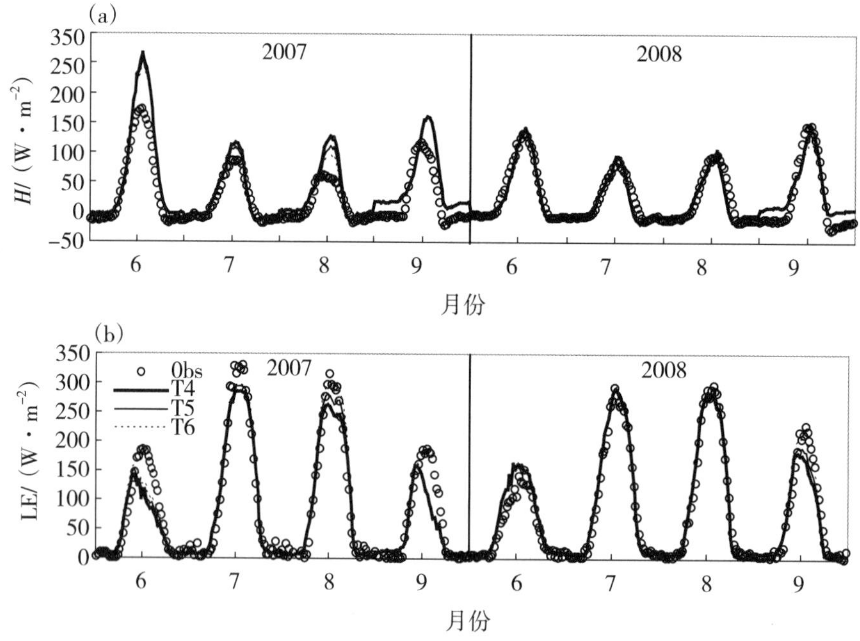

图 18.8　根分布差异对感热通量（a）和潜热通量（b）模拟的影响

18.3 本章小结

18.3.1 根分布模拟最优方法

通过对不同根分布参数方案对比发现，M1 模型较 M2 和 M3 在玉米不同发育期的根分布模拟适用性更强，一个很重要的原因是该模型中的参数具有实际物理意义，它们随玉米生长发育而变化，更能反映玉米根分布的真实动态。从现有根分布模型的结构来看，M1 还不能真正意义上实现玉米根分布的动态模拟，因为模型中缺少随生育进程变化的如生物量、LAI 或发育期长短等参数，Arora 和 Boer（2003）在其研究中引入根生物量因子来实现根分布动态模拟，但在现有陆面模型中根生物量并不是输入项，在 IBIS 模型中，植物不同器官的生物量通过植物总生物量与该器官的比例系数来求得，而总生物量则考虑生育天数与所经历的气象条件共同作用得到，因此，建立根生物量与气象条件之间的定量关系是实现根分布动态模拟的前提。

此外，根分布动态在陆面过程中对水热通量的影响如何、影响幅度多大在目前还没有明确的结论，相关研究仍鲜有报道，因此，基于现有主流陆面模型开展陆面过程模拟对根分布敏感性的研究十分必要。同时，现有陆面过程模型中根分布参数在水热通量参数化过程中仅通过累积根比例的形式充当比例系数的角色，其水平分布特征、吸水能力及水分再分配作用很少在模型中被考虑，这大大降低了根系在水热循环中的作用。因此，只有深入了解根系吸水控制机制并实现其参数化过程才能真正意义上准确反映根分布对水热通量模拟的影响。

18.3.2 根分布对陆—气通量模拟的影响

不同年份间气象条件差异可导致模型模拟精度不同，与 2007 年相比，在 2008 年生长季内降水偏多情况下，感热通量和潜热通量模拟精度显著提高；决定根分布形态的 d_{50} 和 d_{95} 两个参数中，模型对前者的敏感性明显强于后者；根分布对土壤湿度的影响明显而且复杂，在一定土壤湿度范围内，根分布的影响随土壤湿度增大而减小，且随土层深度增加而逐渐减小；在极端干旱情况下，土壤湿度对根分布的响应很弱；在水汽通量各分量中，植物蒸腾受根分布影响最大，其次是土壤蒸发，而叶片蒸发则不受根分布影响；根分布通过影响土壤湿度来影响潜热通量和感热通量，影响程度随土壤湿度增大而减小。

以上分析中，决定根深的 d_{95} 参数对热通量模拟精度的影响很小，说明随发育期不断增大的根深对陆面过程模拟的影响非常有限；同样，从模型各输出变量对根分布参数 d_{50} 加倍和减半所实现根分布变化尺度的响应程度来看，根分布对陆面过程模拟的影响也并不大。事实上，玉米不同发育期 d_{50} 的变化幅度远小于本研究中的设定范围，说明在现有根系吸水过程参数化方案中，因发育期变化所导致的根分布差异几乎不会对陆面过程模拟产生影响，这一情况非常不符合实际，可能的原因是现有陆面过程模型中根分布参数在水热通量参数化过程中仅通过累积根比例的形式充当比例系数的角色，其水平分布特征、吸水能力及水分再分配作用在模型中很少被考虑到，这大大降低了根系在水热循环中的作用。另外，现有模型根系吸水过程中除根分布参数以外其他过程的参数化方案很可能也存在缺陷。因此，不断完善根系吸水各个过程的参数化方案对改善陆—气水热通量模拟十分必要，而对根系吸水过程控制机制的研究将是重要前提，只有在此基础上根分布的真实影响才能更准确地评价。

19 根系吸水过程参数方案优化对玉米农田水热通量模拟的影响

根系吸水参数方案包括根分布和土壤水分有效性两个方面，土壤水分有效性用根吸水效率函数表示，也被称为水分胁迫函数。现有很多陆面过程模型中的根系吸水方案多为蒸腾权重模型，基于植物根系吸水的因果关系将蒸腾量在根系层土壤剖面上按一定权重因子进行分配，由于权重因子相关联的变量是土壤—植被—大气连续体水流方程的重要参数，因此此类模型虽然具有较强的经验性，但仍广泛应用。CoLM、CLM3、CABLE 以及 SiB 系列模型仅使用简单线性函数描述土壤水分有效性项，导致蒸散被不同程度低估，尤其在干旱情况下低估更为明显。考虑到在动态根系吸水情况下，根系吸水具有自我调节能力，即使部分根受到水分胁迫，其他根对水分的充分吸收也可使植物达到潜在蒸腾，Skaggs 和 Zheng 和 Wang 在基于森林生态系统的研究中引入根系总体有效性阈值、根系吸水阈值及水分胁迫情况下增强根系吸水效率的参数来提高模型模拟能力，使模型物理过程更接近真实情况，模拟精度明显提高。现有关于根系吸水过程方案的研究大量集中在森林，沙漠或小麦下垫面，所得到的结论缺乏普适性，有待针对更多的下垫面进行验证。目前，有关玉米农田生态系统根系吸水过程的研究鲜有报道，适用于其他下垫面的根系吸水方案能否对其也有理想的模拟效果有待深入研究。本研究基于锦州农田生态系统野外观测站的实测资料探讨陆面模型 CoLM 在玉米农田生态系统模拟的适应性，并利用由 Zheng 和 Wang 提出的根系吸水参数方案对 CoLM 模型进行优化，研究该方案在玉米农田的适应性，评价模型优化对玉米农田水热过程模拟的影响，旨在为同类研究提供参考。

19.1 资料与方法

19.1.1 研究资料

19.1.1.1 模型驱动和验证数据

陆面模型驱动资料为 2007—2009 年比湿、风速、气温、降水、太阳总辐射、向下长波辐射、气压以及叶面积指数（LAI）数据（图 19.1）。比湿具有明显季节变化，冬季偏小，一般在 0.005 $kg \cdot kg^{-1}$ 以下，最大值出现在夏季，约为 0.020 $kg \cdot kg^{-1}$。日最大风速为 3 ~ 15 $m \cdot s^{-1}$，最大值出现在冬季，夏季偏小。日平均气温年变化显著，最低值出现在冬季约为 240 K，最高温度约为 310 K，出现在夏季。降水主要集中在夏季，年际差异较大，各年生长季降水分别为 454、563、295 mm，2009 年生长季降水明显少于 2007 年和 2008

年。R_l 在一年中以 170～460 W·m^{-2} 的幅度波动，R_s 在生长季为 800～1000 W·m^{-2}，在冬季约为 400 W·m^{-2}，二者都表现出明显的季节变化，但年际差异较小。

LAI 由相对积温法利用玉米各生育期实测数据和日平均气温资料求得，根据 LAI 和植被覆盖度（F_v）之间的关系，利用所求得的逐日 LAI 可计算得到逐日 F_v（图 19.2）。

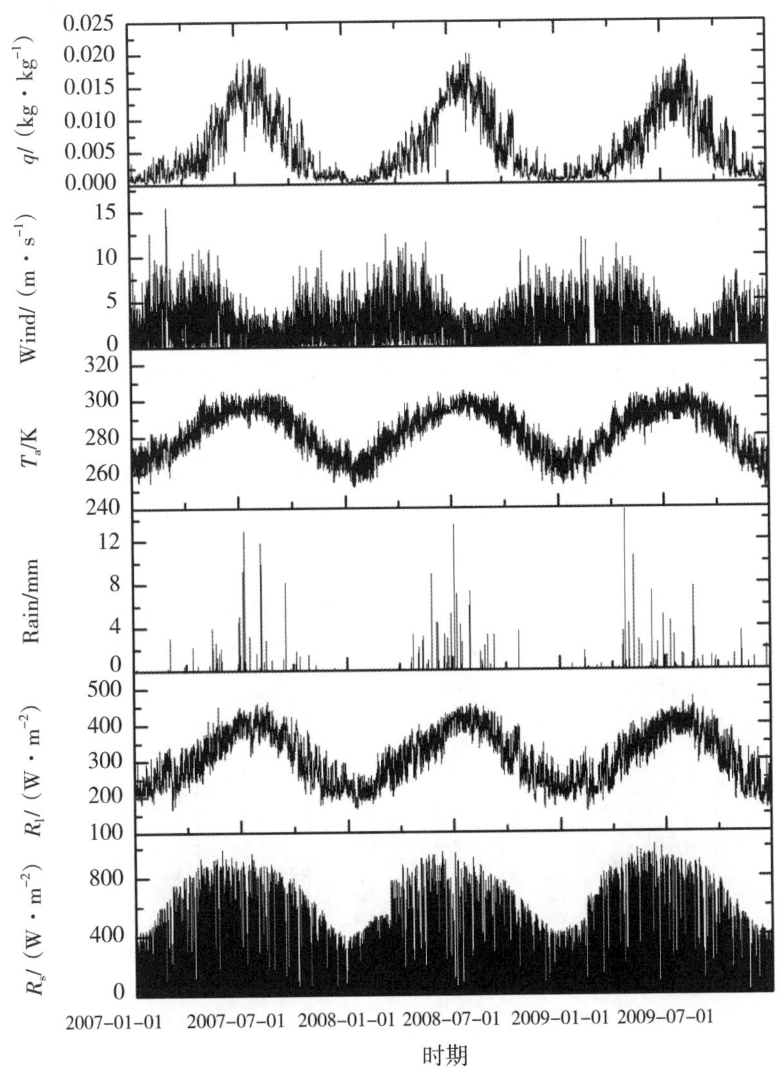

q：比湿；Wind：风速；T_a：气温；Rain：降水；R_l：长波辐射；R_s：短波辐射

图 19.1 模型驱动资料动态变化特征

模型验证资料包括 5、10 cm 土壤温度，进行了高频衰减修正和水热校正等质量控制的 30 min 平均感热通量和潜热通量，以及利用土钻法每隔 5 d 测得的 0～50 cm 土壤湿度。2009 年生长季内潜热通量数据缺失较多，采用查表法进行插补。考虑到夜间数据质量较白天略差，因此，除敏感性分析所用资料为全天数据外，其他用于模型精度对比数据为 06:30—18:00 的资料。

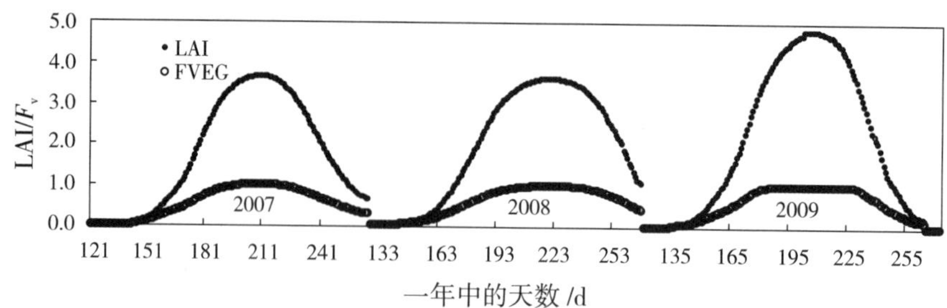

实心点代表 LAI；空心点代表 FVEG

图 19.2　2007—2009 年叶面积指数和植被覆盖度动态特征

19.1.1.2　根系数据

0.0 ~ 1.0 m 土壤深度、间隔为 0.1 m 的根生物量（RB）数据在玉米拔节（JT）、小喇叭口（BM）、大喇叭口（FO）、抽雄（TL）、灌浆（FL）和成熟期（MT），即播种后 26、48、57、66、78、114 d 进行测量，用于计算不同深度累积根比例。该数据来自管建慧等的研究，试验于 2006 年在北京市农林科学院试验区内进行，采用根钻法获取根系。另外，于 2012 年采用微根管观测方法在锦州农业气象试验站获取了土壤深度为 1.4 m、间隔 0.2 m 的根长密度（RLD）数据，观测间隔为 7 d。

分别用 RB 和 RLD 计算根分布参数，如图 19.3 所示，利用 RB 计算的参数 d_{95} 随玉米

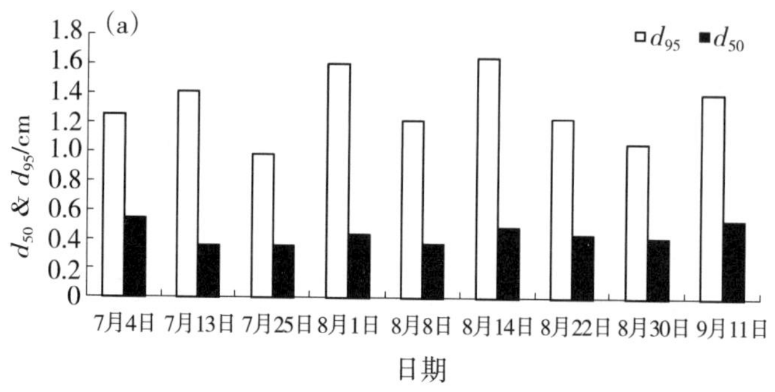

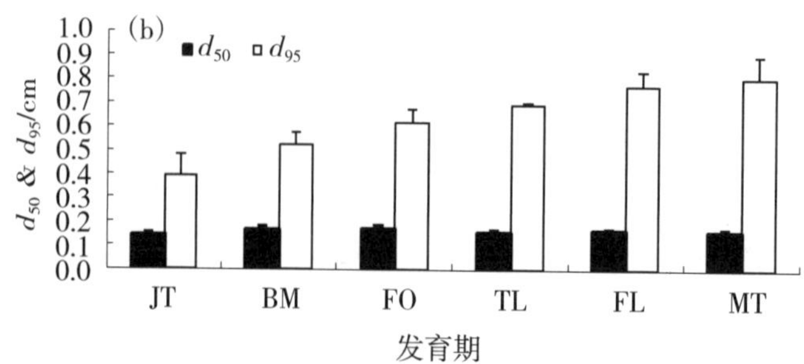

图 19.3　2006 年根生物量（a）和 2012 年根长密度（b）数据计算得到的根分布参数 d_{50} 和 d_{95} 对比

生长而增加，d_{50} 在拔节期后基本不变（图 19.3a），平均值分别为 0.633 m 和 0.158 m。相反，用 RLD 计算的 d_{50} 在玉米生长季节波动较小，平均为 0.437 m，d_{95} 变化较大，平均值为 1.310 m（图 19.3b）。利用 RB 和 RLD 数据计算的参数 d_{50} 和 d_{95} 明显大于 CoLM 模型的默认值 0.157 m 和 0.808 m。

19.1.2 根系吸水函数优化方法

Zheng 和 Wang 提出了一个经验性的非线性根系吸水方案，即引入两个阈值参数反映动态根系吸水效率。每层土壤的根系效率采用 CoLM 模型的默认方法，但累积根系效率 W_t 被重新定义为：

$$W_{\mathrm{t,adjusted}}=\begin{cases}1.0, W_{\mathrm{t}} \geqslant W_{\mathrm{c}} \\ W_{\mathrm{t}} / W_{\mathrm{c}}, W_{\mathrm{t}}<W_{\mathrm{c}}\end{cases} \tag{19-1}$$

式（19–1）所表达的含义为：当 W_t 大于或等于某个阈值 W_c 时，即使部分根系遭遇水分胁迫时也能使植株达到潜在蒸腾，W_c 为介于 0.0 和 1.0 之间的可调参数，利用 $T_{\mathrm{pot}} \times W_{\mathrm{t,\ adjusted}}$ 确定根系吸水总量。利用 $\alpha(i)$ 决定根系吸水在不同土层中的分布情况，表示式为：

$$\alpha(i)=\begin{cases}0.0, f_{\mathrm{sw,i}}<\min(f_{\mathrm{sw,max}}, W_{\mathrm{x}}) \\ 1.0, f_{\mathrm{sw,i}} \geqslant \min(f_{\mathrm{sw,max}}, W_{\mathrm{x}})\end{cases} \tag{19-2}$$

式中：$f_{\mathrm{sw,\ max}}$ 为土壤最湿层次的水分有效性；W_x 为水分有效性阈值参数。式（19–2）表示除了根区中最湿土层外，当某层土壤水分有效性小于阈值 W_x 时，则没有水分被根系吸收。原模型式中的 η_i 被重新定义为：

$$\eta_i=\frac{f_{\mathrm{root}}(i) f_{\mathrm{sw,i}}^{\mathrm{k}} \alpha(i)}{\sum_{j=1}^{n} f_{\mathrm{root}}(j) f_{\mathrm{sw,i}}^{\mathrm{k}} a(i)} \tag{19-3}$$

式中：k 为大于 1.0 的参数，反映水分有效性与根系吸水的非线性关系，确保在相对湿润土层根系吸收更大比例的水分，Zheng 和 Wang 研究中给出合理的 k 值为 4，并认为增大 k 值对模型模拟结果的影响很小，因此，在本研究中也设该值为 4。

19.1.3 敏感性分析方案

Zheng 和 Wang 提出该根系吸水函数时通过比较两组 W_c、W_x 参数认为当 W_c=0.4、W_x=0.6 时模型模拟精度较高，但没有对这两个参数分别进行敏感性分析，基于此，本文在上述参数设置基础上，分别对两个参数进行等间隔调整，如表 19.1 所示，不同设置所对应的模拟定义为 M1 ~ M6，原模型模拟为 M0。考虑到 2009 年潜热的缺测情况，敏感性分析中用于精度比较的资料为 2007 年和 2008 年生长季全天数据。

表 19.1　模型参数敏感性配置

模拟方案	W_c	W_x
M0	—	—

续表

模拟方案	W_c	W_x
M1	0.8	0.2
M2	0.8	0.4
M3	0.6	0.2
M4	0.6	0.4
M5	0.4	0.4
M6	0.4	0.6

19.1.4 根系吸水过程综合优化方案

利用与根系相关的两类数据 RB 和 RLD 计算根分布参数 d_{50} 和 d_{95}，以确定基于 CoLM 模型模拟玉米农田生态系统水热通量的最佳根系数据。应用默认和优化根分布参数，由根分布模型计算的累积根比例垂直分布剖面如图 19.4 所示。在此基础上，同时考虑优化的根分布和根系吸水函数（RWU）对根系吸水模型进行改进。由于 RB 计算出的根分布参数与 CoLM 的默认值几乎相同，因此将模型默认的根分布参数视为 RB 计算出的根分布参数，并将采用默认 RWU 的模拟定义为 M0。然后，把用 RLD 计算得到的根分布参数定义为根分布优化方案，在此基础上考虑默认 RWU 的模拟定义为 M1，把优化了 RWU，但没有优化的根分布方案的模拟定义为 M2，将同时优化根分布方案与 RWU 的模拟定义为 M3。

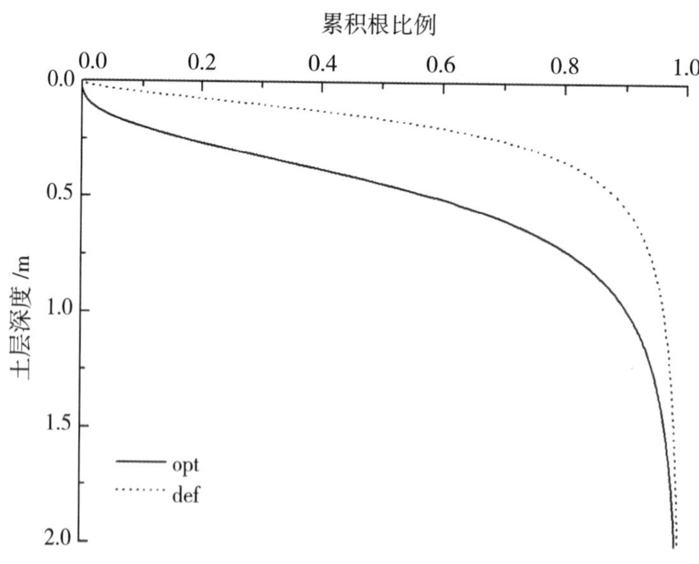

图 19.4 基于默认（def）和优化（opt）根分布参数的获取的累积根比例的垂直分布

19.1.5 统计分析方法

利用能量平衡闭合率（EBR）对所研究站点通量数据的能量平衡闭合情况进行评估，表达式为：

$$\mathrm{EBR}=\frac{\sum_{i=1}^{n}(\mathrm{LE}+H)}{\sum_{i=1}^{n}(R_n-G)} \tag{19-4}$$

为更直观评价模拟值与实测值的一致性，利用线性相关系数（R），均方根误差（RMSE）和模型效率系数（NS）作为判断指标。

19.2 玉米农田能量闭合及模型参数敏感性

19.2.1 能量平衡闭合情况

由于2009年生长季潜热通量数据为插补获得，很难反映出真实的能量闭合情况，因此，这里只对2007年和2008年生长季内通量数据能量闭合情况进行分析。由图19.5可知，两年生长季内LE+H都小于R_n–G，说明涡度相关测得的感热与潜热之和小于可供能量，二者的回归系数R分别为0.92和0.89，EBR分别为0.83和0.88，存在一定能量不闭合现象，且年际存在差异。

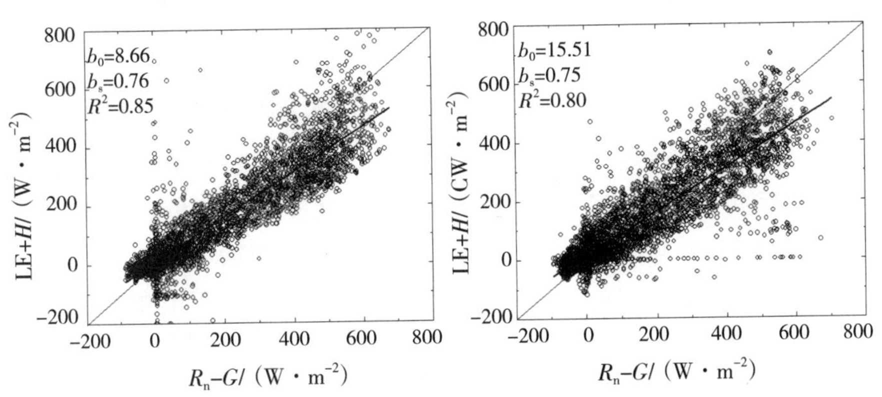

图19.5 研究站点能量闭合情况

19.2.2 优化模型参数敏感性

通过比较不同参数设置的模型模拟精度来对根系吸水优化模型参数敏感性进行判定，由表19.2可以看出，M1与M2、M3与M4、M5与M6中每组的R值完全一致，RMSE值仅有微小差异，而NS值也几乎完全相同，各组之间的R、RMSE、NS值则存在明显差异，

表明模型对参数 W_x 的敏感性很小，而对 W_c 非常敏感，其中 2007 年感热和潜热以及 2008 年潜热的模拟精度都随 W_c 的减小而提高，只有 2008 年感热的情况正好相反，这一现象可能是由通量观测中能量不平衡所引起。综合比较来看，当 W_c=0.4 时，根系吸水优化模型对通量模拟的改进作用最为明显。在 W_x 不敏感的情况下，W_c 值与 Zhang 和 Wang 针对森林的研究结果一致，且都表现为模型模拟性能随 W_c 减小而提高。根据这一结果，在 2007—2009 年模型优化作用比较的模拟中设定 W_c=0.4，W_x=0.4。

表 19.2　不同参数设置模型模拟精度对比情况

模拟方案	2007LE			2007*H*			2008LE			2008*H*		
	R^2	RMSE	NS	R^2	RMSE	NS	R^2	RMSE	NS	R^2	RMSE	NS
M0	0.662	70.959	0.647	0.679	47.032	0.337	0.771	56.318	0.743	0.717	32.661	0.693
M1	0.654	71.968	0.637	0.676	48.132	0.305	0.769	56.827	0.738	0.714	32.778	0.690
M2	0.654	71.973	0.637	0.676	48.137	0.305	0.769	56.827	0.738	0.714	32.778	0.690
M3	0.672	70.284	0.654	0.679	45.753	0.372	0.777	56.345	0.743	0.706	33.005	0.686
M4	0.672	70.289	0.653	0.679	45.756	0.372	0.777	56.345	0.743	0.706	33.005	0.686
M5	0.687	68.602	0.670	0.686	43.623	0.429	0.779	56.107	0.745	0.706	32.972	0.687
M6	0.687	68.638	0.670	0.686	43.648	0.429	0.779	56.100	0.745	0.706	32.970	0.687

19.3　根系吸水函数和根分布优化对模型性能的影响

19.3.1　根系吸水函数和根分布优化对土壤湿度模拟的影响

考虑到土壤湿度日变化很小，因此选用 2007—2009 年生长季土壤湿度日均值用于模型优化前后模拟精度对比。根据 CoLM 中土层的划分（表 19.3），模型中第 3 层土层厚度对应的 SWC 观测深度为 0 ~ 10 cm，表示为 SWC10；第 5 层深度为 20 ~ 30 cm，表示为 SWC20 ~ 30；第 6 层深度为 30 ~ 50 cm，表示为 SWC30 ~ 50。由于土壤湿度的测量时间通常为 9:00—10:00，因此将对应时段的模拟土壤湿度与实际观测值进行比较。

表 19.3　模型中土壤分层情况

土层序数	1	2	3	4	5	6	7	8	9	10
深度 /m	0.018	0.045	0.091	0.166	0.289	0.493	0.829	1.383	2.296	3.433
厚度 /m	0.018	0.028	0.046	0.075	0.124	0.204	0.336	0.554	0.913	1.137

与观测值相比，2007 年和 2008 年生长季的模拟结果不同程度地低估了 SWC10 和 SWC20 ~ 30（附图 18）。高强度降水日误差较小，无降水日误差较大，且随无雨时间延长

而增大。观测到的 SWC 值受少量降雨的影响不大，可能是因为小雨的渗透深度不能达到 10 cm。相反，模拟的 SWC 值对小雨更为敏感，这与上述事实相反，可能是造成 SWC 模拟误差的关键因素。此外，模型中冠层截留降水的参数化方案不准确也可能是造成误差的原因。与 2007 年和 2008 年相比，2009 年 SWC10 和 SWC20 ~ 30 的情况有所不同，低估引起的模拟误差较小。

与 M0 相比，3 种优化方案（M1 ~ M3）均不同程度地提高了 SWC10 的模拟精度，特别是在生长季中期的无雨期，M0 与 M1、M2、M3 的 SWC 模拟误差最大差异分别为 2007 年的 0.033、0.016、0.038 $m^3 \cdot m^{-3}$，2008 年的 0.026、0.014、0.030 $m^3 \cdot m^{-3}$，2009 年的 0.045、0.031、0.059 $m^3 \cdot m^{-3}$，这意味着 2007 年和 2009 年的模拟精度比 2008 年的提高更为显著。相比之下，在生长季前期，优化后的模拟精度没有明显变化。根据模拟和观测 SWC 的接近程度，M2 的改善幅度远小于 M1，M3 的改善幅度略大于 M1。总的来说，对于 SWC20 ~ 30，所有方案的改进都小于 SWC10；M2 的改善大于 M1，2007 年和 2009 年的改善大于 2008 年。然而，所有 4 个模拟都明显高估了 2007 年和 2009 年的 SWC30 ~ 50，并更好地再现了 2008 年的值。M2 模拟值更接近 2007 年和 2009 年无雨期的实测值。

上述结果表明，相对于 RWU 函数优化，根分布优化对 SWC10 和 SWC30 ~ 50 的模拟作用更明显，但 RWU 函数优化对 SWC20 ~ 30 的模拟效果优于根分布优化。在 10 cm 处土壤水分增加，30 ~ 50 cm 处土壤水分减少，使土壤水分模拟结果得到改善，这主要是由于主根区深层 d_{50} 参数从 15.7 cm 增加到 43.7 cm 所致。RWU 函数优化的作用主要体现在 7—8 月玉米连续无雨期水分需求的关键阶段，而 RWU 受到长期降水不足的极大限制。一方面，优化后的模型在这段时间内产生了更大的 SWC 模拟值，使模拟精度提高，另一方面，优化后的模型在 2007 年和 2008 年连续非降水期的 SWC 模拟精度较低，这可能是由于这两年土壤水分有效性高于 2009 年。因此，优化后的模型仅对土壤湿度低于某一阈值时最有效。优化后的 RWU 函数和根分布方案对 SWC 模拟的影响不等于两种优化的效果之和，这意味着单个因素的作用可能会因引入另一个因素而降低或抵消。

此外，比较了 2007—2009 年 7—9 月 10 个土层月平均 SWC 模拟值的垂直分布。在默认 RWU 方案下，相同年份不同月份的 SWC 垂直分布和相同月份不同年份的 SWC 垂直分布存在明显差异（附图 19）。其中，2007 年的 SWC 在 7 月最大，其次是 8 月和 9 月，由于主根区分布在第 5 层至第 6 层，每个月 SWC 都会从第 6 层到第 5 层不同程度地急剧减小，第 6 层以下变化较小；在 7 月、8 月和 9 月，随着土层的加深，SWC 分别减少、略有增加和大幅增加。2008 年不同月份的 SWC 垂直分布格局与 2007 年基本一致，个别月份不同深度的 SWC 略大于 2007 年。2009 年 3 个月各土层的模拟 SWCs 均显著小于 2007 年和 2008 年，特别是第 5 层以上。各年月平均 SWC 的差异是由相应月总降水量的变化所致。

M0 和 M1 方案对模拟 SWC 的影响存在明显差异。其中，在根分布方案优化下，对于 2007 年和 2008 年的情况，第 5 层以上的 SWC 模拟值在 7 月和 8 月随土层深度的减小而显著增大，在 9 月影响不大；第 6 层以下 SWC 优化后模拟值与默认模拟值的差异明显减小。2007 年 7 月、8 月前 5 层和 8 月、9 月底层的 SWC 变化均大于 2008 年，2008 年只有 9 月前 5 层的 SWC 变化大于 2007 年。根分布优化方案对 2009 年 SWC 分布的影响与其他年份有明显差异，所有层 SWC 优化后模拟值与默认模拟值的差异都大于 2007 年和 2008 年。RWU 函数优化（M2）所模拟的 SWC 在不同深度有不同程度的增大。前 5 层的增大幅度表现为 8 月＞7 月＞9 月，第 6 层以下 SWC 的增大不明显，各层 SWC 增大幅度表现为 2009 年＞2007 年＞2008 年。总体上看，2007 年和 2008 年的 7 月、8 月以及 2009 年 7 月优化根系分布（M1）对前 5 层 SWC 的增加作用均大于优化 RWU 函数（M2）的影响；其余月份接近和小于 M2。同时考虑根系分布和 RWU 函数的优化（M3），第 5 层以上对 SWC 模拟的增大效应在 2009 年 7 月和 8 月最为明显，而对 2007 年和 2008 年 SWC 模拟的增大效应不明显。相反，在第 6 层以下的不同 SWC 中，M3 的模拟值介于 M1 和 M2 模拟值之间，抵消效应从强到弱依次为 2009 年＞2007 年＞2008 年。

19.3.2　根系吸水函数和根分布优化对热通量模拟的影响

附图 20 给出 2007—2009 年 6—9 月不同优化方案潜热通量和感热通量模拟与实测月平均日变化比较情况，更直观地反映不同优化方案的模型性能。默认模拟（M0）对 2008 年潜热通量和感热通量的模拟精度都很高，模拟值与 7—8 月潜热和 6—8 月感热的观测值都有很好的一致性。2007 年 7—8 月潜热和 7 月感热模拟值与观测值的日变化规律吻合较好，但两变量在 6 月和 9 月都存在较大误差。2009 年 8—9 月潜热通量均有不同程度的低估；6—8 月感热通量均有不同程度的高估。优化后的模型对 2007 年和 2008 年潜热和感热模拟精度的提高幅度较小，对 2009 年的提高幅度最大；模拟的 7 月、8 月潜热通量显著增大，减少了默认模拟的低估，模拟的 7 月和 8 月感热值大幅度下降，与观测值保持接近。相对于优化后的根分布方案，改进后的 RWU 函数在提高潜热通量和感热通量的模拟精度方面发挥了更重要的作用。

虽然 2009 年的插补的潜热通量数据可能与实际值存在差别，但感热通量的准确模拟能很好地说明优化后的 RWU 方案对模型性能的改进作用。

利用 R、RMSE 和 NS 值更定量地反映不同优化方案对模型模拟潜热通量和感热通量性能的影响（表 19.4）。对于潜热和感热数据的模拟精度而言，RMSE 最大值、R 和 NS 最小值均在 2009 年，RMSE 最小值、R 和 NS 最大值均在 2008 年。2007 年的 RMSE、R 和 NS 值处于中间位置，表明模型性能随年份变化，两个变量的模拟精度在 2008 年最高，其次是 2007 年，然后是 2009 年。比较几种模拟的统计数据表明，所有变量的模拟精度在 2008 年略有增大，在 2007 年和 2009 年显著增大。具体来说，就潜热通量模拟而言，各年绝大部分 M1～M3 的 R 和 NS 大于 M0。2007 年 RMSE 从 M0 的 82.0 $W \cdot m^{-2}$ 下降到 M1～M3 的 79.4、78.8、79.0 $W \cdot m^{-2}$，2008 年 RMSE 从 M0 的 82.1 $W \cdot m^{-2}$ 下降到 M1～M3 的 81.1～81.7 $W \cdot m^{-2}$。2009 年 RMSE 的减少幅度更大，从 M0 的 145.5 $W \cdot m^{-2}$ 分别减少到 M1～M3 的 138.0、138.0、136.6 $W \cdot m^{-2}$。对于感热通量的模拟，2007 年和 2009 年 M3 的 R 和 NS 明显大于 M0，2008 年略有减小；2007 年 RMSE 值从 M0 的 57.6 $W \cdot m^{-2}$ 下降到 M1～M3 的 49.6～52.1 $W \cdot m^{-2}$，2009 年 RMSE 从 M0 的 87.0 $W \cdot m^{-2}$ 下降到 M1～M3

的 77.5、68.4、64.8 W · m^{-2}。综合 3 a 数据，M0 ~ M3 潜热通量 R 值和 NS 值分别从 0.59 增加到 0.62 ~ 0.64 和 0.14 增加到 0.18 ~ 0.19；感热通量 R 值和 NS 值分别从 0.58 增加到 0.60 ~ 0.62 和 −0.45 增加到 −0.17 ~ 0.08。M1 ~ M3 模拟的潜热通量和感热通量 RMSE 相对于 M0 分别从 84.7、69.3 W · m^{-2} 减小到 82.7 ~ 82.9 W · m^{-2} 和 55.7 ~ 62.9 W · m^{-2}。

表 19.4　不同优化 RWU 参数化方案对潜热（LE）和感热（H）通量模拟精度的比较

年份	统计值	M0	M1	M2	M3	M0	M1	M2	M3
		H				LE			
2007	R	0.63	0.66	0.64	0.66	0.77	0.79	0.80	0.80
	RMSE	57.6	52.1	50.9	49.6	82.0	79.4	78.8	79.0
	NS	0.02	0.20	0.24	0.27	0.46	0.51	0.52	0.52
2008	R	0.76	0.75	0.74	0.74	0.76	0.77	0.77	0.77
	RMSE	47.3	47.3	46.8	47.3	82.1	81.1	81.7	81.7
	NS	0.43	0.40	0.40	0.38	0.48	0.49	0.48	0.48
2009	R	0.50	0.50	0.50	0.52	0.25	0.32	0.38	0.40
	RMSE	87.0	77.5	68.4	64.8	145.5	138.0	138.0	136.6
	NS	−1.78	−1.12	−0.45	−0.43	−0.52	−0.45	−0.45	−0.45
2007—2009	R	0.58	0.60	0.61	0.62	0.59	0.62	0.64	0.64
	RMSE	69.3	62.9	57.6	55.7	84.7	82.7	82.7	82.9
	NS	−0.45	−0.17	0.06	0.08	0.14	0.18	0.19	0.18

采用优化 RWU 函数的改进模型在模拟 3 a 潜热通量方面的性能优于优化根分布方案。这表明前者对能量通量模拟的影响大于后者。另外，两种优化方案在 2007 年和 2009 年对模型性能的改善比 2008 年更显著。此外，2008 年和 2009 年 M1 的潜热通量 RMSE 小于 M2，M1 的感热通量 RMSE 大于 M2，这可能是由于湍流能量通量测量中能量平衡闭合不平衡造成的。此外，将两种优化方案纳入 CoLM 模式显著改善了模式对 2009 年感热通量和潜热通量的模拟，这可能与该生长期降水相对较少有关。

19.4　本章小结

农业生态系统在世界范围内分布广泛，它们受到人类活动的严重和广泛影响，并已被证明是引起气候变化的一个重要原因。相对于森林、草原和其他生态系统，玉米农田生态系统受到更强烈的人为干预。然而，关于陆面模式对玉米农田生态系统的适用性，目前还没有明确的结论，对 RWU 过程的研究也很少。本研究中，用于计算根分布参数的根系数据来自不同的地点和年份，与模型驱动数据并不在相同地点，而研究数据的相互匹配会使结论更有说服力，本研究以不同品种或种植区域的玉米具有相似特征为前提。以上数据仅用于定性评价根长密度和根生物量数据在计算根分布参数的适用性。实际上，两种数据计算出的根分布差异非常明显。因此，我们认为现有的数据基本能够满足研究需求。根分布和RWU函数是RWU参数化方案的重要组成部分，已被证明是合理优化提高陆面模式模拟精度的关键。根分布和RWU的优化都通过改善SWC的垂直分布来提高模型的性能，但实现这一目标的机制和改善SWC模拟精度的程度不同。此外，由于基于RB和RLD计算的累积根比例不同，根分布优化的效果也有所不同。在本研究中，对比两种数据计算的根分布参数，发现用RB计算的根分布参数小于用RLD计算的参数，并且用实测RLD优化的根分布可以明显改善模型对SWC和能量通量的模拟。Wu等提出，玉米拔节后期主要吸收20～40 cm的水分，抽雄期后吸收40 cm以下的水分，表明主RWU深度与本研究中用RLD计算的d_{50}非常接近，进一步说明与RB相比采用RLD计算根分布参数更能提高模型的性能。优化的根分布方案能够改善模型性能的原因可能是随着d_{50}增大，上层土壤的RWU减少，使SWC增加，从而导致潜热通量增大，使潜热通量的低估减小。

本研究利用Zheng和Wang提出的RWU函数提高了能量通量的模拟精度，并取得了满意的结果，这归功于W_c参数在决定是否达到满足最大植物蒸腾的累积根效率方面的作用，而用于判断根系对某一土层是否吸水的参数W_x对感热和潜热的模拟几乎无影响，说明根系从不同深度土壤吸水与热通量无明显关系。RWU函数的优化改进了不同土壤深度SWC的模拟，在一定程度上提高了能量通量的模拟精度。此外，根分布和RWU函数两种优化方案在连续无降水日或降水相对较少的年份都提高了模型的性能。拔节期后干旱胁迫下玉米根系向土壤深处扩散，使表层土壤SWC模拟值增加。同样，在干旱期间优化和默认RWU函数之间的差异也很明显。相反，两种优化方案在高SWC阶段或降水丰富年份对能量通量的模拟精度几乎没有提升作用。客观地说，改进的RWU方案的作用应该受到SWC阈值的限制，并且在此范围之外将非常不敏感。在一定SWC水平以下，同时修正根分布和RWU函数对模型性能的改善作用只有在降水较少年份玉米生长进入高耗水阶段时才能体现出来。值得注意的是，优化后某些天的感热通量模拟精度下降，这可能是由于以下几个方面的原因。首先，涡动相关系统测量数据的能量不平衡问题在任何研究站点都是不可避免的，因此，观测误差可能是上述情况的根源。其次，一些时段感热的模拟精度会在模型优化后有所下降，这可能并不是因为优化方案本身的不理想，而是陆面模型其他参数方案，如径流、渗透、蒸腾等的不准确所引起，说明评价一个物理过程参数方案的有效性，与之关联过程的准确描述是重要前提。本研究中，用于判断模型优化效果的一些重要变量缺乏或不足，如不同深度土壤湿度的实测资料，与根系吸水总量相关的冠层蒸散数据等，使得一些模拟结果不能充分合理解释，给相关结论带来一定不确定性。此外，判断一个参数方案的优越性需要用不同观测站点资料进行验证，因此，今后研究的重点将是收集其他玉米农田生态站多年连续资料对根系吸水过程优化方案的模拟性能进行进一步检验和评估。许多研究旨在提供一个通用的RWU方案，以适应不同的水分条件和生态系统，但目前还没有一个可行的方案。不同生态系统对不同水条件有各自的适应策略。例如，更有效的 RWU 将使沙漠灌木适应干旱，而水力再分配可能在维持雨林生态系统内的蒸腾中发挥关键作用。本研究结论可为改善 CoLM 模式对雨养玉米农业生态系统陆—气水热通量的模拟性能提供一种有效 RWU 方案，也为同类研究提供参考。

本研究基于锦州玉米农业生态系统试验站 2007—2009 年实测的能量通量和气温、降水、气压、相对湿度、风速等气象因子数据，对比分析了根生物量和根长密度数据确定根分布参数的适用性，并在 CoLM 模型中引入了优化后的 RWU 函数，探讨根分布和 RWU 函数优化对模型性能的影响，得出以下结论：

（1）CoLM 模型对玉米农田生态系统陆—气水热通量的模拟性能表现为：对于土壤湿度而言，在降水日模拟精度较高，而在持续无降水时段低估；对土壤温度的模拟存在较大的年际和季节差异，在玉米生长后期出现显著的低估，在其他时段模拟精度较高；在降水偏少年份，感热有所高估，潜热有所低估，而在降水较多的年份对热通量模拟有较高精度。总的来说，该模型对所研究区域陆—气相互作用过程的模拟具有较好的适用性。

（2）与 RB 相比，RLD 计算的根分布参数能更有效地反映土壤水分有效性，提高了模型对玉米农田生态系统水热通量的模拟性能。根系吸水优化函数中，判断根系对某层土壤是否吸水的水分有效性参数对热通量模拟几乎无影响，决定达到最大蒸腾速率的累积根系效率下限参数对陆面过程模拟的影响显著，热通量模拟精度随该参数的减小而提高。

（3）优化后的根分布参数和 RWU 函数均提高了少雨年份 SWC、感热和潜热通量的模拟精度。两种优化方案在连续无降水期间或玉米对水分需求旺盛时对 CoLM 模型性能的综合改善作用显著，但改进作用仅在一定 SWC 阈值范围内明显，超过该阈值则不明显。证明针对 CoLM 模型根系吸水过程的优化对干旱状态下玉米农田生态系统水热通量模拟有很好的适应性。

附表　主要参数及其含义

参数	物理意义	参数	物理意义
LAI	叶面积指数	λ	水的汽化潜热（2.5×10^6 J·kg^{-1}）
FVEG	植被覆盖度	E_s	地表蒸发（mm）
α	反照率	E_g	土壤蒸发量（mm）
α_{soil}	土壤反照率	E_f	叶片与冠层空气间蒸发量（mm）
α_v	植被反照率	G	土壤热通量（W·m^{-2}）
SWC	表层土壤体积含水量（m^3·m^{-3}）	ρ	空气密度（kg·m^{-3}）
P	气压（Pa）	C_p	空气定压比热（1005 J·kg·K^{-1}）
T_a	参考高度气温（K）	C_{soil}	土壤表面空气传输系数
T_g	表层土壤温度（K）	r_{afg}	冠层土壤表面与其上空气间的湍流阻抗（s·m^{-1}）
T_f	叶温（K）	r_{af}	叶面阻抗（s·m^{-1}）
T_{af}	观层温度（K）	C_f	叶片表面与空间的传输系数
T_{g2}	次表层土壤温度（K）	V_{af}	冠层内风速（m·s^{-1}）
G_n	供给地表的净水分（mm）	U_{af}	叶表面风速（m·s^{-1}）
P_r	降水量（mm）	r_s	土壤表面阻力（s·m^{-1}）
S_m	融雪（mm）	R_v	水汽比气体常数（461 J·kg^{-1}·K^{-1}）
F_q	蒸发量（mm）	q_a	最低层空气比湿（g·kg^{-1}）
R_w	总的水分流失量（mm）	NSEE	相对标准差
R_s	地表径流（mm）	RRMSE	相对均方差
R_g	地下排水（mm）	NS	模型效率系数
P_{ORSL}	空隙度（%）	IQ	模型改进量
D	土壤水流动平均扩散率（mm·s^{-1}）	u_*	摩擦风速（m·s^{-1}）
F_{qp}	潜在蒸发（mm）	z_0	粗糙度（m）
C_D	拖曳系数	d	零平面位移（m）
C_{DN}	中性条件拖曳系数	h	株高（m）
H_s	地面感热通量（W·m^{-2}）	R_i	理查逊数
H_g	土壤感热通量（W·m^{-2}）	frs	净入射短波辐射（W·m^{-2}）

续表

参数	物理意义	参数	物理意义
H_f	叶片与冠层空气间感热通量（W・m^{-2}）	nr	净辐射（W・m^{-2}）
h_θ	太阳高度角（°）	frl	净入射长波辐射（W・m^{-2}）
$f_{sw,i}$	土壤水分有效性	W_t	累积根系效率因子
d_{50}	累积根比例为50%所在土壤深度（cm）	c	根廓线形态参数
d_{95}	累积根比例为95%所在土壤深度（cm）	W_c	根系吸水模型中累积根系效率阈值参数
T_{pot}	潜在蒸腾	W_x	根系吸水模型中水分有效性阈值参数
$f_{sw,i}$	土壤水分有效性	$f_{root,i}$	根比例系数
K	导水率（m・s^{-1}）	T	植物蒸腾（mm）
z	为土壤深度（m）	φ_{max}	凋萎湿度时土壤水势
E_x	根吸水	φ_{sat}	土壤饱和时土壤水势
η_i	土壤吸水占总蒸腾量的比例	φ_i	实际土壤水势

附图

附图 1　锦州站观测系统下垫面状况

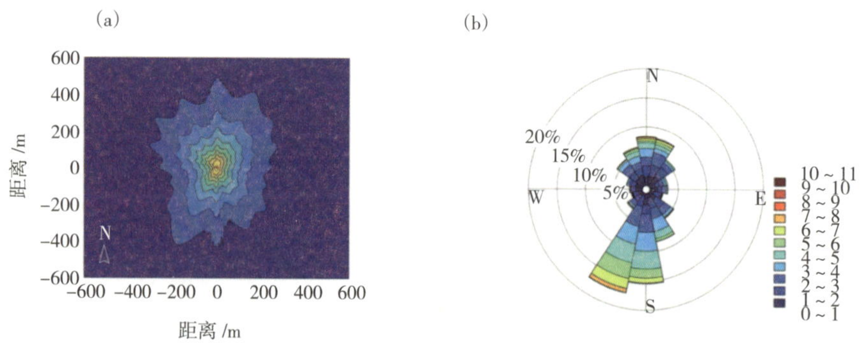

附图 2　锦州观测站的通量贡献气候区（a）和风玫瑰图（b）

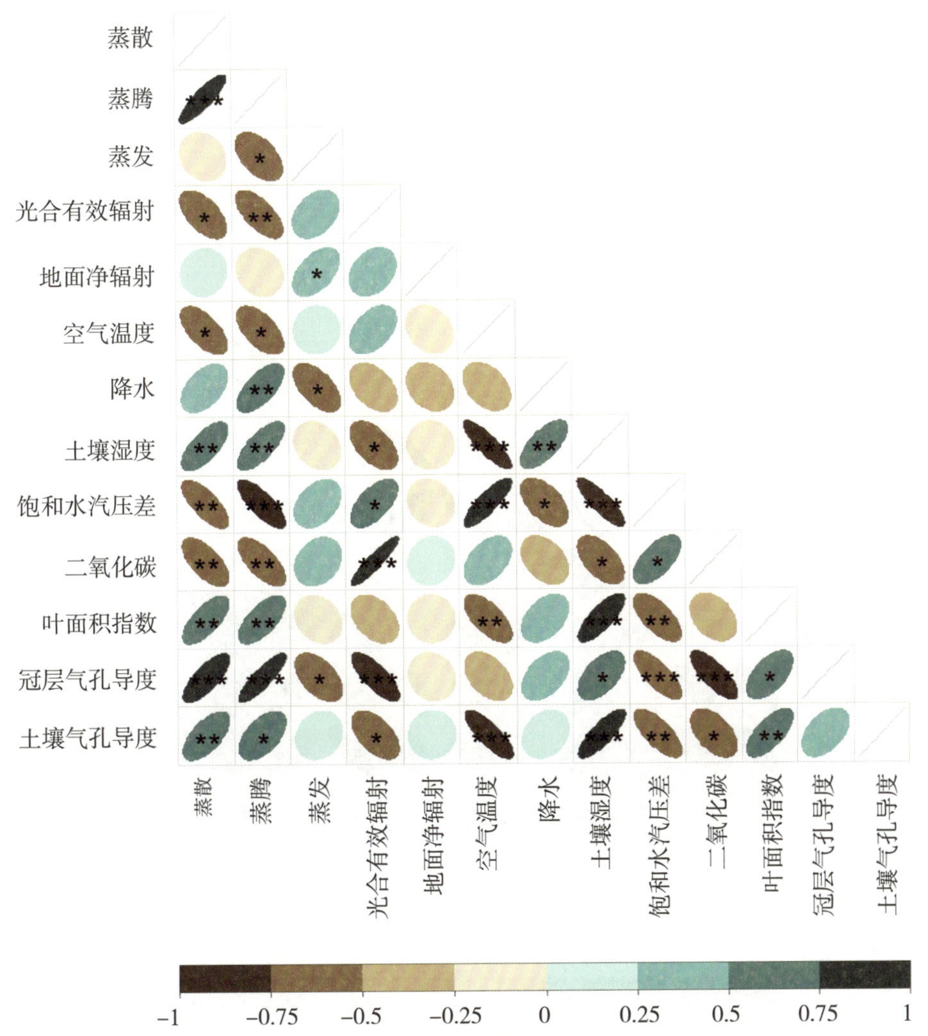

附图 3　年尺度 ET 与环境和气象要素的相关矩阵

附图 4　在作物水分关键期 ET 与环境和气象要素的相关矩阵

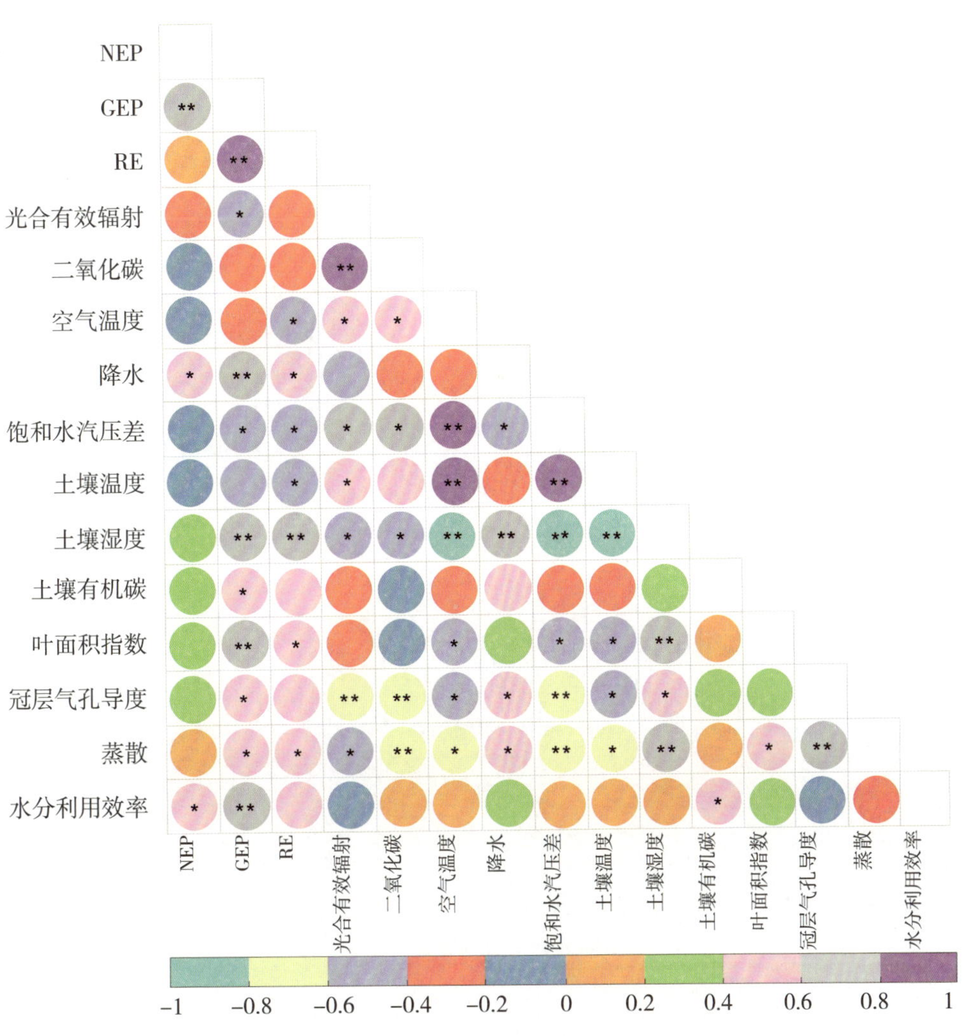

** 表示 0.01 显著性水平；* 表示 0.05 显著性水平

附图 5　碳通量与气象、土壤和生物因素的相关系数矩阵

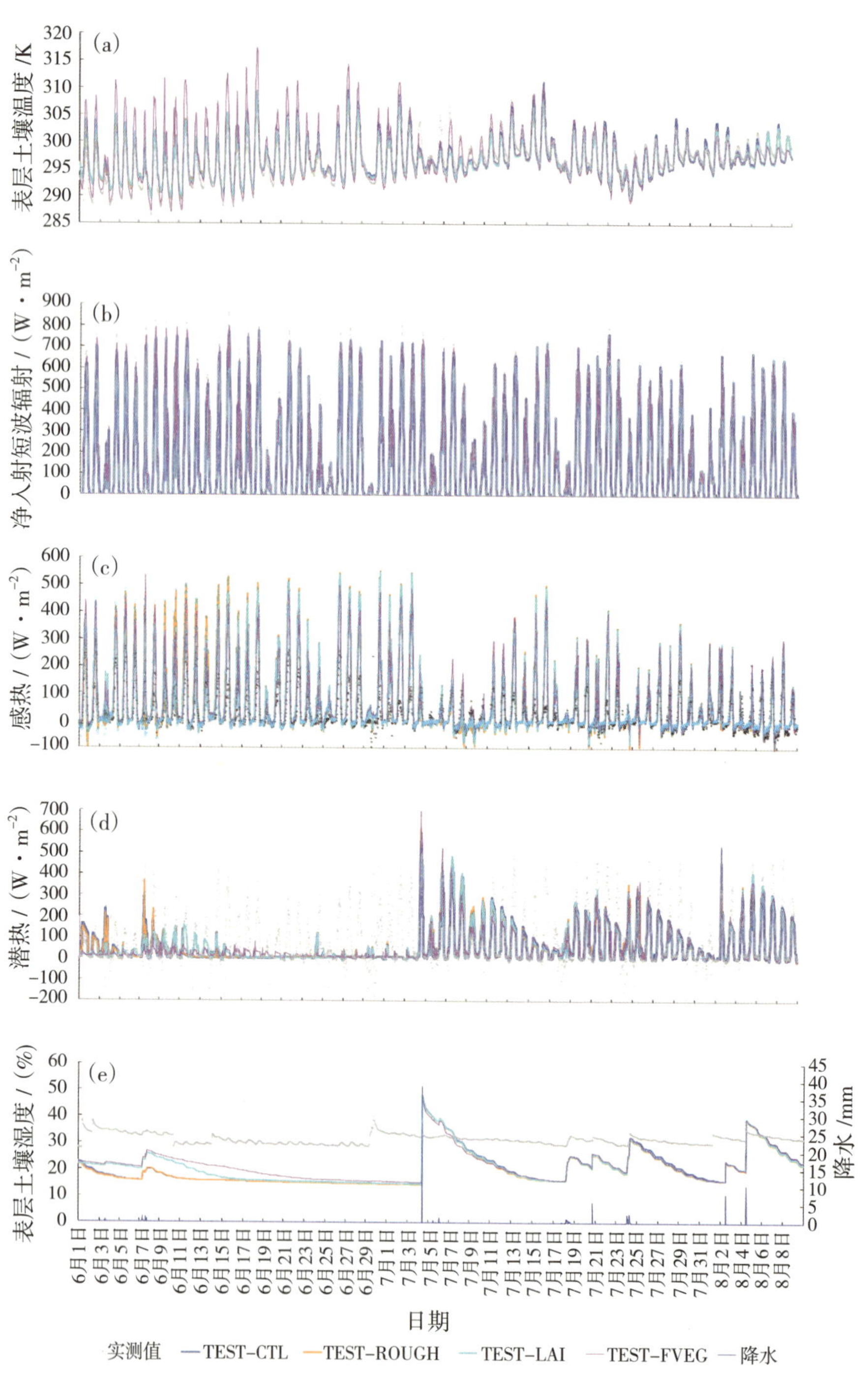

附图 6　试验 1~试验 4 模拟与实测的 T_g (a)、*frs* (b)、λE (c)、H_s (d) 和 SWC (e)

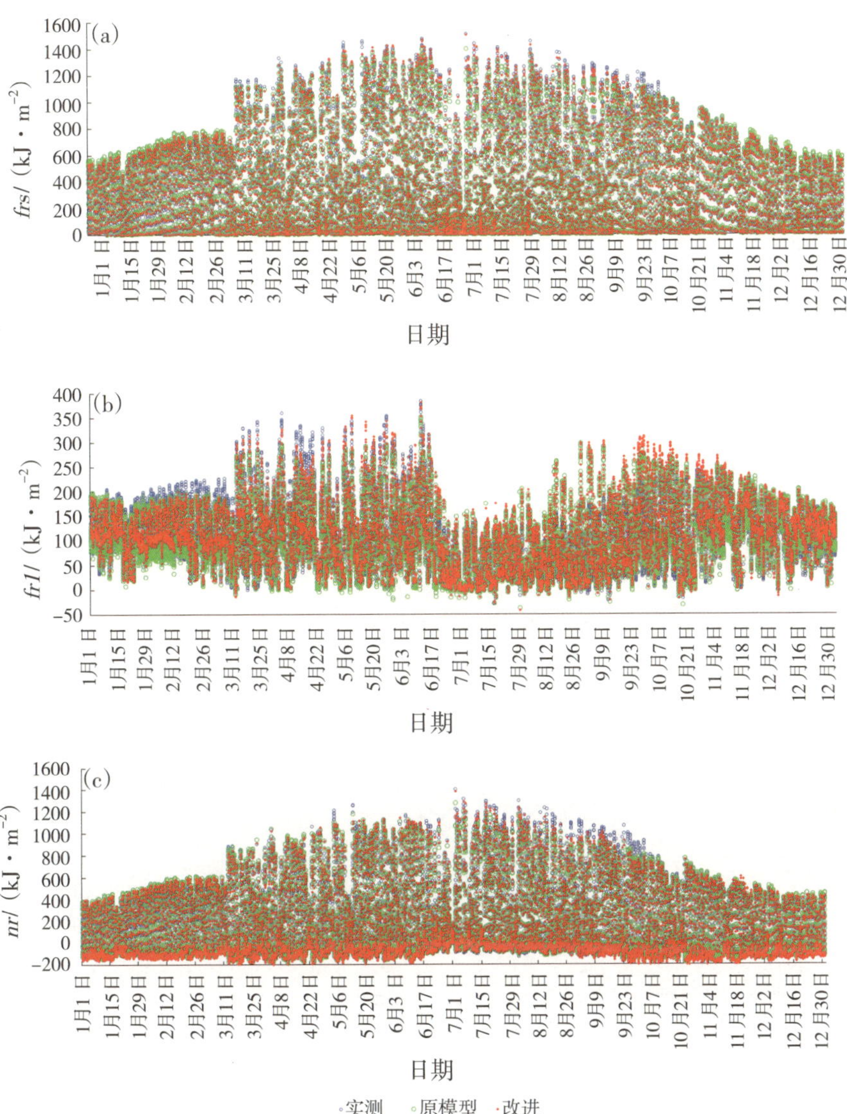

附图 7　模型改进前后 *frs*、*frl*、*nr* 模拟值与实测值年变化比较

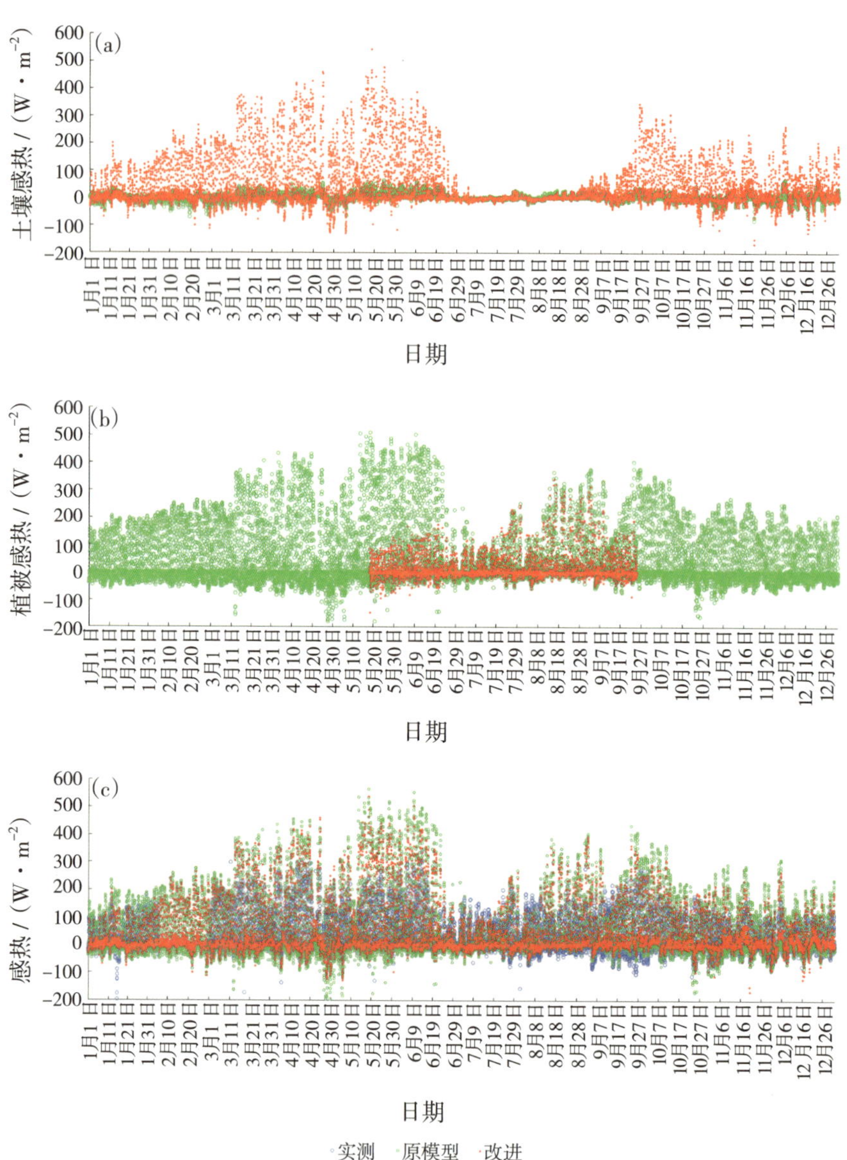

附图 8　模型改进前后（a）H_g、（b）H_c、（c）H_s 模拟值及与实测值的比较

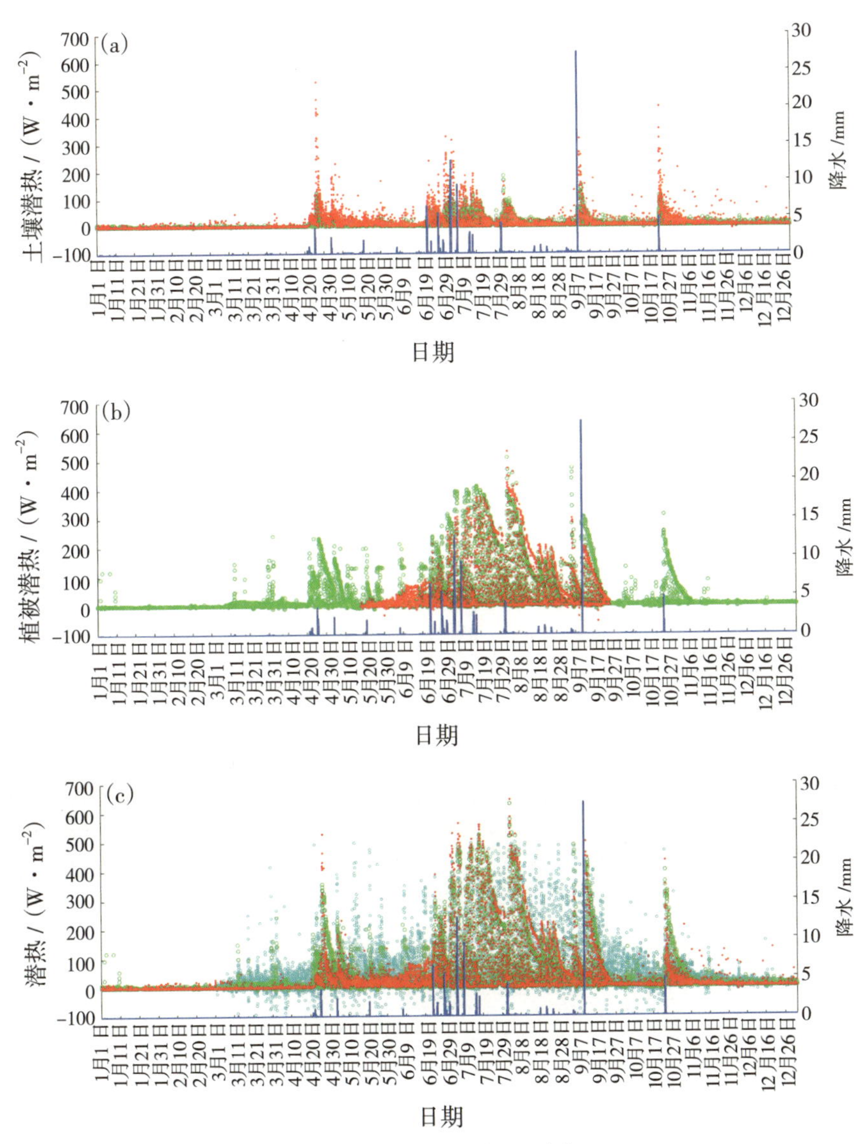

附图9　模型改进前后（a）λE_g、（b）λE_c、（c）λE_s 模拟值及与实测值的比较

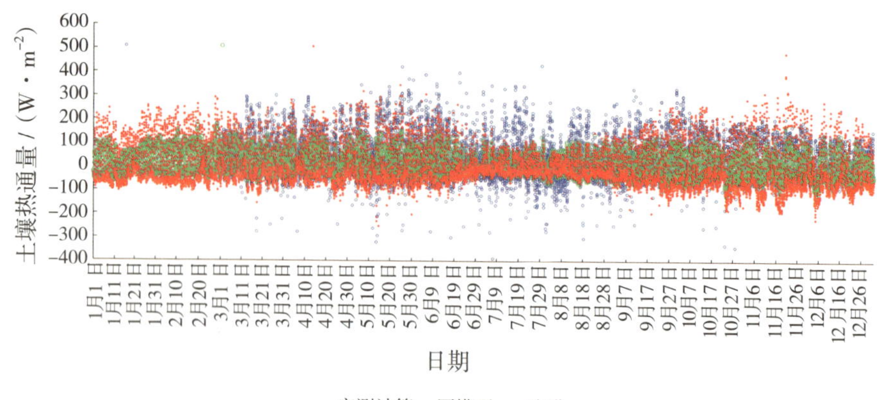

附图 10　模型改进前后 G 模拟值与真实值的比较

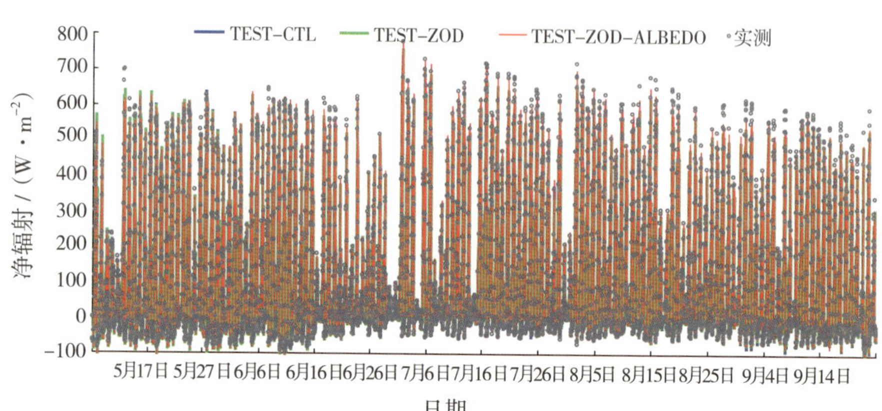

附图 11　不同试验净辐射模拟结果与实测值比较

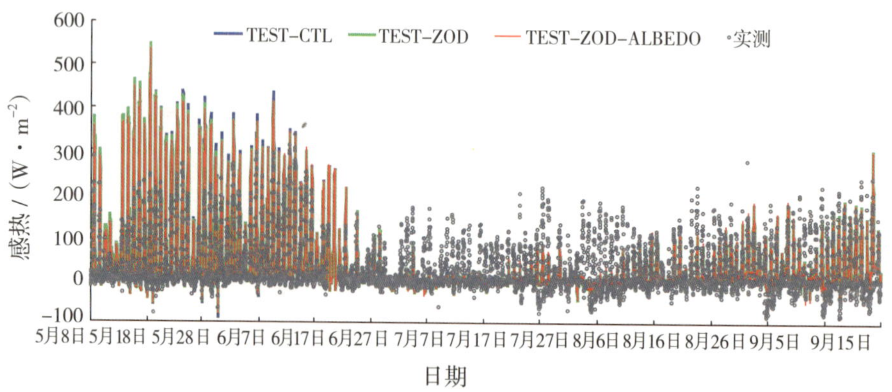

附图 12　不同试验感热模拟结果与实测值比较

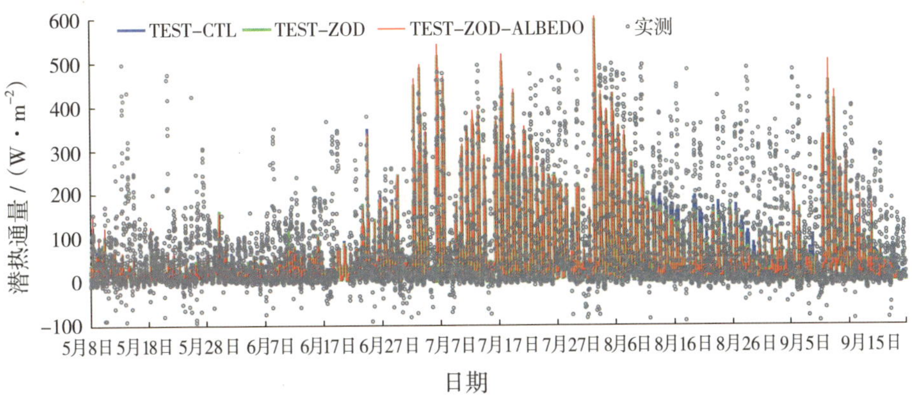

附图 13　不同试验潜热通量模拟结果与实测值比较

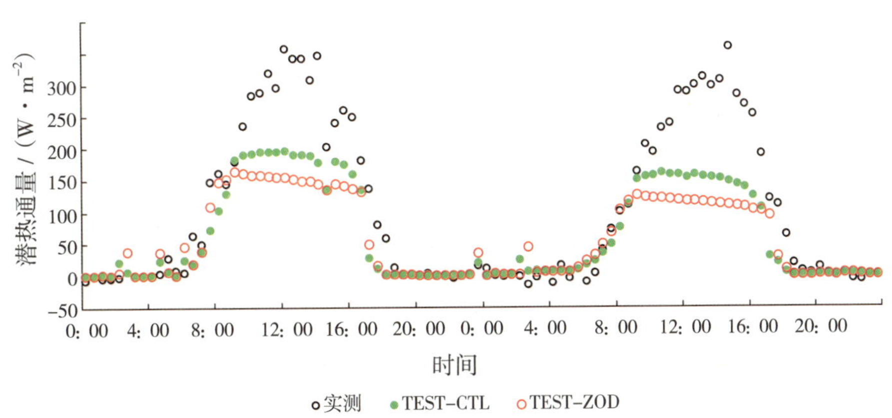

附图 14　8 月 19—20 日模型改进前后潜热通量对比情况

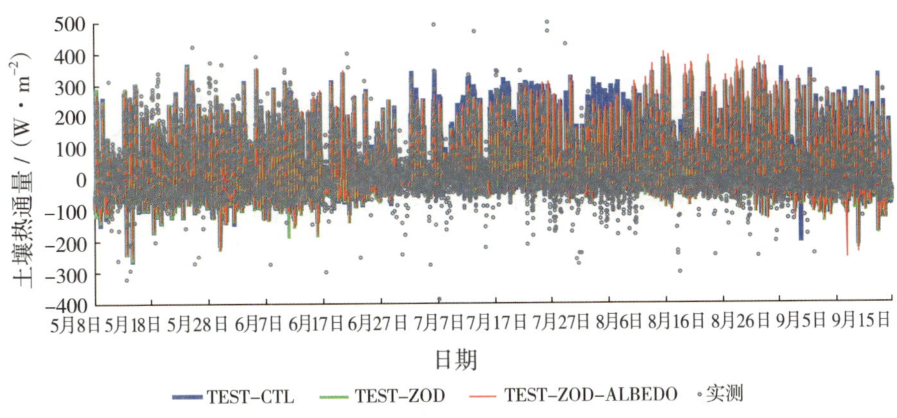

附图 15　不同试验土壤热通量模拟结果与实测值比较

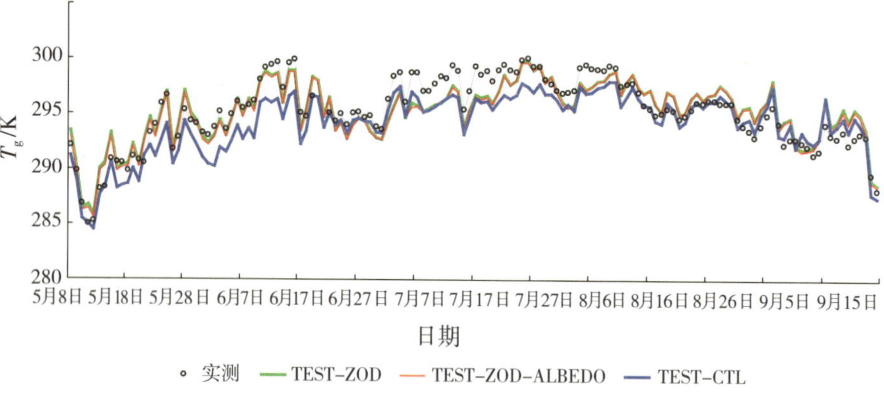

附图 16　不同试验表层土壤温度模拟结果与实测值比较

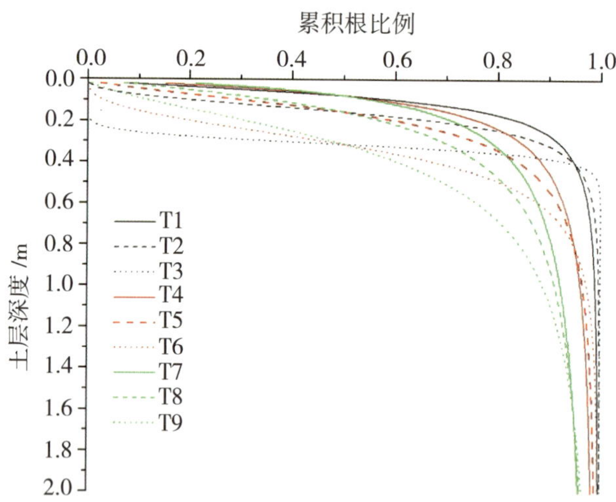

附图 17　模型中不同参数设置的根分布廓线

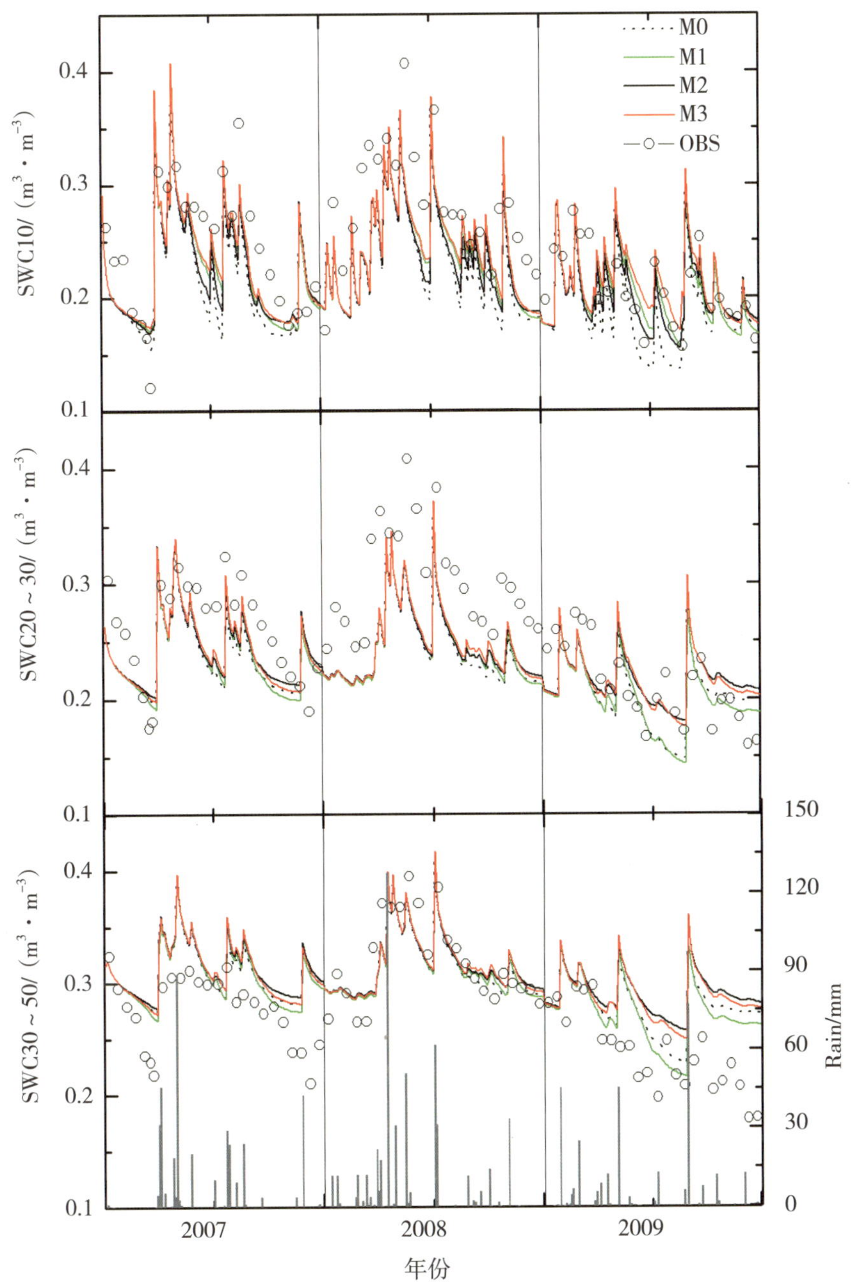

注：灰色柱表示2007—2009年生长季节的日降水量

附图18　2007—2009年生长季（6—9月）基于CoLM模式M0～M3的4种方案下10 cm、20～30 cm和30～50 cm不同深度SWC观测值与日模拟值比较

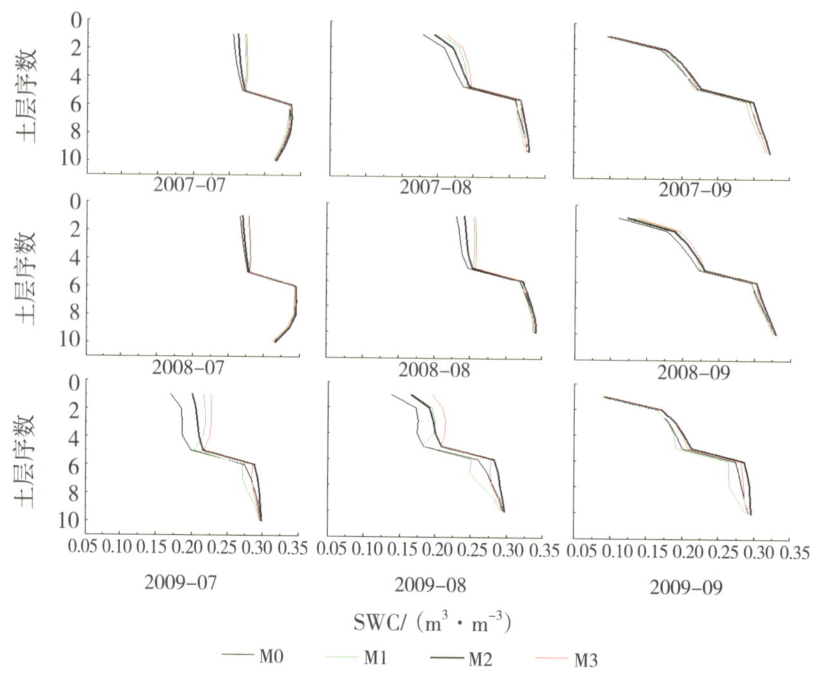

附图19　2007—2009年7月、8月和9月不同RWU方案月平均模拟土壤含水量（SWC）垂直变化比较

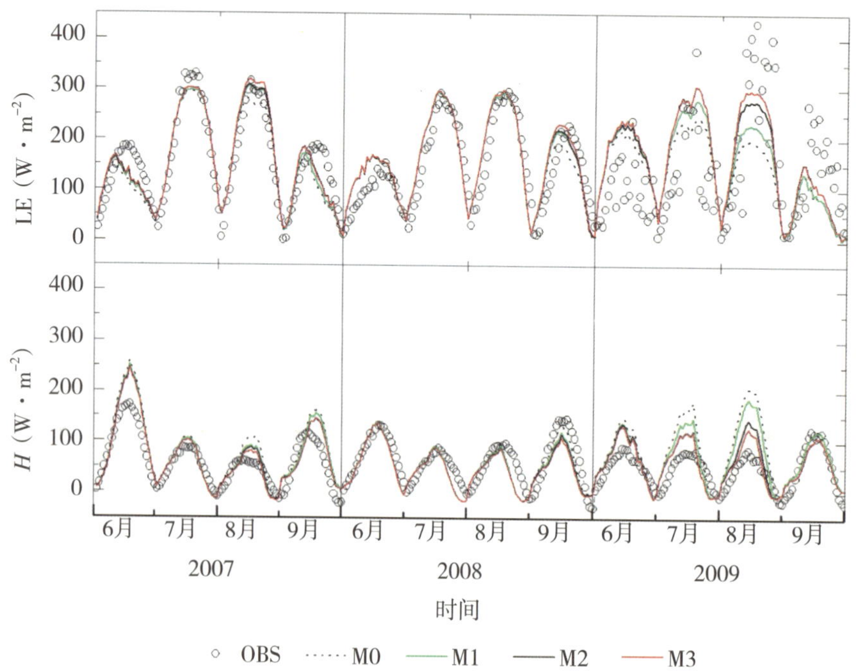

附图20　2007—2009年6—9月不同优化方案潜热（LE）通量和感热（H）通量模拟与实测月平均日变化比较

参考文献

[1] Abdi A M, Boke-Olen N, Tenenbaum D E, et al. Evaluating water controls on vegetation growth in the semi-arid sahel using field and earth observation data[J]. Remote Sensing, 2017,9(3): 294.

[2] Alberto M C R, Wassmann R, Buresh R J, et al. Measuring methane flux from irrigated rice fields by eddy covariance method using open-path gas analyzer[J]. Field Crops Research, 2014,160: 12-21.

[3] Arora V K, Boer G J. A representation of variable root distribution in dynamic vegetation models[J].Earth Interactions,2003,7(6): 1-19.

[4] Aubinet M, Hurdebise Q, Chopin H,et al. Inter-annual variability of Net Ecosystem Productivity for a temperate mixed forest: A predominance of carry-over effects?[J]. Agricultural and Forest Meteorology, 2018,262: 340-353.

[5] Baker I,Denning S,Hanan N,et al.Simulated and observed fluxes of sensible and latent heat and CO_2 at the WLEF-TV tower using SiB 2.5[J]. Global Change Biology, 2003(9): 1262-1277.

[6] Baldocchi D,Chu H, Reichstein M. Inter-annual variability of net and gross ecosystem carbon fluxes: A review[J]. Agricultural and Forest Meteorology, 2018, 249: 520-533.

[7] Baldocchi D, Penuelas J.The physics and ecology of mining carbon dioxide from the atmosphere by ecosystems[J]. Global Change Biology, 2019, 25(4): 1191-1197.

[8] Baldocchi D D.How eddy covariance flux measurements have contributed to our understanding of Global Change Biology[J]. Global Change Biology, 2019, 26(1): 242-260.

[9] Berdugo M, Delgado-Baquerizo M, Soliveres S, et al. Global ecosystem thresholds driven by aridity[J].Science Advances, 2020, 367: 787-790.

[10] Betts R A. Offset of the potential carbon sink from boreal forestation by decreases in surface albedo[J]. Nature,2000,408(6809): 187-190.

[11] Bonan G B, Levis S. Evaluating Aspects of the Community Land and Atmosphere Models (CLM3 and CAM3) Using a Dynamic Global Vegetation Model [J]. Journal of Climate, 2010, 19(11): 2290-2301.

[12] Buysse P, Bodson B, Debacq A, et al. Carbon budget measurement over 12 years at a crop production site in the silty-loam region in Belgium[J].Agricultural and Forest Meteorology, 2017,246: 241-255.

[13] Cai F , Ming H , Mi N ,et al.Comparison of Effects of Root Water Uptake Functions on Surface Water and Heat Fluxes Simulations within Corn Farmland Ecosystem over Northeast China[J].Journal of Irrigation & Drainage Engineering, 2017,143(10): 04017040.

[14] Cai F, Zhang Y, Ming H, et al. Comparison of the roles of optimizing root distribution and the water uptake function in simulating water and heat fluxes within a maize agroecosystem[J].Water, 2018,10: 1090-1107.

[15] Chu H, Baldocchi D D, John R, et al. Fluxes all of the time? A primer on the temporal representativeness of FLUXNET[J].Journal of Geophysical Research-Biogeosciences, 2017,122(2): 289-307.

[16] Dai Y J, Zeng X B, Dickinson R E,et al.The Common Land Model(CLM)[J].Bulletin of the American Meteorological Society, 2003, 84(8): 1013–1023.

[17] Dold C,Buyukcangaz H,Rondinelli W,et al.Long–term carbon uptake of agro–ecosystems in the Midwest[J]. Agricultural and Forest Meteorology, 2017,232: 128–140

[18] Dong Z B, Gao S Y, Fryrear D W. Drag coefficients and Roughness length as disturbed by artificial standing vegetation[J].Journal of Arid Environments , 2001,49(3) : 485–5051.

[19] Dong Z B, Liu X P, Wang X M. Aerodynamic roughness length of gravel beds[J]. Geomorphology,2002,43 (1–2): 17–31.

[20] Dunbabin V M, Diggle A J, Rengel Z. Modelling the interactions between water and nutrient uptake and root growth[J]. Plant and Soil,2002,239: 19–38.

[21] Dufranne D,Moureaux C,Vancutsem F,et al.Comparison of carbon fluxes,growth and productivity of a winter wheat crop in three contrasting growing seasons[J]. Agriculture, Ecosystems and Environment, 2011,141(1 – 2): 133–142.

[22] Euskirchen E S, Edgar C W, Bret–Harte M S, et al. Interannual and seasonal patterns of carbon dioxide, water, and energy fluxes from ecotonal and thermokarst–impacted ecosystems on carbon–rich permafrost soils in northeastern Siberia[J].Journal of Geophysical Research–Biogeosciences, 2017,122(10): 2651–2668.

[23] Feddes R A, Hoff H, Bruen M, et al. Modeling root water uptake in hydrological and climate models[J]. Bulletin of the American Meteorological Society,2001,82(12)：2797–2809.

[24] Foken T. Micrometeorology[M]. Berlin：Heidelberg: Springer–Verlag,2008.

[25] Fu Z, Stoy P C, Poulter B, et al. Maximum carbon uptake rate dominates the interannual variability of global net ecosystem exchange[J].Global Change Biology, 2019,25: 3381–3394.

[26] Gao Z, Wang J , Ma Y, et al. Study of roughness lengths and drag coefficients over Nansha Sea Region ,Gobi,–Desert, Oasis and Tibetan Plateau[J]. Physics and Chemistry of the Earth(B), 2000,25: 141–145.

[27] Guo H,Li S,Kang S,et al.Annual ecosystem respiration of maize was primarily driven by crop growth and soil water conditions[J]. Agriculture, Ecosystems and Environment, 2019,272: 254–265

[28] Hao YB, Wang YF, Huang XZ,et al. Seasonal and interannual variation in water vapor and energy exchange over a typical steppe in Inner Mongolia,China[J].Agricultural and Forest Meteorology, 2007,146(12): 57–69.

[29] Hayek M N, Wehr R, Longo M, et al. A novel correction for biases in forest eddy covariance carbon balance[J]. Agricultural and Forest Meteorology, 2018,250: 90–101.

[30] Hu Z, Li S, Yu G, et al. Modeling evapotranspiration by combing a two–source model, a leaf stomatal model, and a light–use efficiency model[J].Journal of Hydrology, 2013,501: 186–192.

[31] Hu Z,Yu G,Zhou Y,et al.Partitioning of evapotranspiration and its controls in four grassland ecosystems: application of a two–source model[J]. Agricultural and Forest Meteorology,2009,149(9): 1410–1420.

[32] Jensen R,Herbst M,Friborg T.Direct and indirect controls of the interannual variability in atmospheric CO_2 exchange of three contrasting ecosystems in Denmark[J]. Agricultural and Forest Meteorology, 2017,233: 12–31

[33] Ji D Y, Dai Y J. The Common Land Model (CoLM) Technical Guide；College of Global Change and Earth System Science[M] Beijing, China: Beijing Normal University, 2010: 60.

[34] Jing C Q, Li L H, Chen X, et al. Comparison of root water uptake functions to simulate surface energy fluxes

within a deep-rooted desert shrub ecosystem[J]. Hydrological processes, 2013, 28(21): 5436–5449.

[35] Jobbagy E G,Jackson R B.The vertical distribution of soil organic carbon and its relation to climate and vegetation[J]. Ecological Applications,2000,10: 423–436.

[36] Keenan T F, Gray J, Friedl M A, et al. Net carbon uptake has increased through warming–induced changes in temperate forest phenology[J].Nature Climate Change, 2014,4 (7): 598–604.

[37] Knauer J, Zaehle S, Reichstein M, et al. The response of ecosystem water–use efficiency to rising atmospheric CO_2 concentrations: sensitivity and large–scale biogeochemical implications[J].New Phytologist, 2017,213(4): 1654–1666.

[38] Kormann R, Meixner F X.An Analytical Footprint Model For Non–Neutral Stratification[J].Boundary–Layer Meteorology, 2001, 99(2): 207–224.

[39] Kuzyakov Y. Priming effects: Interactions between living and dead organic matter[J]. Soil Biology & Biochemistry,2010,42(9): 1363–1371.

[40] Lai C T , Katul G .The dynamic role of root–water uptake in coupling potential and actual transpiration[J]. Advances in Water Resources, 2000,23: 427–439.

[41] Laio F, D' Odorico P, Ridolfi L. An analytical model to relate the vertical root distribution to climate and soil properties[J].Geophysical Research Letters,2006,33 (L18401): 6–10.

[42] Lee J E , Oliveira R S , Dawson T E ,et al. Erratum: Root functioning modifies seasonal climate[J]Proceedings of the National Academy of Sciences of the United States of America ,2005,102: 17576–17581.

[43] Li H, Wang C, Zhang F, et al. Atmospheric water vapor and soil moisture jointly determine the spatiotemporal variations of CO_2 fluxes and evapotranspiration across the Qinghai–Tibetan Plateau grasslands[J].Science of The Total Environment,2021, 791: 148379.

[44] Li K Y , Jong R D , Coe M T ,et al.Root–Water–Uptake Based upon a New Water Stress Reduction and an Asymptotic Root Distribution Function[J].Earth Interactions, 2008, 10(14):415–420.

[45] Li K Y, Jong D, Coe R, et al. Root–water–uptake based upon a new water stress reduction and an asymptotic root distribution function[J]. Earth Interactions, 2006,10: 14.

[46] Li L H, Van d T C , Chen X ,et al. Representing the root water uptake process in the Common Land Model for better simulating the energy and water vapour fluxes in a Central Asian desert ecosystem[J].Journal of Hydrology, 2013, 502(2): 145–155.

[47] Liu H Z, Wang B M, Fu C B. Relationships between surface albedo, soil thermal parameters and soil moisture in the semi–arid area of Tongyu, northeastern China[J]. Advance in Atmospheric Sciences, 2008,25(5): 757–764.

[48] Liu Y, Qiu G, Zhang H, et al.Shifting from homogeneous to heterogeneous surfaces in estimating terrestrial evapotranspiration: Review and perspectives[J].Science China Earth Sciences,2022, 65(2): 197–214.

[49] Lu L, Liu S, Xu Z. et al. The characteristics and parameterization of aerodynamic roughness length over heterogeneous surfaces[J]. Advances in Atmospheric Sciences, 2009,26: 180–190.

[50] Martano P. Estimation of surface roughness length and displacement height from single–level sonic anemometer data[J]. Journal of Applied Meteorology, 2000,39: 708–715.

[51] Medlyn B E, Duursma R A, Eamus D, et al. Reconciling the optimal and empirical approaches to modelling stomatal conductance[J].Global Change Biology,2011,17(6): 2134–2144.

[52] Mohammadreza K, David T, Gerard M. A review on turbulent flow over rough surfaces: Fundamentals and theories[J]. International Journal of Thermofluids, 2021, 10(1): 1–34.

[53] Niu S L, Fu Z, Luo Y Q, et al. Interannual variability of ecosystem carbon exchange: From observation to prediction[J].Global Ecology and Biogeography,2017, 26(11): 1225–1237.

[54] Novick K A, Ficklin D L, Stoy P C, et al. The increasing importance of atmospheric demand for ecosystem water and carbon fluxes[J].Nature Climate Change, 2016,6: 1023–1027.

[55] Pan R. Plant Physiology[M]. Bei Jing: Higher Education Press,2012.

[56] Philip G.Oguntunde, Nick van de Giesen. Crop growth and development effects on surface albedo for maize and cowpea fields in Ghana, West Africa[J]. International Journal of Biometeorology, 2004,49: 106–112.

[57] Reijmer C H, Van Meijgaard E, Van den Broeke M R. Numerical studies with a regional atmospheric climate model based on changes in the roughness length for momentum and heat over Antarctica[J]. Bound layer meteor., 2004,111(2): 313–337.

[58] Roxy M S , Sumithranand V B , Renuka G .Variability of soil moisture and its relationship with surface albedo and soil thermal diffusivity at Astronomical Observatory, Thiruvananthapuram, south Kerala[J].Journal of Earth System Science, 2010, 119(4): 507–517.

[59] Saleska S R, Miller S D, Matross D M, et al.Carbon in amazon forests: unexpected seasonal fluxes and disturbance–Induced losses[J]. Science, 2003, 302(5650): 1554–1557.

[60] Schenk H J, Jackson R B. The global biogeography of roots[J].Ecological Monographs, 2002,72(3): 311–328.

[61] Skaggs T H , Van Genuchten M T , Shouse P J ,et al.Macroscopic approaches to root water uptake as a function of water and salinity stress[J]. Agricultural Water Management, 2006, 86: 140–149.

[62] Song R, Muller J P, Kharbouche S, et al. Intercomparison of surface albedo retrievals from MISR,MODIS, CGLS using tower and up scaled tower measurements[J].Remote Sensing,2019,11(6): 644.

[63] Takagi K, Miyata A, Harazono Y, et al. An alternative approach to determining zero–plane displacement and its application to a lotus paddy field[J]. Agricultural and Forest Meteorology, 2003, 115(3–4): 173–181.

[64] Wand K C, Wang P C, Liu J M, et al. Variation of surface albedo and soil thermal parameters with soil moisture content at a semi–desert site on the western Tibetan Plateau[J]. Bound Layer Meteorology, 2005,116: 117–129.

[65] Wang Y,Zhou L,Jia Q,et al.Direct and indirect effects of environmental factors on daily CO_2 exchange in a rainfed maize cropland–A SEM analysis with 10 year observations[J].Field Crop Research,2019,242: 107591

[66] Wang Z, Barlage M, Zeng X, et al. The solar zenith angle dependence of desert albedo[J]. Geophysical Research Letters, 2005,32(L05403): 1–4.

[67] Wu Y J; Du T S, Li F S, et al. Quantification of maize water uptake from different layers and rootzones under alternate furrow irrigation using stable oxygen isotope[J]. Agricultural Water Management,2016,168, 35–44.

[68] Yao J, Liu H, Huang J, et al. Accelerated dryland expansion regulates future variability in dryland gross primary production[J].Nature Communications, 2020,11(1): 1665.

[69] Yue P, Zhang Q, Ren X, et al. Environmental and biophysical effects of evapotranspiration in semiarid grassland and maize cropland ecosystems over the summer monsoon transition zone of China[J].Agricultural Water Management, 2022,264: 107462.

[70] Zeng X B, Shaikh M, Dai Y J, et al.Coupling of the common land model to the NCAR community climate model[J]. Journal of Climate,2002,15: 1832–1854.

[71] Zeng X B. Global vegetation root distribution for land modeling[J]. Bulletin of American Meteorological Society,2001, 2, 525–530.

[72] Zhang H, Zhao T,Lyu S,et al.Interannual variability in net ecosystem carbon production in a rain-fed maize ecosystem and its climatic and biotic controls during 2005–2018[J].PLOS ONE,2021,16(5): e0237684

[73] Zhang H, Wen X. Flux Footprint Climatology Estimated by Three Analytical Models over a Subtropical Coniferous Plantation in Southeast China[J].Journal of Meteorological Research, 2015,29(4): 654–666.

[74] Zheng Y, Brunsell N A,Alfieri J G,et al. Impacts of land cover heterogeneity and land surface parameterizations on turbulent characteristics and mesoscale simulations [J]. Meteorology and Atmospheric Physics,2021,133(3): 589–610.

[75] Zheng Z, Wang G L. Modeling the dynamic root water uptake and its hydrological impact at the reserve Jaru site in Amazonia[J]. Journal of Geophysical Research, 2007,112,G04012.

[76] Zhou L, Wang Y, Jia Q, et al. Evapotranspiration over a rainfed maize field in northeast China: How are relationships between the environment and terrestrial evapotranspiration mediated by leaf area? [J].Agricultural Water Management, 2019,221: 538–546.

[77] Zhou L,Wang Y,Jia Q,et al.Increasing temperature shortened the carbon uptake period and decreased the cumulative net ecosystem productivity in a maize cropland in Northeast China[J].Field Crops Research,2021,267: 108150.

[78] 鲍艳，吕世华，奥银焕，等 . 反照率参数化改进对裸土地表能量和热过程模拟的影响 [J]. 太阳能学报，2007，28（7）：775–782.

[79] 蔡福，明惠青，米娜，等 . 基于 CoLM 模型的根分布对陆—气水热交换的影响研究：以玉米农田为例 [J]. 气象学报，2015，73（3）：566–576.

[80] 蔡福，明惠青，米娜，等 . 陆面过程模型 CoLM 与 BATS1e 的模拟精度比较：以东北玉米农田为例 [J]. 地理科学，2014，34（6）：740–747.

[81] 蔡福，周广胜，明惠青，等 . 玉米农田空气动力学参数动态及其与影响因子的关系 [J]. 生态学报，2013，33（17）：5339–5352.

[82] 蔡福，明惠青，祝新宇，等 . 陆面模式中植物根系吸水过程参数方案研究进展 [J]. 气象与环境学报，2015，31（4）：97–102.

[83] 蔡福，明惠青，祝新宇，等 . 玉米根分布模拟方法比较 [J]. 生态学杂志，2015，34（2）：582–588.

[84] 蔡福，周广胜，李荣平，等 . 地表反照率动态参数化方案研究：以玉米农田为例 [J]. 自然资源学报，2011，26（10）：1775–1788.

[85] 蔡福，周广胜，李荣平，等 . 东北玉米农田下垫面参数动态特征 [J]. 生态学杂志，2011，30（3）：494–501.

[86] 蔡福，周广胜，李荣平，等 . 陆面过程模型对下垫面参数动态变化的敏感性分析 [J]. 地球科学进展，2011，26（3）：300–310.

[87] 蔡福，周广胜，明惠青，等 . 地表反照率动态参数化对陆—气通量模拟的影响：以东北玉米农田为例 [J]. 气象学报，2012，70（5）：1149–1164.

[88] 陈斌，徐祥德，丁裕国，等 . 地表粗糙度非均匀性对模式湍流通量计算的影响 [J]. 高原气象，2010，

29（2）：340–348.

[89] 陈鹏狮，纪瑞鹏，谢艳兵，等 . 东北春玉米不同发育期干旱胁迫对根系生长的影响 [J]. 干旱地区农业研究，2018，36（1）：156–163

[90] 陈潜，赵鸣，汤剑平，等 . 陆面过程模式 BATS 中的地气通量计算方案的一个改进试验 [J]. 南京大学学报（自然科学版），2004，40（3）：330–340.

[91] 陈厦，桑卫国 . 暖温带地区 3 种森林群落叶面积指数和林冠开阔度的季节动态 [J]. 植物生态学报，2007，31（3）：431–436.

[92] 陈杨杨 . 典型地表覆被变化对地表反照率的影响 [D]. 辽宁工程技术大学，2023.

[93] 陈云浩，李晓兵，谢峰 . 我国西北地区地表反照率的遥感研究 [J]. 地理科学，2001，21（4）：327–332.

[94] 戴永久 . 陆面过程模式研发中的问题 [J]. 大气科学学报，2020，43（1）：33–38.

[95] 董玉祥 . 国际风沙研究的新进展：记第六届风沙研究国际会议 [J]. 中国沙漠，2007，27（2）：347–348.

[96] 董治宝，Donald WF，高尚玉 . 直立植物防沙措施粗糙特征的模拟实验 [J]. 中国沙漠，2000，20（3）：260–263.

[97] 方红亮，魏珊珊 . 地表粗糙度参数化研究综述 [J]. 地球科学进展，2012，27（3）：292–303.

[98] 房云龙，孙菽芬，李倩，等 . 干旱区陆面过程模型参数优化和地气相互作用特征的模拟研究 [J]. 大气科学，2010，34（2）：290–306.

[99] 高志球，王介民，马耀明，等 . 不同下垫面的粗糙度和中性曳力系数研究 [J]. 高原气象，2000，19（1）：17–24.

[100] 管建慧 . 玉米根系生长特征及与地上部关系的研究 [D]. 内蒙古农业大学，2007.

[101] 郭建侠 . 华北玉米下垫面湍流输送特征及参数化方案比较研究 [D]. 南京信息工程大学，2006.

[102] 韩云环，马柱国，李明星，等 . 中国不同干湿区植被变化及其与气候因子的关系 [J]. 大气科学，2023，47（6）：1680–1692.

[103] 何娟 . 土地利用变化导致的地表反照率变化及其辐射效应研究 [D]. 中国气象科学研究院，2021.

[104] 何奇瑾，周广胜，周莉，等 . 盘锦芦苇湿地空气动力学参数动态特征及其影响因素分析 [J]. 气象与环境学报，2007，23（4）：7–12.

[105] 何清，金莉莉 . 塔克拉玛干沙漠陆—气相互作用观测与模拟研究 [M]. 北京：气象出版社，2020.

[106] 何玉斐，张宏升，刘明星，等 . 戈壁下垫面空气动力学参数确定的研究 [J]. 北京大学学报，2009，45（3）439–443.

[107] 黄荣辉，周德刚，陈文，等 . 关于中国西北干旱区陆—气相互作用及其对气候影响研究的最近进展 [J]. 大气科学，2013，37（2）：189–210.

[108] 李崇银 . 气候动力学 [M]. 北京：气象出版社，2002.

[109] 李根柱，王贺新，朱教君 . 辽东山区长白落叶松叶面积指数和林冠开阔度的月动态 [J]. 东北林业大学学报，2009，37（7）：20–22.

[110] 李锁锁，吕世华，柳媛普 . 黄河上游玛曲地区空气动力学参数的确定及其在陆面过程模式中的应用 [J]. 高原气象，2010，29（6）：1408–1413.

[111] 李祎君，许振柱，王云龙，等 . 玉米农田水热通量动态与能量闭合分析 [J]. 植物生态学报，2007，31（6）：1132–1144.

[112] 刘辉志，涂钢，董文杰．半干旱区不同下垫面地表反照率变化特征 [J]. 科学通报，2008，53（10）：1220–1227.

[113] 刘晶淼，安顺清，廖荣伟，等．玉米根系在土壤剖面中的分布研究 [J]. 中国生态农业学报，2009，17（3）：517–521.

[114] 刘树华，文平辉，张云雁，等．陆面过程和大气边界层相互作用敏感性实验 [J]. 气象学报，2001，59（5）：533–548.

[115] 刘小平，董治宝．砾石床面的空气动力学粗糙度 [J]. 中国沙漠，2003，23(1)：37–44.

[116] 刘元波，邱国玉，张宏昇，等．陆域蒸散的测算理论方法：回顾与展望 [J]. 中国科学：地球科学，2022，52（3）：381–399.

[117] 陆云波，王伦澈，牛自耕，等 .2000—2017 年中国区域地表反照率变化及其影响因子 [J]. 地理研究，2022，41（2）：562–579.

[118] 罗毅，于强，欧阳竹，等．利用精确的田间试验资料对几个常用根系吸水模型的评价与改进 [J]. 水利学报，2000（4）：73–80.

[119] 吕萍，董治宝．戈壁风蚀面与植被扭盖地表性质粗糙度长度的确定 [J]. 中国沙漠，2004，24（3）：279–285.

[120] 马湘宜，张宇，吴统文，等．根系吸水过程参数化方案对青藏高原陆面过程模拟的影响研究 [J]. 大气科学，2020，44（1）：211–224.

[121] 茅宇豪，刘树华．不同下垫面空气动力学参数的研究 [J]. 气象学报，2006，64（3）：325–334.

[122] 幕青松，王建成，苗天德．粗糙度动力学特征的初步研究 [J]. 力学学报，2003，35（2）：129–134.

[123] 慕自新，张岁岐，郝文芳，等，玉米根系形态性状和空间分布对水分利用效率的调控 [J]. 生态学报，2005，25（11）：2895–2900.

[124] 朴世龙，何悦，王旭辉，等．中国陆地生态系统碳汇估算：方法、进展、展望 [J]. 中国科学：地球科学，2022，52（6）：1010–1020.

[125] 邱玉珺，吴风巨，刘志．梯度法计算空气动力学粗糙度存在的问题 [J]. 大气科学学报，2010，33（6）：697–702.

[126] 石淞，李文，丁一书，等．东北地区植被时空演变及影响因素分析 [J]. 中国环境科学，2023，43（1）：276–289.

[127] 石雪峰，夏建新，吉祖稳．空气动力学粗糙度与植被特征关系的研究进展 [J]. 中央民族大学学报，2006，15（3）：218–225.

[128] 孙菽芬．陆面过程的物理、生化机制和参数化模型 [M]. 北京：气象出版社，2005.

[129] 田春艳，崔寅平，申冲，等．植被下垫面 Z_0 的估算及其改进影响评估 [J]. 中国环境科学，2022，42（9）：3969–3982.

[130] 王凯嘉．夏季风影响过渡区动力学粗糙度变化特征和影响机制研究 [D]. 兰州大学，2018.

[131] 王玲，谢德体，刘海隆，等．玉米叶面积指数的普适增长模型 [J]. 西南农业大学学报，2004，26（3）：303–311.

[132] 王媛媛，贾炳浩，谢正辉．根系水力再分配对陆地碳水循环的影响：以亚马孙流域为例 [J]. 中国科学：地球科学，2019，49（2）：456–467.

[133] 夏建新，石雪峰，吉祖稳，等 . 植被条件对下垫面空气动力学粗糙度影响实验研究 [J]. 应用基础与工程科学学报，2007，15（1）：23–31.

[134] 徐兴奎，李素红 . 中国地表月平均反照率的遥感反演 [J]. 气象学报，2002，60（2）：215–300.

[135] 阳伏林，周广胜，张峰，等 . 内蒙古温带荒漠草原地表反照率特征及数值模拟 [J]. 应用生态学报，2009，20（12）：2847–2852.

[136] 姚彤 . 我国北方地区地表粗糙度和反照率参数化特征研究 [D]. 兰州大学，2014.

[137] 于贵瑞，孙晓敏 . 陆地生态系统通量观测的原理与方法 [M]. 2 版 . 北京：高等教育出版社，2017.

[138] 于贵瑞，王秋凤 . 植物光合、蒸腾与水分利用的生理生态学 [M]. 北京：科学出版社，2010

[139] 于名召 . 空气动力学粗糙度的遥感方法及其在蒸散发计算中的应用研究 [D]. 中国科学院大学，2018.

[140] 张春来，邹学勇，董光荣，等 . 耕作土壤表面的空气动力学粗糙度及其对土壤风蚀的影响 [J]. 中国沙漠，2002，22(5)：473–475.

[141] 张果，周广胜，阳伏林 . 内蒙古荒漠草原地表反照率变化特征 [J]. 生态学报，2010，30（24）：6943–6951.

[142] 张华，李峰瑞，伏乾科 . 沙质草地植被防风抗蚀生态效应的野外观测研究 [J]. 环境科学，2004，25（2）：119–124.

[143] 张强，姚彤，岳平 . 一个平坦低矮植被陆面动力学粗糙度多因子参数化方案及其检验 [J]. 中国科学：地球科学，2015，45（11）：1713–1727.

[144] 张岁岐，周小平，慕自新，等 . 不同灌溉制度对玉米根系生长及水分利用效率的影响 [J]. 农业工程学报，2009，25（10）：1–6.

[145] 张雅静，申向东 . 植被覆盖地表空气动力学粗糙度与零平面位移高度的模拟分析 [J]. 中国沙漠，2008，28（1）：21–26.

[146] 张玉书 . 东北粮食生产格局的气候变化响应与适应 [M]. 沈阳：辽宁科学技术出版社，2016.

[147] 赵东升，王珂，崔耀平 . 植被变化对气候的反馈机制及调节效应 [J]. 生态学报，2023，43（19）：7830–7840.

[148] 赵晓松，关德新，吴家兵，等 . 长白山阔叶红松林的零平面位移和粗糙度 [J]. 生态学杂志，2004，23（5）：84–88.

[149] 赵兴炳 . 青藏高原西部戈壁地表能量平衡特征与湍流通量参数化研究 [D]. 南京信息工程大学，2021.

[150] 钟中，韩士杰 . 长白山阔叶红松林冠层空气动力学参数的计算 [J]. 南京大学学报（自然科学版），2002，38（4）：565–571.

[151] 周文艳，罗勇，郭品文 .10 层陆面过程模式及其 Offline 独立试验 [J]. 南京气象学院学报，2005，28（6）：730–738.

[152] 周文艳，罗勇，李云梅 . 陆面过程中冠层四流辐射传输模式的模拟性能检验 [J]. 气象学报，2010，68（1）：12–18.

[153] 周艳莲，孙晓敏，朱治林，等 . 几种典型地表粗糙度计算方法的比较研究 [J]. 地理研究，2007，26（5）：888–897.